CAMBRIDGE LIBRARY COLLECTION

Books of enduring scholarly value

Astronomy

From ancient times, humans have tried to understand the workings of the world around them. The roots of modern physical science go back to the very earliest mechanical devices such as levers and rollers, the mixing of paints and dyes, and the importance of the heavenly bodies in early religious observance and navigation. The physical sciences as we know them today began to emerge as independent academic subjects during the early modern period, in the work of Newton and other 'natural philosophers', and numerous sub-disciplines developed during the centuries that followed. This part of the Cambridge Library Collection is devoted to landmark publications in this area which will be of interest to historians of science concerned with individual scientists, particular discoveries, and advances in scientific method, or with the establishment and development of scientific institutions around the world.

Theoria motus lunae exhibens omnes eius inaequalitates

The problem of the moon's orbit was one that Leonhard Euler (1707–83) returned to repeatedly throughout his life. It provided a testing ground for Newton's theory of gravitation. Could the motion of the moon be entirely accounted for by Newton's theory? Or, as Euler initially suspected, did other forces need to be invoked? For practical purposes, if the moon's orbit could be accurately predicted, its motion would provide the universal timekeeper required to solve the longitude problem. In addition to the mathematical 'three-body problem', a topic still under investigation today, Euler was faced with the statistical problem of reconciling observations rendered inconsistent by experimental error. The present work, published in Latin in 1753, is Euler's triumphant solution. It may not be the last word on a subject which has occupied mathematicians and astronomers for over three centuries, but it showed that Newton's laws were sufficient to explain lunar motion.

Theoria motus lunae exhibens omnes eius inaequalitates

Leonhard Euler

Cambridge
University Press

CAMBRIDGE
UNIVERSITY PRESS

University Printing House, Cambridge, CB2 8BS, United Kingdom

Published in the United States of America by Cambridge University Press, New York

Cambridge University Press is part of the University of Cambridge.
It furthers the University's mission by disseminating knowledge in the pursuit of education, learning and research at the highest international levels of excellence.

www.cambridge.org
Information on this title: www.cambridge.org/9781108065351

This edition first published 1753
This digitally printed version 2014

ISBN 978-1-108-06535-1 Paperback

THEORIA MOTUS LUNAE

EXHIBENS

OMNES EIUS INAEQUALITATES

IN

ADDITAMENTO

HOC IDEM ARGUMENTUM ALITER TRACTATUR

SIMULQUE OSTENDITUR

QUEMADMODUM MOTUS LUNAE CUM OMNIBUS

INAEQUALITATIBUS

INNUMERIS ALIIS MODIS

REPRAESENTARI

ATQUE AD CALCULUM REUOCARI POSSIT

AUCTORE

L. EULERO

IMPENSIS

ACADEMIAE IMPERIALIS SCIENTIARUM

PETROPOLITANAE

ANNO 1753.

Academiam Scientiarum Petropolitanam triennio abhinc omnes, qui ingenii viribus confisi, ad examinandam Neutonianam de motu Lunae Theoriam, animum applicare vellent, inuitasse, atque ei, qui in hac parte tenuisset primas, praemii loco proposuisse nummos aureos centum; postmodum Celeberrimum Clairautum huius certaminis exstitisse victorem, publico Academicorum, qui Petropoli agunt, iudicio diuulgatum.

Celeberrimus Eulerus, Academiae Petropolitanae membrum honorarium, officii ſui eſſe exiſtimauit, ferre vna cum ceteris de illa Clairauti diſſertatione iudicium. Transmiſit ergo huc ad nos una cum ſua ſententia ampliſſimam de eodem argumento diſſertationem; quae quo celerius innoteſceret, viſum eſt Academiae Praeſidi, minoris Ruſſiae Hetmano Illuſtriſſimo Cyrillo Gregoridae, Comiti Raſumouio, eam tradere Academicis in ſolenni conuentu examinandam, ea fini, vt ſi ſuffragio Academicorum comprobata, dignaque iudicata foret, quae orbis eruditi proponeretur theatro, ea praelo quam maturrime ſubiiceretur; quandoquidem ille mos iam inde a principio obtinuit, vt, quae in publico coetu praeleguntur diſſertationes, eae vel ante ſolennem actum, vel paruulo intermiſſo ſpatio typis diuulgentur poſtea.

Cete-

Ceterum diſſertatio illa conſtat magnam partem calculis, veris quidem illis et omnibus numeris abſolutis, ſed propter nimiam ſui molem atque difficultatem auditu moleſtiſſimis: quae ſi recitarentur publice, periculum erat, ne auditorum animi auſcultandis iis deficerent, neue Academia Summorum patientia Virorum abvti, caeterosque enicare odio videretur. Praeuidit hoc incommodum, prouiditque Illuſtriſſimi Praeſidis ſapientia. Mandavit Aſtronomiae Profeſſori V. C. Nicetae Popouio, cuius id temporis dicendi erat prouincia, vt prolixam illam Euleri diſſertationem, omiſſis calculis, redigeret in compendium, et quae inde excepiſſet, auditorum cauſa recitaret publice. Quo quidem facto et auribus hominum conſuluit, et tamen rerum capitum participes eos facere aequabili temperamento inſtituit: atque dissertationem, ne quid forte naeuorum obreperet, ipso auctore coram typis excudi aequum censuit.

Iam qui illo tempore interfuerant conuentui Academicorum solenni auditores, aequis nimis auribusque auscultarunt excerpta recitantem Euleriana Popouium: est ergo quod sperare liceat, et iis, quorum interest, vt qui hoc genere studiorum maxime delectantur, factum iri satis ipsa dissertatione. Datum Petropoli Nov. 1752.

INDEX

INDEX CAPITUM.

Caput

INTRO-

INTRODUCTIO.

Cum nullum ſit dubium, quin ſummi Newtoni Theoria, qua motum Planetarum feliciſſimo cum ſucceſſu certis legibus adſtrinxit, plurimum ad motum Lunae accuratius determinandum contulerit, maximi ſane in Aſtronomia momenti eſt quaeſtio: vtrum haec Newtoni Theoria omnino ſit ſufficiens omnibus motus inaequalitatibus, quae in Luna obſeruantur, exactiſſime explicandis nec ne? Quanquam autem a Newtoni aſſeclis plerumque affirmari ſolet, nullam in motu Lunae obſeruari inaequalitatem, cuius ratio in iſta Theoria non contineatur; tamen tantum abeſt, vt hic conſenſus a quoquam perſpicue ſit monſtratus, vt potius applicatio huius Theoriae ad Lunam tantis implicetur calculi difficultatibus, quibus penitus euoluendis vires ingenii humani vix ſufficere videntur. Plurimae quidem adhuc prodierunt Tabulae Lunares, quae ex Theoria Newtoniana deductae perhibentur, ſed praeterquam quod ſaepius ultra 5′ ab obſeruationibus diſcrepent, earum conuenientia cum Theoria ipſa neutiquam eſt euicta; quin potius pleraeque Tabulae inaequalitatum non tam Theoriae quam obſeruationibus ſunt ſuperſtructae. Huiusmodi ergo tabularum ſiue conſenſus ſiue diſſenſus cum obſeruationibus neque ad Theoriam Newtonianam pleniſſime confirmandam, neque ad eam infringendam allegari

gari poteſt: nam quatenus iſtae tabulae obſeruationibus ſatisfaciunt, hoc non ſoli Theoriae eſt tribuendum; quatenus autem cum obſeruationibus minus conueniunt, hoc ne Theoriae quidem imputari poterit, propterea quod iſtae Tabulae non ſoli Theoriae innituntur.

Quaeſtio itaque, cujus mentionem feci, recte enodari nequit, niſi ante eiusmodi Tabulae exhibeantur, quae ex ſola Theoria, nullis obſeruationibus in ſubſidium vocatis, ſint formatae; tum enim demum ex huiusmodi Tabularum collatione cum ingenti obſeruationum ſummo ſtudio inſtitutarum copia diiudicare licebit, vtrum Theoria omnibus obſeruationibus reſpondeat, an vero correctione quapiam indigeat. Non difficile quidem eſt ex principiis mechanicis motum Lunae aequationibus analyticis complecti; quoniam autem hae aequationes plures variabiles inter ſe permixtas continent, atque adeo differentialibus ſecundi ordinis implicantur, earum reſolutio maximis difficultatibus eſt obnoxia; et quoniam alio modo niſi per approximationem ſuſcipi non poteſt, vtcunque inſtituatur, ſemper non leue dubium remanet, vtrum partes, quae in calculo ſunt neglectae et praetermiſſae, nihil, quod in motu Lunae eſſet notabile, efficere potuerint. Hoc modo explicatio motuum Lunae tota ad ſolam Analyſin transfertur, ac difficultates, quibus premitur, inde oriuntur, quod Analyſis nondum ſatis eſt exculta.

Cum igitur Theoria Newtoniana hoc principio latiſſime patente innitatur, quod omnia corpora coeleſtia ſe mutuo attrahant in ratione reciproca duplicata diſtantiarum,

rum, ſi motum Lunaè ſecundum hanc Theoriam definire velimus, vires erunt ſpectandae omnes, quibus Luna ſollicitatur. Atque inter has vires primaria eſt ea, qua ad terram vrgetur, quae ſi ſola adeſſet, terraque quieſceret, Luna in ellipſi perfecta ſecundum regulas Keplerianas motum ſuum circa terram abſolueret. At cum Luna praeterea aeque ac terra ipſa etiam ad ſolem trahatur, hac vi motus ille regularis non mediocriter perturbabitur: atque haec vis a ſole profecta omnium difficultatum, quae in determinatione motus Lunae offenduntur, cauſa eſt exiſtimanda. Reliquae enim vires, quibus forte Luna ſecundum Theoriam Newtoni ad reliquos planetas vrgeri deberet, tam ſunt exiguae, vt effectus inde oriundus merito pro nihilo haberi queat.

Solas ergo vires ſolis ac terrae in computum duci oportet, ſi motum Lunae ſecundum Theoriam definire velimus, atque cum ex his viribus formulae analyticae fuerint erutae, quae motum Lunae complectantur, omne ſtudium in his formulis ita euoluendis erit impendendum, vt inde ad quoduis tempus propoſitum locus Lunae aſſignari, ac more apud Aſtronomos ſolito ſecundum longitudinem et latitudinem definiri queat. Hinc porro Tabulae Aſtronomicae pro motu Lunae erunt condendae, quibus omnes inaequalitates tam in longitudine quam in latitudine exhibeantur, ex quibus ſi pro cujusuis obſeruationis momento locus Lunae computetur, conſenſus vel diſſenſus calculi ab obſeruationibus Theoriam vel confirmabit, vel ejus defectum declarabit. Neque tamen Theoria ſola hujusmodi Tabulis conſtruendis ſufficit, ſed quaedam elementa extrinſecus ab obſeruationibus aſſumi oportet, quae ſunt 1°. Excentricitas orbitae Lunaris, quae ſalua theoria vel major vel minor eſſe potuiſſet; pendet enim a motu Lunae primitus impreſſo, quem Theoria non determinat, ſed tanquam cognitum aſſumit. 2°. Locus Lunae medius pro quapiam Epocha propoſita, qui pariter ex obſeruationibus eſt concludendus. 3°. Locus Apogei orbitae Lunaris pro Epocha quadam data. 4°. Tempus periodicum Lunae ſecundum motum medium, quod pendet a diſtantia Lunae media a Terra, ideoque ex ſola Theoria definiri nequit. 5°. Locus nodorum Lunae pro Epocha quadam data: et 6to denique inclinatio media orbitae Lunaris ad planum Eclipticae.

His autem ſex elementis per obſeruationes definitis reliqua omnia, quibus ad locum Lunae pro quouis tempore aſſignandum opus eſt, ex ſola Theoria ſunt petenda; quae primo ad quoduis tempus locum Apogei eiusque ideo motum verum praebere debet, vt inde ex loco Lunae medio eius anomalia media colligi queat. Deinde Theoria quoque omnes correctiones ſeu Proſtaphaereſes, quae loco Lunae medio vel additae vel ſublatae eius locum verum exhibeant, ſuppeditare debet; atque iſtae correctiones, quae motus inaequalitates appellari ſolent, partim ab Anomalia media Lunae, partim ab eius Phaſi ſeu elongatione a ſole, partimque ab Anomalia ſolis media pendent, ex quo triplici fonte numerus inaequalitatum in immenſum augetur. Porro etiam Theoria motum nodi eiusque omnes inaequalitates indicare tenetur, ac denique etiam pro quouis tempore orbitae Lunaris veram inclinationem

da

ad eclipticam, vt inde eius latitudinem veram eruere liceat.

Cum autem, vt iam innui, nemo adhuc omnes inaequalitates, quae in motu Lunae reperiuntur, ex Theoria elicuerit, vt ex iis iudicium ferri poſſit, quantum haec Theoria cum obſeruationibus conueniat; etſi nullum eſt dubium quin diſcrimen, ſi quod deprehenderetur, admodum paruum ſit futurum: iam pridem haec quaeſtio ex ſolo motu Apogei dirimi eſt coepta, dum aliis motus Apogei ex obſeruationibus cognitus magnopere a Theoria diſcrepare eſt viſus, alii autem etiam hoc loco pulcerrimum conſenſum Theoriae et veritatis iactauerunt. Mirum autem eſt, ipſum Newtonum nihil circa motum Apogei ex Theoria ſtatuiſſe, ſed eum ex ſolis obſeruationibus in calculum tranſtuliſſe, cum tamen motum nodorum ſumma ſagacitate ex Theoria elicuiſſet, atque veritati conſentaneum oſtendiſſet. Cur igitur motum Apogei plane ſilentio praeterierit, nulla alia ratio ſubeſſe videtur, niſi quod animaduerterit hunc motum, prouti ex Theoria prodiret, obſeruationibus parum fore conformem. Ex iis enim, quae Newtonus in ſuo immortali opere de motu abſidum in genere tradidit, non admodum difficile videtur motum apogei Lunae definire: verum hic praeter expectationem euenit, vt motus apogei annuus vix 20° ſuperans reperiatur, cum tamen ex obſeruationibus conſtet, Apogeum Lunae interuallo unius anni vltra 40° promoueri.

Siue autem iſta motus Apogei quantitas 20° legitime ſit ex Theoria deriuata, ſiue minus; conſideratio Apogei tutiſſimum praebet remedium quaeſtionem de ſufficientia

 Theo-

Theoriae Newtonianae decidendi. Quamuis enim ex Theoria inaequalitas quaepiam in ipſo motu Lunae aliquot minutis ſecundis vel etiam primis maior minorue prodiret, quam experientia monſtraret, tamen tantilla differentia merito vel leui cuipiam errori in obſeruationibus, vel vitio in approximatione commiſſo tribueretur; quandoquidem aliunde certum eſt Theoriam Newtonianam non admodum a veritate recedere. At longe aliter eſt comparata ratio motus Apogei: quodſi enim vires Lunam ſollicitantes tantillum a Theoria Newtoniana diſcrepent, vt ex iis in ipſo motu Lunae vix perceptibile diſcrimen naſceretur, tamen inde in motu Apogei annuo differentia plurium graduum oriri poterit. Quae tanta differentia cum nulli errori vel obſeruationum vel ipſius calculi, ſiquidem omni cura inſtituatur, tribui queat, inueſtigatio motus apogei certiſſimum ſuppeditat criterium iudicandi, vtrum quaepiam Theoria veritati ſit conſentanea nec ne?

Quodſi ergo calculo rite adminiſtrato Theoria Newtoni reperiatur tantum Apogei Lunaris motum exhibere, quantus per obſeruationes deprehenditur, ſcilicet ultra 40° quotannis; fortius certe argumentum, quo veritas hujus Theoriae indubie demonſtretur, deſiderari nequit. Sin autem contra eueniat, vt progreſſio Apogei annua ex Theoria rite deriuata notabiliter a 40° deficiat, hinc certo erit concludendum Theoriam Newtonianam correctione quapiam indigere, neque vires, quibus Luna reuera ſollicitatur, exactiſſime huic Theoriae eſſe conformes.

Verum haec ipſa quaeſtio, vtrum Theoria Newtoniana ad verum apogei Lunae motum perducat nec ne? eſt profunfundissimae indaginis, atque summam in calculo circumspectionem ac sollertiam requirit. Quanquam enim ex principiis generalibus, vnde vulgo motus absidum definiri solet, satis luculenter semissis tantum pro motu Apogei Lunae elicitur; tamen quoniam in calculo plures termini, qui in determinationem motus Lunae ingrediuntur, ob paruitatem sunt reiecti, merito dubitatio suboritur, num hi ipsi termini, si eorum ratio esset habita, non istum defectum compensare valuerint? Quin etiam non defuere Geometrae, qui consensum huius Theoriae cum vero Apogei motu demonstrare sunt conati: verum plerumque non difficile erat paralogismum in ipsorum ratiociniis deprehendere. Maximam autem hoc loco attentionem meretur iudicium profundissimi Geometrae Clairaut, qui cum primum validissimis argumentis statuisset, Newtoni Theoriam non vltra dimidium veri apogei Lunaris motus suppeditare, subito in contrariam abiit sententiam statuens hanc Theoriam elegantissime cum veritate conspirare; neque certe tantae perspicaciae Vir a pristina sententia, quam omni studio propugnauerat, recessisse est putandus, nisi firmissimis argumentis eo esset adactus.

Cum autem omnes rationes, quae Ipsum ad hanc retractationem impulerint, nondum publice exposuerit, liceat mihi quidem, qui semper contrariae sententiae fui addictus, tantisper arduam hanc quaestionem tanquam nondum decisam spectare, donec per propriam inuestigationem inuenero, quid de ea sit statuendum. Postquam enim iam a longo temporis interuallo plurimum studii in indagatione motus Lunae consumsissem, ac variis methodis insistens

semper

semper conclusionem Theoriae Newtonianae minus fauentem essem adeptus; quam tamen pro rite demonstrata venditare non eram ausus, propterea quod approximatione essem vsus, ac semper suspicio quaedam ratione terminorum praetermissorum remaneret: nuper in aliam incidi viam hanc inuestigationem suscipiendi, quae mihi multo certior videtur, ita vt per eam nulla dubitatione interiecta ad veritatem penetrare confidam. Ne autem si forte Theoriam Newtonianam minus sufficientem inuenero, calculum secundum aliam Theoriam de nouo instituere cogar, statim meam inuestigationem in latiori sensu exordiar, viresque quibus Luna ad terram sollicitatur, non exacte sed proxime tantum quadratis distantiarum reciproce proportionales assumam: deinceps scilicet innotescet, vtrum haec aberratio a regula Newtoniana locum habeat nec ne? Calculum autem ita adornabo, vt quicquid euenerit, non solum verum apogei motum assequar, sed etiam omnes Lunae inaequalitates inde elicere valeam, quas deinceps Astronomorum more tabulis complecti licebit.

Primum ergo problema in latissimo significatu concipiam, vt corporis a viribus quibuscunque sollicitati motum sim inuestigaturus: deinde vires, quibus Luna actu vrgeri censenda est, in calculum introducam, et aequationes Lunae motum determinantes exhibebo. Has porro aequationes variis modis in alias formas transmutabo, donec eas eo perduxero, vbi ad finem propositum maxime accommodatae videbuntur: quo cum peruenero, tandem tam motum Apogei, quam cunctas Lunae inaequalitates motus ex calculo deriuare studebo.

CAPUT I.

DE MOTU CORPORIS A VIRIBUS QUIBUSCUNQUE SOLLICITATI.

§. 1.

Quoniam corpus a viribus quibuscunque ſollicitari ponimus, fieri poteſt, vt eius motus non in eodem plano abſoluatur. Hinc ad ejus motum per calculum ita repraeſentandum, vt ad quoduis tempus verus locus, in quo corpus verſabitur, aſſignari queat, conueniet corporis motum ad planum quoddam fixum pro lubitu aſſumtum referri. Exhibeat igitur Tabula hoc planum, atque corpus iam verſetur extra hoc planum in puncto L, vnde ad planum demittatur perpendiculum L M; eritque punctum M locus corporis ad planum relatus. Quod ſi ergo ad quoduis tempus propoſitum hunc corporis locum relatum M, ſimulque eius a plano diſtantiam L M indicare valeamus, verus corporis locus L ad hoc tempus innoteſcet. Fig. 1.

§. 2. Ad locum autem puncti M commodius determinandum, aſſumamus in plano rectam quandam fixam CQ pro axe, ita vt ducta ex M ad hanc rectam perpendiculari M P, locus puncti M more apud Geometras recepto per coordinatas orthogonales definiatur. Aſſumto ergo porro in axe puncto quodam fixo C, vnde abſciſſae C P computentur, erit P M applicata puncto M reſpondens, & ipſum punctum L determinabitur per tres coordinatas inter ſe normales CP, PM & M L.

M L. Cum igitur praesenti temporis momento corpus in L versari ponatur, vocentur istae tres coordinatae eo spectantes:

$$CP = p; \quad PM = q \quad \text{et} \quad ML = r$$

elapso autem temporis elemento, quod per dt indicemus, coordinatae ternae tum locum corporis indicantes erunt:

$$p + dp; \quad q + dq; \quad \text{et} \quad r + dr.$$

§. 3. Quaecunque nunc fuerint vires, quibus corpus sollicitatur, eae semper per cognitam virium resolutionem reduci poterunt ad ternas vires secundum directiones ternarum coordinatarum vrgentes. Ponamus ergo vim $= P$, qua corpus in L secundum directionem ipsi P C parallelam trahitur: eam porro vim $= Q$, qua corpus secundum directionem ipsi M P parallelam trahitur: eamque denique vim $= R$, qua corpus secundum directionem L M sollicitatur. Has scilicet vires ita directas concipio, vt si corpus earum actioni libere obediret, valores coordinatarum p, q, r inde diminuerentur. His positis, ex principiis Mechanicae constat, si elementum temporis dt pro constanti assumatur, motum corporis his tribus formulis differentio-differentialibus determinari

$$\text{I. } ddp = -\tfrac{1}{2}P dt^2; \quad \text{II. } ddq = -\tfrac{1}{2}Q dt^2; \quad \text{III. } ddr = -\tfrac{1}{2}R dt^2.$$

§. 4. Verum hae coordinatae ad vsum astronomicum, ad quem hic potissimum respicimus, non satis sunt accommodatae. Nam si spectatorem in C constitutum assumimus, locus L, vbi corpus cernetur, commodissi-

me

me per quantitatem rectae C M, et angulum Q C M vna cum angulo M C L repraesentatur: atque si tabula planum eclipticae referat, rectaque C Q ad principium arietis sit directa, angulus Q C M in Astronomia vocari solet sideris longitudo, angulus M C L vero eius latitudo, et recta C M eius distantia curtata. Vocemus ergo porro:

I. Distantiam curtatam seu rectam C M $= x$

II. Longitudinem seu angulum Q C M $= \phi$

III. Latitudinem seu angulum M C L $= \psi$

ac posito constanter sinu toto $= 1$, erunt valores coordinatarum ante adhibitarum:

C P $= p = x \cos\phi$; P M $= q = x \sin\phi$ & M L $= r = x \operatorname{tang}\psi$ atque distantia corporis vera a puncto C erit C L $= x \sec.\psi = \frac{x}{\cos\psi}$.

§. 5. Sumtis nunc differentialibus more consueto obtinebimus:

$$dp = dx\cos\phi - x\,d\phi\sin\phi\,;\quad dq = dx\sin\phi + x\,d\phi\cos\phi$$

$$\text{et } dr = dx\operatorname{tang}\psi + \frac{x\,d\psi}{\cos\psi^2}$$

atque hinc denuo differentialibus sumendis reperietur,

$$ddp = ddx\cos\phi - 2\,dx\,d\phi\sin\phi - x\,dd\phi\sin\phi - x\,d\phi^2\cos\phi$$

$$ddq = ddx\sin\phi + 2\,dx\,d\phi\cos\phi + x\,dd\phi\cos\phi - x\,d\phi^2\sin\phi$$

$$ddr = ddx\operatorname{tang}\psi + \frac{2\,dx\,d\psi}{\cos\psi^2} + \frac{x\,dd\psi}{\cos\psi^2} + \frac{2\,x\,d\psi^2\sin\psi}{\cos\psi^3}$$

 Binae

Binae priores formulae rite combinatae suppeditabunt sequentes multo concinniores

$$ddp \cos\Phi + ddq \sin\Phi = ddx - x\,d\Phi^2$$
$$ddq \cos\Phi - ddp \sin\Phi = 2\,dx\,d\Phi + x\,dd\Phi$$

sicque habebitur:

$$ddx - x\,d\Phi^2 = -\tfrac{1}{2}dt^2\,(P\cos\Phi + Q\sin\Phi)$$
$$2dx\,d\Phi + x\,dd\Phi = -\tfrac{1}{2}dt^2\,(Q\cos\Phi - P\sin\Phi)$$

Tertiam vero aequationem deinceps magis tractabilem efficiemus.

§. 6 Manifestum autem est formulam $P\cos\Phi + Q\sin\Phi$ praebere vim ex viribus P et Q compositam, qua corpus in L secundum directionem rectae MC vrgetur, formulam vero alteram $Q\cos\Phi - P\sin\Phi$ exprimere vim ex eadem resolutione secundum directionem MQ ad MC normalem directam. Cum igitur hae duae vires assumtis binis P et Q aequiualeant, ponamus esse

I. Vim corpus L secundum MC trahentem $= V$

II. Vim corpus L secundum MQ trahentem $= T$

manente tertia vi corpus ad planum normaliter secundum LM vrgente $= R$. Atque sequentes habebimus aequationes:

I. $2dx\,d\Phi + x\,dd\Phi = -\tfrac{1}{2}T\,dt^2$

II. $ddx - x\,d\Phi^2 = -\tfrac{1}{2}V\,dt^2$

III. $ddx \operatorname{tang}\psi + \dfrac{2dx\,d\psi}{\cos\psi^2} + \dfrac{x\,dd\psi}{\cos\psi^2} + \dfrac{2x\,d\psi^2\sin\psi}{\cos\psi^3} = -\tfrac{1}{2}R\,dt^2$

§. 7. Quo autem effectum tertiae vis R commodius ad calculum reuocemus, more apud Astronomos recepto contemplemur planum, in quo corpus durante

elemento

elemento temporis dt mouetur, et quod ſimul per punctum C tranſeat. Hoc igitur planum cum plano aſſumto interſectionem alicubi formabit, quae ſit recta C ☊, ac linea nodorum appellari ſolet; ſicque erit ☊ C L planum orbitae, in qua corpus L praeſenti inſtanti mouetur, et angulus, quo hoc planum ☊ C L ad planum fixum Q C M inclinatur, vocatur inclinatio orbitæ ad eclipticam pro tempore praeſenti. Cum igitur ex his duabus rebus latitudo ſideris definiri ſoleat, ponamus.

Longitudinem nodi aſcendentis ſeu angulum Q C ☊ $= \pi$ ac inclinationem orbitae ☊ C L ad eclipticam $= \varrho$ atque loco latitudinis ψ has duas quantitates π et ϱ definire oportebit.

§. 8. Tertia ergo aequatio in duas diſpertietur, ad quas inueniendas ex M et L ad lineam nodorum C ☊ ducantur normales M N et L N, eritque angulus L N M menſura inclinationis orbitae ad eclipticam; ideoque L N M $= \varrho$. Tum vero ob angulum ☊ C M $= \Phi - \pi$ et C M $= x$ erit:

$$CN = x \operatorname{cof}(\Phi - \pi) \text{ et } MN = x \operatorname{fin}(\Phi - \pi)$$

hinc elicietur M L $= x \operatorname{tang} \varrho \operatorname{fin}(\Phi - \pi)$, vnde prodit tang M C L $= \operatorname{tang} \psi = \operatorname{tang} \varrho \operatorname{fin}(\Phi - \pi)$, quae formula inſeruit latitudini ψ ex cognita inclinatione ϱ et loco nodi eiusue longitudine π inueniendae, ſi quidem iam cognita fuerit longitudo ſideris Φ. Quoniam autem ſidus elemento temporis dt in eodem plano manet, in differentiatione formulae $\operatorname{tang} \psi = \operatorname{tang} \varrho \operatorname{fin}(\Phi - \pi)$,

 quanti-

quantitates π et ϱ tanquam conſtantes ſpectari poterunt, eritque idcirco.

$$\frac{d\,\psi}{\operatorname{coſ}\psi^2} = d\,\Phi \operatorname{tang}\varrho \operatorname{coſ}(\Phi-\pi)$$

§. 9. Interim tamen nihil impedit, quominus in eadem differentiatione quantitates π et ϱ tanquam variabiles tractemus, quales reuera eſſe poſſunt ſucceſſu temporis; vnde orietur haec aequatio:

$$\frac{d\,\psi}{\operatorname{coſ}\psi^2} = \frac{d\,\varrho}{\operatorname{coſ}\varrho^2}\operatorname{ſin}(\Phi-\pi)+(d\Phi-d\pi)\operatorname{tang}\varrho\operatorname{coſ}(\Phi-\pi)$$

hicque valor ipſius $\frac{d\,\psi}{\operatorname{coſ}\psi^2}$ collatus cum praecedente praebebit hanc aequalitatem:

$$\frac{d\,\varrho}{\operatorname{coſ}\varrho^2}\operatorname{ſin}(\Phi-\pi) = d\pi\operatorname{tang}\varrho\operatorname{coſ}(\Phi-\pi)$$

vnde obtinemus $\frac{d\,\varrho}{\operatorname{ſin}\varrho\operatorname{coſ}\varrho} = \frac{d\pi\operatorname{coſ}(\Phi-\pi)}{\operatorname{ſin}(\Phi-\pi)} = \frac{d\,\pi}{\operatorname{tang}(\Phi-\pi)}$.

Cum iam ſit $\frac{d\,\varrho}{\operatorname{ſin}\varrho\operatorname{coſ}\varrho} = \frac{d.\operatorname{tang}\varrho}{\operatorname{tang}\varrho} = d.\,l\operatorname{tang}\varrho$, erit

$$d.\,l\operatorname{tang}\varrho = \frac{d\,\pi}{\operatorname{tang}(\Phi-\pi)}$$

ex quo, ſi longitudo nodi iam fuerit reperta, ſine labore inclinatio ad eclipticam ϱ inveſtigari poterit.

§. 10. Differentiemus formulam primo inuentam

$$\frac{d\,\psi}{\operatorname{coſ}\psi^2} = d\,\Phi\operatorname{tang}\varrho\operatorname{coſ}(\Phi-\pi)$$

iterum, et cum ſit $d.\operatorname{tang}\varrho = \frac{d\pi\operatorname{tang}\varrho\operatorname{coſ}(\Phi-\pi)}{\operatorname{ſin}(\Phi-\pi)}$

erit:

erit:

$$\frac{dd\psi}{\cos\psi^2} + \frac{2d\psi^2 \sin\psi}{\cos\psi^3} = dd\Phi \tang \varrho \cos(\Phi - \pi)$$

$$+ \frac{d\Phi d\pi \tang\varrho \cos(\Phi-\pi)^2}{\sin(\Phi - \pi)} - d\Phi(d\Phi - d\pi)\tang\varrho \sin(\Phi-\pi)$$

seu $$\frac{dd\psi}{\cos\psi^2} + \frac{2d\psi^2 \sin\psi}{\cos\psi^3} = dd\Phi \tang\varrho \cos(\Phi - \pi)$$

$$+ \frac{d\Phi d\pi \tang\varrho}{\sin(\Phi - \pi)} - d\Phi^2 \tang\varrho \sin(\Phi-\pi)$$

qui valores pro ψ in tertia aequatione superiori substituti suppeditabunt:

$$ddx \tang\varrho \sin(\Phi-\pi) + 2dx d\Phi \tang\varrho \cos(\Phi-\pi) + x dd\Phi \tang\varrho \cos(\Phi-\pi)$$

$$+ \frac{x d\Phi d\pi \tang\varrho}{\sin(\Phi - \pi)} - x d\Phi^2 \tang\varrho \sin(\Phi - \pi) = -\tfrac{1}{2} R dt^2$$

quae transmutatur in hanc:

$$(ddx - xd\Phi^2)\tang\varrho \sin(\Phi-\pi) + (2dxd\Phi + xdd\Phi)\tang\varrho \cos(\Phi-\pi)$$

$$+ \frac{x d\Phi d\pi \tang\varrho}{\sin(\Phi - \pi)} = -\tfrac{1}{2} R dt^2$$

§. 11. Commode, hic euenit vt in ista formula illae ipsae expressiones differentio-differentiales $ddx - xd\Phi^2$ et $2dxd\Phi + xdd\Phi$ occurrant, quae ex actione duarum reliquarum virium sunt enatae: vnde si formularum harum valores aequiualentes $-\tfrac{1}{2} V dt^2$ et $-\tfrac{1}{2} T dt^2$ substituamus, impetrabimus

$$-\tfrac{1}{2} V dt^2 \tang\varrho \sin(\Phi-\pi) - \tfrac{1}{2} T dt^2 \tang\varrho \cos(\Phi-\pi) + \frac{x d\Phi d\pi \tang\varrho}{\sin(\Phi - \pi)} = -\tfrac{1}{2} R dt^2$$

qua differentiale $d\pi$, quo promotio elementaris lineae nodorum indicatur, ita determinabitur, vt sit

$$d\pi = \tfrac{1}{2} dt^2 . \frac{\sin(\Phi-\pi)}{x d\Phi} \left(V \sin(\Phi-\pi) + T \cos(\Phi-\pi) - \frac{R}{\tang\varrho}\right)$$

Deinde

Deinde cum ſit $d.\,l\,\tang\,\varrho = \frac{d\pi}{\tang\,(\phi - \pi)}$, erit
$d.l\tang\varrho = \frac{1}{2}dt^2.\ \frac{\cos(\phi-\pi)}{xd\phi}(V\sin(\phi-\pi)+T\cos(\phi-\pi)-\frac{R}{\tang\varrho})$
Duas ergo has aequationes loco ſuperioris tertiae, ex qua latitudo ψ inueniri debebat, in calculum introduci conueniet; inuentis enim π et ϱ erit $\tang\,\psi = \tang\,\varrho\,\sin\,(\phi - \pi)$.

§. 12. Hinc patet lineam nodorum nunquam eſſe mobilem, quin ſimul inclinatio ϱ variationi ſit obnoxia. Eadem enim vis $V\sin\,(\phi-\pi) + T\cos(\phi-\pi) - \frac{R}{\tang\,\varrho}$, quae lineae nodorum motum imprimit eius longitudinem π immutando, ſimul in inclinatione ϱ variationem generat. Nulli autem plane immutationi tam linea nodorum, quam inclinatio erunt ſubjectae, ſi vis illa euaneſcat, quod euenit ſi media directio omnium virium corpus L ſollicitantium in ipſum planum ☊ CL, in quo corpus ſemel moueri coepit, perpetuo incidat; hicque eſt caſus, quo corpus continuo in eodem plano moueri pergit. Generatim ergo corporis a tribus viribus V, T, R ſollicitati motus quatuor ſequentibus aequationibus determinatur.

I. $2dxd\phi + xdd\phi = -\frac{1}{2}Tdt^2$

II. $ddx - xd\phi^2 = -\frac{1}{2}Vdt^2$

III. $d\pi = \frac{1}{2}dt^2.\ \frac{\sin(\phi-\pi)}{xd\phi}(V\sin(\phi-\pi)+T\cos(\phi-\pi)-\frac{R}{\tang\varrho})$

IV. $d.\,l\,\tang\,\varrho = \frac{d\pi}{\tang\,(\phi-\pi)}$

quas ergo quouis caſu oblato reſolui oportet.

CAPUT

CAPUT II.

INUESTIGATIO VIRIUM LUNAM SOLLICITANTIUM.

§. 13.

Cum Lunae motus, qualis ex centro terrae ſpectaretur, definiri debeat, ſit C terrae centrum, ad quod etiam praecipua vis, qua Luna vrgetur, directa concipitur; atque tabula exhibeat planum eclipticae, in quo nunc quidem Sol exiſtat in S, Luna vero ſupra hoc planum verſetur in L latitudinem habens borealem, vnde ad planum eclipticae perpendiculum demittatur LM. Hinc ductis rectis CL, CM, CS, itemque CQ initium arietis verſus, vnde longitudines computari ſolent, fiant ſequentes denominationes. Fig. 2.

1. Longitudo Solis ſeu angulus ACS $= \theta$
2. Longitudo Lunae ſeu angulus ACM $= \phi$
3. Latitudo Lunae ſeu angulus MCL $= \psi$
4. Diſtantia Solis a Terra CS $= y$
5. Diſtantia Lunae a Terra curtata CM $= x$

§. 14. Sit iam AM proiectio orbitae lunaris in planum eclipticae; ac planum, in quo Luna nunc mouetur, per centrum terrae ductum, planum eclipticae interſecet ſecundum rectam C☊, quae lineam nodorum pro tempore praeſenti exhibebit: ac terminus ☊ quidem nodum aſcendentem referet, ſiquidem lunam ſecundum regionem AM promoueri ponamus. Quod ſi ergo porro vocemus

6. Longitudinem nodi asc: $AC☊ = \pi$

7. Incl. orbitae Lunae ad eclipticam $= \varrho$

hinc latitudo Lunae geocentrica ita definietur, vt sit $\tang \psi = \tang . \sin(\phi - \pi)$. Vnde incrementum latitudinis $d\psi$ commode assignabitur, cum sit, vt supra vidimus $d. \tang \psi = \frac{d\psi}{\cos \psi^2} = d\phi \tang \varrho \cos(\phi - \pi)$: ac praeterea ex motu nodi cognito variatio inclinationis ita definietur, vt sit $d. \tang \varrho = \frac{d\pi \tang \varrho}{\tang(\phi - \pi)}$, seu $d\varrho = \frac{d\pi \sin \varrho \cos \varrho}{\tang(\phi - \pi)}$.

§. 15. Cum nunc primum Luna ad centrum terrae C secundum directionem LC attrahatur, sit haec vis $= M$. Deinde sit vis, qua Luna ad solem S vrgetur secundum $LS = N$; atque his duabus viribus Luna proprie vrgeri censenda est. Praeterea vero cum Terra ipsa, ad quam motum Lunae referimus, in motu versetur, ut eam tanquam quiescentem considerare queamus, non solum motum Terrae, sed etiam vires, quibus Terra vrgetur, toti mundo secundum plagas oppositas imprimi concipiamus. Sit igitur vis qua Terra ad Solem vrgetur $= S$, & vis qua ad Lunam trahitur $= L$, his viribus contrario modo in lunam translatis, Luna sequentibus viribus sollicitata habebitur

1. Secundum directionem LC vi $= M + L$
2. Secundum directionem LS vi $= N$
3. Secundum directionem MR ipsi SC parallelam vi $= S$.

§. 16. Hunc

§. 16. Nunc primo has vires ad ternas directiones supra assumtas MC, MQ et LM reducamus; ac primo quidem vis $M + L$ dabit

pro directione MC vim $= (M + L) \cos \psi$

pro directione LM vim $= (M + L) \sin \psi$

Secunda vis N vero dabit

pro directione LM vim $= \frac{LM}{LS} . N$

pro directione MS vim $= \frac{MS}{LS} . N$

at haec vlterius resoluta ducta Mr ipsi CS parallela dabit:

pro directione MC vim $= \frac{MC}{LS} . N$

pro directione Mr vim $= \frac{CS}{LS} . N$

Haec postrema a vi tertia S subtracta relinquet vim $S - \frac{CS}{LS} . N$, qua Luna secundum directionem MR sollicitatur, quae ob angulum $CMR = SCM = \phi - \theta$ dabit

pro directione MC vim $= (S - \frac{CS}{LS} . N) \cos (\phi - \theta)$

pro directione Mq vim $= (S - \frac{CS}{LS} . N) \sin (\phi - \theta)$

vbi directio Mq contraria est directione MQ.

§. 17. His iam viribus cum ternis initio assumtis V, T et R comparandis, inueniemus pro his viribus sequentes valores:

 1. pro-

1. pro directione M C vim V $=$

$$(M+L)\cos\psi+\frac{MC}{LS}.N+(S-\frac{CS}{LS}.N)\cos(\varphi-\theta)$$

2. pro directione MQ vim $T=-(S-\frac{CS}{LS}.N)\sin(\varphi-\theta)$

3. pro directione LM vim $R=(M+L)\sin\psi+\frac{LM}{LS}.N.$

Cum nunc sit $CM=x$, $CS=y$, et angulus $SCM=\varphi-\theta$; erit $MS=\sqrt{(xx-2xy\cos(\varphi-\theta)+yy)}$, et ob $LM=x\,\text{tang}\,\psi$ erit $LS=\sqrt{(yy-2xy\cos(\varphi-\theta)+xx\,\sec.\psi^2)}$, quae distantia Solis a Luna LS breuitatis gratia ponatur $=u$, vt sit $u=\sqrt{(yy-2xy\cos(\varphi-\theta)+xx\,\sec.\psi^2)}$. His ergo valoribus introductis erunt vires nostrae:

1. $V=(M+L)\cos\psi+\frac{Nx}{u}+S\cos(\varphi-\theta)-\frac{Ny}{u}\cos(\varphi-\theta)$

2. $T=-S\sin(\varphi-\theta)+\frac{Ny}{u}\sin(\varphi-\theta)$

3. $R=-(M+L)\sin\psi+\frac{Nx\,\text{tang}\,\psi}{u}$

§. 18. Quia nunc est $\text{tang}\,\psi=\text{tang}\,\varrho\sin(\varphi-\pi)$ et $\sin\psi=\text{tang}\,\psi\cos\psi$ erit:

$$\frac{R}{\text{tang}\,\varrho}=(M+L)\cos\psi\sin(\varphi-\pi)+\frac{Nx\sin(\varphi-\pi)}{u}$$

tum vero habebitur

$$V\sin(\varphi-\pi)+T\cos(\varphi-\pi)=(M+L)\cos\psi\sin(\varphi-\pi)+\frac{Nx\sin(\varphi-\pi)}{u}$$
$$+S\cos(\varphi-\theta)\sin(\varphi-\pi)-\frac{Ny\cos(\varphi-\theta)\sin(\varphi-\pi)}{u}$$
$$-S\sin(\varphi-\theta)\cos(\varphi-\pi)+\frac{Ny\sin(\varphi-\theta)\cos(\varphi-\pi)}{u}$$

quae ob $\cos(\varphi-\theta)\sin(\varphi-\pi)-\sin(\varphi-\theta)\cos(\varphi-\pi)=\sin(\varphi-\pi)$, dat

V sin

$$V \sin(\varphi-\pi) + T\cos(\varphi-\pi) - \frac{R}{\operatorname{tang}\varrho} = S\sin(\theta-\pi) - \frac{Ny}{u}\sin(\theta-\pi)$$

ex quo aequationes motum Lunae continentes erunt:

$$\text{I. } 2dxd\varphi + xdd\varphi = -\tfrac{1}{2}dt^2\left(\frac{Ny}{u} - S\right)\sin(\varphi-\theta)$$

$$\text{II. } ddx - xd\varphi^2 = -\tfrac{1}{2}dt^2\left((M+L)\cos\psi + \frac{Nx}{u} - \left(\frac{Ny}{u} - S\right)\cos(\varphi-\theta)\right)$$

$$\text{III. } d\pi = -\tfrac{1}{2}dt^2 . \frac{\sin(\varphi-\pi)\sin(\theta-\pi)}{xd\varphi}\left(\frac{Ny}{u} - S\right)$$

$$\text{IV. } d.\,l\operatorname{tang}\varrho = \frac{dx}{\operatorname{tang}(\varphi-\pi)}$$

vbi $\theta-\pi$ exprimit angulum ☊ CS seu distantiam Solis a nodo ascendente.

§. 19. Jam secundum Theoriam Newtoni, si massam Terrae ponamus $=$ ♁ ac Lunae $=$ ☾, ob distantiam $CL = \frac{x}{\cos\psi}$, foret vis $M = \frac{♁\cos\psi^2}{xx}$ et vis $L = \frac{☾\cos\psi^2}{xx}$, sicque vis tota $M+L = (♁ + ☾) . \frac{\cos\psi^2}{xx}$. Quo autem, si forte haec Theoria insufficiens deprehendatur, rem generalius complectamur, ponamus hanc vim:

$$M + L = (♁ + ☾)\cos\psi^2\left(\frac{1}{xx} - \frac{1}{bb}\right)$$

vbi terminus $\frac{1}{bb}$ defectum huius vis a Theoria Newtoniana exhibeat; qui cum sit minimus, pro constanti haberi poterit saltem pro exigua variabilitate, quam distantia x subit. Vim autem Solis exacte Theoriae Newtonianae conformem assumere poterimus; quoniam etiamsi inde recederet, differentia non solum foret

 quam

quam minima, ſed quia pro Luna aeque diſcreparet ac pro Terra, in noſtris formulis nullius plane eſſet momenti.

§. 20. Poſita ergo Solis maſſa $= \odot$, erit vis, qua Terram ad ſe attrahit $S = \frac{\odot}{yy}$, vis autem qua Lunam ad ſe trahit $N = \frac{\odot}{uu}$. His ergo valoribus virium in calculum inductis, motus lunae ex quatuor ſequentibus aequationibus determinari debet:

$$\text{I. } 2dx\,d\varphi + x\,dd\varphi = -\tfrac{1}{2}dt^2\left(\frac{\odot y}{u^3} - \frac{\odot}{yy}\right)\sin(\varphi - \theta)$$

$$\text{II. } ddx - x\,d\varphi^2 = -\tfrac{1}{2}dt^2(♄ + ☾)\cos\psi^3\left(\frac{1}{xx} - \frac{1}{bb}\right)$$
$$-\tfrac{1}{2}dt^2\left(\frac{\odot x}{u^3} - \frac{\odot y}{u^3}\cos(\varphi-\theta) + \frac{\odot}{yy}\cos(\varphi-\theta)\right)$$

$$\text{III. } d\pi = -\tfrac{1}{2}dt^2\,\frac{\sin(\varphi-\pi)\sin(\theta-\pi)}{x\,d\varphi}\left(\frac{\odot y}{u^3} - \frac{\odot}{yy}\right)$$

$$\text{IV. } d.\,l\tan\varrho = \frac{d\pi}{\tan(\varphi-\pi)}$$

Hic iam primum curandum eſt, vt elementum temporis, quod eſt quantitas heterogenea, ex calculo eliminemus; id quod commodiſſime fiet, ſi motum medium ſolis vtpote tempori proportionalem, loco temporis in calculum introducenus.

§. 21. Cum igitur etiam motus Solis in his aequationibus ſit ratio habenda, eum prius inueſtigemus: et quoniam pro terra quieſcente Sol a ſola vi $\frac{\odot}{yy}$ ad terram

ram ſollicitari concipiendus eſt, ſi formulas pro luna inuentas ad ſolem accommodemus, obtinebimus:

$$2\,dy\,d\theta + y\,dd\theta = o$$

$$ddy - y\,d\theta^2 = -\tfrac{1}{2}\,dt^2.\frac{\odot}{yy}$$

ſi iam diſtantiam Solis a terra mediam ponamus $= b$ ejusque anomaliam mediam $= q$; caſu quo excentricitas orbitae ſolaris eſſet nulla, foret ſemper $y = b$ & $d\theta = dq$: vnde altera aequatio dabit $- b\,dq^2 = - \tfrac{1}{2}\,dt^2.\frac{\odot}{bb}$. Quare loco elementi temporis dt elementum anomaliae mediae ſolis ita in calculum introduci debet, vt vbique loco $\tfrac{1}{2}\,dt^2$ ſcribatur $\frac{b^3\,dq^2}{\odot}$, id quod tam in his formulis pro Sole, quam in ſuperioribus pro Luna fieri poterit.

§. 22. Cum iam b denotet diſtantiam ſolis a terra mediam, ſit eius vera diſtantia $y = b\,\omega$, et anomalia eius vera $= s$, erit $d\theta = ds$, quandoquidem a motu apogei ſolis animum abſtrahimus. Hinc itaque erit

$$2\,d\omega\,ds + \omega\,dds = o$$

$$dd\omega - \omega\,ds^2 = -\frac{dq^2}{\omega\omega},$$

quarum prior integrata dat $\omega\omega\,ds = C\,dq$ ob dq conſtans, ideoque $\omega\,ds^2 = \frac{CC\,dq^2}{\omega^3}$; qui valor in altera aequatione ſubſtitutus praebet,

$$dd\omega = \frac{CC\,dq^2}{\omega^3} - \frac{dq^2}{\omega\omega}.$$

quae

quae per $2\,d\omega$ multiplicata et integrata dat:

$$\frac{d\omega^2}{dq^2} = D - \frac{CC}{\omega\omega} + \frac{2}{\omega}$$

vnde fit $dq = \frac{\omega\, d\omega}{\sqrt{(D\omega\omega + 2\omega - CC)}}$

ac proinde $ds = \frac{C\, d\omega}{\omega\sqrt{(D\omega\omega + 2\omega - CC)}}$

§. 23. Quanquam autem hinc valores finiti haud difficulter deduci possent, tamen alia vtar methodo, quae in motu Lunae maiorem praestabit vtilitatem. Inuento autem $\omega\omega\, ds = C\, dq$, alteram aequationem ita transformo, vt elementi constantis dq ratio non amplius habeatur:

$$dq.\, d.\, \frac{d\omega}{dq} - \omega\, ds^2 = - \frac{dq^2}{\omega\omega}$$

Sit nunc $\omega = \frac{1}{u}$, vt habeat $ds = C\, uu\, dq$, et $d\omega = - \frac{du}{uu}$, et ob $dq = \frac{ds}{C\, uu}$ erit $\frac{d\omega}{dq} = - \frac{C\, du}{ds}$; hinc sumto iam elemento ds constante, erit

$$\frac{- d's}{C\, uu} \cdot \frac{C\, ddu}{ds} - \frac{ds^2}{u} = - \frac{ds^2}{CC\, uu} \text{ seu}$$

$$ddu + u\, ds^2 = \frac{ds^2}{CC}$$

vnde statim elicitur $u = \frac{1 - e \cos s}{CC}$, vbi e excentricitatem orbitae solaris indicabit.

§. 24. Hinc porro habebitur $\omega = \frac{CC}{1 - e\cos s}$, et $y = \frac{CCb}{1 - e\cos s}$, anomalia vera s ab apogeo computata; vnde distantia apogei

apogei a terra poſito $s = 0$ erit $= \frac{CCb}{1-e}$, et diſtantia perigei poſito $s = 180°$ prodit $= \frac{CCb}{1+e}$; ſicque diſtantia media fiet $= \frac{CCb}{1-ee}$, quae cum per hypotheſin aequalis eſſe debeat ipſi b, ſtatui oportet $CC = 1-ee$: hincque erit

$$y = \frac{b(1-ee)}{1-e\cos s} \quad \text{et} \quad \omega = \frac{1-ee}{1-e\cos s}$$

Porro autem aequatio $\omega\omega ds = C dq = dq \sqrt{(1-ee)}$ abibit in hanc:

$$dq = \frac{(1-ee)^{\frac{3}{2}} ds}{(1-e\cos s)^2} \quad \text{et} \quad q = \int \frac{(1-ee)^{\frac{3}{2}} ds}{(1-e\cos s)^2}$$

ex qua, vti ſatis conſtat, vel data anomalia vera s inueniri poteſt anomalia media q, vel viciſſim. His itaque formulis motum Solis continentibus in determinatione motus Lunae vtamur.

§. 25. Primo ergo loco $\frac{1}{2}dt^2$ vbique ſcribamus $\frac{b^3 dq^2}{\odot}$ et $b\omega$ loco y, quo facto noſtrae aequationes fient

I. $2dxd\Phi + xdd\Phi = -b^3 dq^2 \left(\frac{b\omega}{u^3} - \frac{1}{bb\omega\omega}\right) \sin(\Phi - \theta)$

II. $ddx - xd\Phi^2 = -\frac{(♁ + ☾)\, b^3 dq^2}{\odot} \cos\psi^3 \left(\frac{1}{xx} - \frac{1}{bb}\right)$

$$-b^3 dq^2 \left(\frac{x}{u^3} - \frac{b\omega\cos(\Phi-\theta)}{u^3} + \frac{\cos(\Phi-\theta)}{bb\omega\omega}\right)$$

III. $d\pi = -b^3 dq^2 . \frac{\sin(\Phi-\pi)\sin(\theta-\pi)}{xd\Phi} \left(\frac{b\omega}{u^3} - \frac{1}{bb\omega\omega}\right)$

Ponatur porro $u = bv$, adque in calculum quoque introducaducatur diſtantia media lunae a terra, quae ſit $= a$, poſitoque $x = az$, prodibit:

I. $2dzd\phi + zdd\phi = -\frac{bdq^2}{a}\left(\frac{\omega}{v^3} - \frac{1}{\omega\omega}\right)\sin(\phi - \theta)$

II. $ddz - zd\phi^2 = -\frac{(♁ + ☾)b^3}{☉\, a^3} dq^2 \cos\psi^3 \left(\frac{1}{zz} - \frac{aa}{bb}\right)$

$- \frac{zdq^2}{v^3} + \frac{b\omega dq^2 \cos(\phi - \theta)}{av^3} - \frac{bdq^2 \cos(\phi - \theta)}{a\omega\omega}$

III. $d\pi = -\frac{bdq^2}{azd\phi}\sin(\phi - \pi)\sin(\theta - \pi)\left(\frac{\omega}{v^3} - \frac{1}{\omega\omega}\right)$

§. 26. Ponamus nunc ad abbreuiandum:

$\frac{(♁ + ☾)b^3}{☉\, a^3} = m;\ \frac{(♁ + ☾)b^3}{☉\, abb} = \mu$, ſeu $\mu = \frac{maa}{bb}$

quarum litterarum valores m et μ per obſeruationes definiri debent; tum vero ſit $\frac{a}{b} = \nu$, quae eſt quantitas valde parua a parallaxi ſolis pendens. Hisque valoribus introductis, aequationes noſtrae ſequentes induent formas:

I. $2dzd\phi + zdd\phi = -\frac{1}{\nu}dq^2\left(\frac{\omega}{v^3} - \frac{1}{\omega\omega}\right)(\sin \phi - \theta)$

II. $ddz - zd\phi^2 = -\frac{mdq^2\cos\psi^3}{zz} + \mu dq^2 \cos\psi^3$

$- \frac{zdq^2}{v^3} + \frac{1}{\nu}dq^2\left(\frac{\omega}{v^3} - \frac{1}{\omega\omega}\right)\cos(\phi - \theta)$

III. $d\pi = -\frac{dq^2}{\nu zd\phi}\sin(\phi - \pi)\sin(\theta - \pi)\left(\frac{\omega}{v^3} - \frac{1}{\omega\omega}\right)$

IV. $d.\,l\tang\rho = \frac{d\pi}{\tang(\phi - \pi)}$

§. 27.

§. 27. Cum iam poſuerimus:

$$x = az;\quad y = b\omega;\quad v = \frac{u}{b}\quad \text{et}\quad \nu = \frac{a}{b}$$

erit $u = \sqrt{(bb\omega\omega - 2ab\omega z\ \text{coſ}(\phi - \theta) + aazz\ \text{ſec.}\ \psi^2)}$
atque $v = \sqrt{(\omega\omega - 2\nu\omega z\ \text{coſ}(\phi - \theta) + \nu\nu zz\ \text{ſec.}\ \psi^2)}$
vbi notandum eſt quantitates ω, q et s ex motu ſolis ita inter ſe pendere, vt ſit

$$\omega = \frac{1-ee}{1-e\,\text{coſ}\,s}\quad \text{et}\quad dq = \frac{(1-ee)^{\frac{3}{2}}ds}{(1-e\,\text{coſ}\,s)^2} = \frac{\omega\omega ds}{\sqrt{(1-ee)}}$$

ita vt huic ad datum quoduis tempus tam valor ipſius ω quam anomaliae verae s definiri poſſit. Modum autem has formulas ad calculum reuocandi hic non trado, quia eum alias fuſius iam expoſui: hoc ſolum hic notari conveniet, excentricitatis orbitae ſolaris valorem ex obſeruationibus colligi $e = 0,01680$.

§. 28. Nunc antequam vlterius progredi queamus, valorem irrationalem ipſius v tolli conueniet, quod facile per ſeriem praeſtabitur maxime conuergentem, ob ν fractionem valde paruam; ſumta enim parallaxi ſolis $= 12''$, quia parallaxis lunae media eſt $= 3380''$, erit $\frac{a}{b} = \nu$ $= \frac{12}{3380} = \frac{1}{282}$. Hinc ſufficit ſeriei illius conuergentis, quam reperiemus, aliquot tantum terminos ab initio asſumſiſſe; quia reliqui ob paruitatem continuo magis creſcentem tuto omitti poterunt. Cum autem angulus $\phi - \theta$, qui diſtantiam ſolis a luna ſecundum longitudinem denotat, in hac reſolutione frequentiſſime occurret, breuitatis gratia ponamus $\phi - \theta = \eta$
ita vt pro v ſequentem habeamus valorem irrationalem

$$v = \sqrt{(\omega\omega - 2\nu\omega z\ \text{coſ}\ \eta + \nu\nu zz\ \text{ſec.}\ \psi^2)}.$$

§. 29. Quoniam ergo in noſtris formulis occurrit

$\frac{1}{v^3}$ ob $\frac{1}{v^3} = (\omega\omega - 2v\omega z\cos\eta + vv\,zz\sec\psi^2)^{-\frac{3}{2}}$, nanciſcemur

$$\frac{1}{v^3} = \frac{1}{\omega^3} + \frac{3vz\cos\eta}{\omega^4} - \frac{3vv\,zz\sec.\psi^2}{2\,\omega^5} + \frac{15\,vv\,zz}{2\,\omega^5}\cos\eta^2$$

vbi terminos altiores ipſius v poteſtates inuoluentes ſine haeſitatione reiicere poſſumus; in ipſis aequationibus autem tantum in prima ipſius v poteſtate ſubſiſtemus. Habebimus ergo :

$$\frac{1}{v}\left(\frac{\omega}{v^3} - \frac{1}{\omega\omega}\right) = \frac{3z\cos\eta}{\omega^3} + \frac{3vzz}{2\,\omega^4}(5\cos\eta^2 - \sec.\psi^2)\ \text{ſeu}$$

$$\frac{1}{v}\left(\frac{\omega}{v^3} - \frac{1}{\omega\omega}\right) = \frac{3z\cos\eta}{\omega^3} + \frac{3vzz}{4\,\omega^4}(5 + 5\cos2\eta - 2\sec.\psi^2)$$

hincque porro :

$$\frac{1}{v}\left(\frac{\omega}{v^3} - \frac{1}{\omega\omega}\right)\sin(\varphi - \theta) = \frac{3z\sin2\eta}{2\,\omega^3} + \frac{3vzz}{8\omega^4}(5\sin\eta + 5\sin3\eta - 4\sin\eta\sec.\psi^2)$$

$$\frac{1}{v}\left(\frac{\omega}{v^3} - \frac{1}{\omega\omega}\right)\cos(\varphi - \theta) = \frac{3z}{2\omega^3}(1 + \cos2\eta) + \frac{3vzz}{8\omega^4}(15\cos\eta + 5\cos3\eta - 4\cos\eta\sec.\psi^2)$$

atque $\dfrac{z}{v^3} = \dfrac{z}{\omega^3} + \dfrac{3v\,zz}{\omega^4}\cos\eta$

§. 30. Subſtituamus hos valores in noſtris aequationibus atque obtinebimus :

I. $2dz\,d\varphi + zdd\varphi = -dq^2\left(\dfrac{3z\sin2\eta}{2\,\omega^3} + \dfrac{3vzz}{8\omega^4}(5\sin\eta + 5\sin3\eta - 4\sin\eta\sec.\psi^2)\right)$

II. $ddz - zd\varphi^2 = -\dfrac{m\,dq^2\cos\psi^3}{z\,z} + \mu dq^2\cos\psi^3 + \dfrac{zdq^2}{2\,\omega^3} + \dfrac{3zdq^2}{2\,\omega^3}\cos2\eta$

$\qquad\qquad + \dfrac{3vzz\,dq^2}{8\,\omega^4}(7\cos\eta + 5\cos3\eta - 4\cos\eta.\sec.\psi^2)$

$\qquad\qquad\qquad\qquad\qquad\qquad\qquad\qquad\text{III. } d\pi$

III. $d\pi = -\frac{dq^2}{zd\phi}\sin(\phi-\pi)\sin(\theta-\pi)\left(\frac{3z\cos\eta}{\omega^3}+\frac{3vzz}{4\omega^4}(5+5\cos 2\eta - 2\sec.\psi^2)\right)$

IV. $d.\, l\,\text{tang}\,\varrho = \frac{d\pi}{\text{tang}\,(\phi-\pi)}.$

Hic iam obſervare licet, cum angulus ψ nunquam fere 5° ſuperet, eiusque ſecans nonniſi in terminis iam per v multiplicatis, ac propterea reſpectu reliquorum valde parvis occurrat, ſine vllius erroris ſenſibilis metu in his terminis poni poſſe ſec. $\psi = 1$.

§. 31. Deinde vt etiam ex maioribus terminis coſ ψ eliminemus; conſideremus formulam tang ψ = tang ϱ ſin $(\phi-\pi)$, eritque ſec. $\psi = \frac{1}{\cos\psi} = \sqrt{(1+\text{tang}\,\varrho^2 \sin(\phi-\pi)^2)}$

Hinc ergo habebimus:

$$\cos\psi^3 = (1+\text{tang}\,\varrho^2.\sin(\phi-\pi)^2)^{-\frac{3}{2}}$$

et cum tang ϱ^2 nunquam fere fractionem $\frac{1}{144}$ ſuperet erit ſatis exacte:

$$\cos\psi^3 = 1 - \tfrac{3}{2}\,\text{tang}\,\varrho^2.\ \sin(\phi-\pi)^2 \text{ — vel etiam}$$
$$\cos\psi^3 = 1 - \tfrac{3}{4}\,\text{tang}\,\varrho^2 + \tfrac{3}{4}\,\text{tang}\,\varrho^2 \cos 2(\phi-\pi)$$

qui valor pro coſ ψ^3 in termino maiore $\frac{m\,dq^2\cos\psi^3}{z\,z}$ ſubſtitui poteſt: in altero autem termino $\mu\,dq^2 \cos\psi^3$ quia per ſe eſt valde paruus, atque adeo ſecundum Theoriam Newtoni euaneſceret, nihil impedit, quo minus loco coſ ψ^3 ſcribamus vnitatem.

§. 32. Hoc ergo modo ſi aequationes noſtras a conſideratione latitudinis Lunae ψ liberemus ad ſequentes perueniemus aequationes:

I. $2dzd\Phi + zdd\Phi = -dq^2\left(\frac{3z\sin 2\eta}{2\omega^3} + \frac{3\nu zz}{8\omega^4}(\sin\eta + 5\sin 3\eta)\right)$

II. $ddz - zd\Phi^2 = -\frac{mdq^2}{zz}(1 - \frac{3}{4}\mathrm{tang}\,\varrho^2 + \frac{3}{4}\mathrm{tang}\,\varrho^2\cos 2(\Phi-\pi)) + \mu dq^2$

$$+ \frac{zdq^2}{2\omega^3} + \frac{3zdq^2}{2\omega^3}\cos 2\eta + \frac{3\nu zzdq^2}{8\omega^4}(3\cos\eta + 5\cos 3\eta)$$

III. $d\pi = -\frac{dq^2}{zd\Phi}\sin(\Phi-\pi)\sin(\theta-\pi)\left(\frac{3z\cos\eta}{\omega^3} + \frac{3\nu zz}{4\omega^4}(3+5\cos 2\eta)\right)$

IV. $d.\,l\,\mathrm{tang}\,\varrho = \frac{d\pi}{\mathrm{tang}\,(\Phi-\pi)}$.

Nunc igitur in hoc erit incumbendum, vt ex his quatuor aequationibus omnia motus phaenomena, quae in Luna ſecundum Theoriam adeſſe debent, ſollicite eruantur, atque tum cum obſeruationibus conferantur.

CAPUT

CAPUT III.

INTRODUCTIO ANOMALIAE VERAE LUNAE IN PRAECEDENTES AEQUATIONES.

§. 33.

Quoniam noſtra quaeſtio circa Lunam verſatur, loco anomaliae mediae ſolis, quam pro tempore in calculum introduximus, magis conueniet motu Lunae medio vti, qui itidem tempori eſt proportionalis. Verum ex ſequentibus patebit calculum commodiorem reddi, ſi loco motus medii adhibeamus anomaliam Lunae mediam, cuius incrementa itidem tempori ſunt proportionalia. Sit itaque ad datum tempus anomalia media Lunae $= p$; et cum eius incrementum dp ad incrementum anomaliae mediae ſolis eodem tempuſculo acceptum datum ac per obſeruationes cognitam teneat rationem, ponamus $dp = ndq$. Tabulae autem Aſtronomicae pro interuallo 365 dierum praebent: Motum anomaliae mediae Solis $11^s, 29^\circ, 44', 39'' = 1295079''$ Motum anomaliae mediae Lunae

$$13^{\text{Rev.}}\ 2^s, 28^\circ, 43'\ 13'' = 17167393''$$

vnde fit $n = \dfrac{17167393}{1295079} = 13,25586$

§. 34. Poſito ergo $\dfrac{dp}{n}$ loco dq, aequationes noſtrae erunt

$$\text{I. } 2dzd\Phi + zdd\Phi = -\frac{dp^2}{nn}\left(\frac{3z\sin 2\eta}{2\,\omega^3} + \frac{3vzz}{8\omega^4}(\sin\eta + 5\sin 3\eta)\right)$$

II. ddz

$$\text{II. } ddz - zd\Phi^2 = -\frac{mdp^2}{nnzz}(1-\tfrac{3}{4}\text{tang}\rho^2 + \tfrac{3}{4}\text{tang}\rho^2 \text{cos}2(\Phi-\pi)) + \frac{\mu dp^2}{nn}$$

$$+ \frac{zdp^2}{2n^2\omega^3} + \frac{3zdp^2}{2n^2\omega^3}\text{cos}2\eta + \frac{3\nu zzdp^2}{8nn\omega^4}(3\text{cos}\eta + 5\,\text{cos}3\eta)$$

$$\text{III. } d\pi = \frac{-dp^2}{nnzd\Phi}\text{fin}(\Phi-\pi)\,\text{fin}(\theta-\pi)\left(\frac{3z\text{cos}\eta}{\omega^3} + \frac{3\nu zz}{4\omega^4}(3+5\text{cos}2\eta)\right)$$

$$\text{IV. } d.\,l\,\text{tang}\,\rho = \frac{d\pi}{\text{tang}(\Phi-\pi)}$$

atque hic elementum dp aſſumtum eſt conſtans: ſimul autem patet terminos, qui per nn ſunt diuiſi, prae ceteris ſatis eſſe paruos, cum ſit $nn = 175,71795$. Quae circumſtantia ſequentes approximationes non mediocriter adiuuabit.

§. 35. Nunc antequam vlterius progrediamur, aequationem primam per z multiplicemus, atque integratione in priori parte inſtituta obtinebimus

$$zzd\Phi = Cdp - \frac{dp}{nn}\int dp\left(\frac{3z^2\,\text{fin}2\eta}{2\,\omega^3} + \frac{3\nu z^3}{8\,\omega^4}(\text{fin}\,\eta + 5\,\text{fin}3\eta)\right)$$

ponamus breuitatis gratia hoc membrum integrale

$$\int dp\left(\frac{3zz}{2\,\omega^4}\text{fin}\,2\eta + \frac{3\nu z^3}{8\,\omega^4}(\text{fin}\,\eta + 5\,\text{fin}\,3\eta)\right) = S$$

quod integrale, ne introductio conſtantis incertitudinem pariat, ita capi aſſumo, vt nullum terminum mere conſtantem contineat, quippe qui iam in C eſſet comprehenſus. Hoc ergo circa determinationem integrationis probe obſeruato, erit $zzd\Phi = dp\left(C - \frac{S}{nn}\right)$: vbi terminus S aequabilem arearum deſcriptionem, quam Regula Kepleri in planetis primariis infert, perturbat; eſt enim

enim $\frac{1}{2}zz\,d\Phi$ elementum areae descriptae, quod si ipsi C dp esset aequale, tempori exacte esset proportionale.

§. 36. Cum igitur sit $d\Phi = \frac{dp}{zz}\left(C - \frac{S}{nn}\right)$, erit

$z\,d\Phi^2 = \frac{dp^2}{z^3}\left(CC - \frac{2}{nn}CS + \frac{1}{n^4}SS\right)$, quo valore substituto reliquae nostrae aequationes sequentes induent formas:

$$\text{II. } ddz = \frac{dp^2}{z^3}\left(CC - \frac{2}{nn}CS + \frac{1}{n^4}SS\right)$$
$$- \frac{m\,dp^2}{nnzz}\left(1 - \tfrac{3}{4}\operatorname{tang}\varrho^2 + \tfrac{3}{4}\operatorname{tang}\varrho^2 \cos 2(\Phi - \pi)\right) + \frac{\mu\,dp^2}{nn}$$
$$+ \frac{z\,dp^2}{2nn\omega^3} + \frac{3z\,dp^2}{2nn\omega^3}\cos 2\eta + \frac{3\nu zz\,dp^2}{8nn\omega^4}(3\cos\eta + 5\cos 3\eta)$$

$$\text{III. } d\pi = -\frac{z\,dp}{Cnn - S}\sin(\Phi - \pi)\sin(\theta - \pi)\left(\frac{3z\cos\eta}{\omega^3} + \frac{3\nu zz}{4\omega^4}(3 + 5\cos 2\eta)\right)$$

et quarta manet $d.\,l\operatorname{tang}\varrho = \frac{d\pi}{\operatorname{tang}(\Phi - \pi)}$ vt ante.

Eo igitur pertigimus, vt inuestigari oporteat quantitates z, π et ϱ, quibus inuentis obtinebitur Φ ex formula primum eruta. Cum autem sit $d\eta = d\Phi - d\theta$, ob $d\theta = ds = \frac{dq\sqrt{(1-ee)}}{\omega\omega} = \frac{dp\sqrt{(1-ee)}}{n\omega\omega}$, erit $d\eta = \frac{dp}{zz}\left(C - \frac{S}{nn}\right) - \frac{dp\sqrt{(1-ee)}}{n\omega\omega}$. Tum vero est vti vidimus $\omega = \frac{1-ee}{1-e\cos s}$, vnde et huius differentiale ad dp reduci poterit.

§. 37. Si hunc calculum prosequi vellemus, tota inuestigatio tandem eo rediret, vt definiretur quantum

 longi-

longitudo Lunae vera ab eius longitudine media, quae ex anomalia media p haberetur, diſcreparet: hoc autem diſcrimen nonnunquam vltra 8 gradus exſurgere posſet, ideoque correctiones admodum notabiles requireret. Vt igitur nobis quam minimae correctiones inueſtigandae relinquantur, expediet differentiam inter locum Lunae verum, et locum corporis quod ſecundum regulas Kepleri in ellipſi circa Terram reuolueretur, ita tamen mobili, vt eius motus abſidum cum motu apogei Lunae per obſeruationes cognito conueniret. Seu quod eodem redit, quaeramus primo ex anomalia Lunae media p ſecundum regulas Kepleri anomaliam eius veram quae ſit $= r$, vnde ſi longitudo apogei fuerit $= w$, quantita, $w + r$ nunquam multum vltra gradum a longitudine Lunae vera differet: vnde diſcrimen multo facilius inueniri poterit, ſi quidem debita orbitae lunaris excentricitas in calculum inducatur. Hinc loco anomaliae Lunae mediae p eius anomaliam veram, quae ſcilicet mediae pro excentricitate rite aſſumta conueniat, in aequationes noſtras inferamus.

§. 38. Tabulae quidem aſtronomicae excentricitatem orbitae lunaris plerumque variabilem ſtatuunt; ſed cum hic non de vera huius orbitae excentricitate quaeſtio ſit, quam de excentricitate illius orbitae ellipticae mobilis, in qua corpus motum proxime motum Lunae referat; huius excentricitas media erit ſtatuenda inter maximam ac minimam, quae vulgo orbitae lunari tribuuntur: vnde iſta excentricitas media colligitur $= 0,05445$. Ne autem huic concluſioni nimium fidamus genera-

generatim hanc excentricitatem ponamus $= k$; atque anomalia vera per mediam ita determinabitur, vt fit

$$dp = \frac{(1-kk)^{\frac{3}{2}} dr}{(1-k\cos r)^2}, \text{ vel fit brevitatis gratia } \frac{1-kk}{1-k\cos r} = t,$$

vt fit $dp = \frac{tt\,dr}{\sqrt{(1-kk)}}$. Porro autem reliqua differentialia ita ad elementum dr reuocabuntur, vt fit:

$$ds = \frac{ttdr\sqrt{(1-ee)}}{n\omega\omega\sqrt{(1-kk)}} = d\theta, \text{ et } d\eta = \frac{tt\,dr}{zz\sqrt{(1-kk)}}\left(C - \frac{S}{nn}\right) - \frac{tt\,dr\sqrt{(1-ee)}}{n\omega\omega\sqrt{(1-kk)}}.$$

§. 39. Si motus Lunae cum motu huius corporis, quod imaginamur, perfecte conueniret, tum vbique foret $z = \frac{1-kk}{1-k\cos r}$ feu $z = t$: quoniam autem hi duo motus inter fe non conueniunt, non erit $z = t$. Ponamus ergo effe:

$$z = tu = \frac{(1-kk)u}{1-k\cos r} \text{ feu } x = \frac{(1-kk)au}{1-k\cos r}$$

vbi primum obferuo, quantitatem u valde parum ab vnitate recedere. Erit autem quantitas variabilis, quae alium terminum conftantem praeter vnitatem non inuolvet: nam fi alium terminum conftantem contineret, is in a poffet comprehendi, idque indicio effet diftantiam mediam a non recte effe affumtam. Habebit ergo u huiusmodi formam $1 + Z$, vbi Z ex terminis nonnifi variabilibus conftabit. Praeterea autem animaduerto, hanc quantitatem Z nullum terminum huius formae $\alpha \cos r$ complecti debere; quoniam hoc indicio effet excentricitatem k non recte effe affumtam, fed eam vel maiorem vel minorem accipi oportuiffe.

 §. 40. His

§. 40: His igitur notatis, quod quantitas *u* primo terminum conſtantem $= 1$ contineat, tum vero nullum terminum formae $\alpha \cos r$ inuoluat, ſtatuamus $z = t u$ ſeu $z = \dfrac{(1-kk)u}{1-k\cos r}$ poſito breuitatis gratia $t = \dfrac{1-kk}{1-k\cos r}$. Atque cum ſupra elementum dp conſtans poſuiſſemus, hac conditione exuenda erit $ddz = dp \, d. \dfrac{dz}{dp}$, et $\dfrac{ddz}{dp^2} = \dfrac{1}{dp} \, d. \dfrac{dz}{dp}$ Diviſa ergo ſecunda aequatione per dp^2, erit:

II. $\dfrac{1}{dp} \, d. \, \dfrac{dz}{dp} = \dfrac{CC}{t^3 u^3} - \dfrac{2CS}{nn\, t^3 u^3} + \dfrac{SS}{n^4 t^3 u^3}$

$- \dfrac{m}{nn\,tt\,uu} \left(1 - \tfrac{3}{4}\mathrm{tang}\varrho^2 + \tfrac{3}{4}\mathrm{tang}\varrho^2 \cos 2(\varPhi - \pi)\right) + \dfrac{\mu}{nn} + \dfrac{t\,u}{2nn\,\omega^3}$

$+ \dfrac{3\,tu\cos 2\eta}{2\,nn\,\omega^3} + \dfrac{3\,v\,tt\,uu}{8\,nn\,\omega^4}\left(3\cos\eta + 5\cos 3\eta\right)$

III. $d\pi = \dfrac{-t\,u\,dp}{Cnn - S}\sin(\varPhi - \pi)\sin(\theta - \pi)\left(\dfrac{3tu\cos\eta}{\omega^3} + \dfrac{3vttuu}{4\,\omega^4}(3 \mp 5\cos 2\eta)\right)$

vbi nunc nullum differentiale aſſumtum eſt conſtans, ſed iam pro lubitu quoduis differentiale conſtans aſſumi poterit.

§. 41. Poſito autem $z = t u$ et $dp = \dfrac{tt\,dr}{\sqrt{(1-kk)}}$ exiſtente $t = \dfrac{1-kk}{1-k\cos r}$ erit primo :

$S = \int \dfrac{tt\,dr}{\sqrt{(1-kk)}}\left(\dfrac{3tt\,uu}{2\,\omega^3}\sin 2\eta + \dfrac{3v t^3 u^3}{8\,\omega^4}(\sin\eta + 5\sin 3\eta)\right)$ ſeu

$S = \int \dfrac{dr}{\sqrt{(1-kk)}}\left(\dfrac{3 t^4 uu}{2\,\omega^3}\sin 2\eta + \dfrac{3v t^5 u^3}{8\,\omega^4}(\sin\eta + 5\sin 3\eta)\right)$

Hinc

Hinc fiet $d\Phi = \frac{dr}{uu\surd(1-kk)}\left(C - \frac{S}{nn}\right)$ atque

$$d\eta = \frac{dr}{uu\surd(1-kk)}\left(C - \frac{S}{nn}\right) - \frac{ttdr\surd(1-ee)}{n\omega\omega\surd(1-kk)}$$

Porro autem ob $dz = tdu + udt$, erit $\frac{dz}{dp} = \frac{tdu+udt}{ttdr}\surd(1-kk)$;

at eſt $dt = -\frac{(1-kk)kdr\sin r}{(1-k\cos r)^2} = -\frac{kttdr\sin r}{1-kk}$; ſicque fiet

$\frac{dz}{dp} = \frac{du\surd(1-kk)}{tdr} - \frac{ku\sin r}{\surd(1-kk)}$; ac poſito elemento dr conſtante

erit $d.\frac{dz}{dp} = \frac{ddu\surd(1-kk)}{tdr} - \frac{dudt\surd(1-kk)}{ttdr} - \frac{kdu\sin r}{\surd(1-kk)} - \frac{kudr\cos r}{\surd(1-kk)}$

hincque ob $\frac{dt}{tt} = -\frac{kdr\sin r}{1-kk}$ habebitur:

$$d.\frac{dz}{dp} = \frac{ddu\surd(1-kk)}{tdr} - \frac{kudr\cos r}{\surd(1-kk)}.$$

§. 42. Hinc iam porro obtinemus pro ſecunda aequatione

$$\frac{1}{dp}d.\frac{dz}{dp} = \frac{(1-kk)ddu}{t^3dr^2} - \frac{ku\cos r}{tt}$$

qui valor ſubſtitutus in aequatione per $\frac{t^3}{1-kk}$ multiplicata orietur haec aequatio:

$$\text{II.}\quad \frac{ddu}{dr^2} - \frac{ktu\cos r}{1-kk} = \frac{CC}{(1-kk)u^3} - \frac{2CS}{(1-kk)nnu^3} + \frac{SS}{n^4(1-kk)u^3}$$

$$- \frac{mt}{nn(1-kk)uu}\left(1-\tfrac{3}{4}\text{tang}\,\varrho^2 + \tfrac{3}{4}\text{tang}\,\varrho^2\cos 2(\Phi-\pi)\right) + \frac{\mu t^3}{nn(1-kk)} + \frac{t^4u}{2nn(1-kk)\omega^3}$$

$$+ \frac{3t^4u\cos 2\eta}{2nn(1-kk)\omega^3} + \frac{3\nu t^5uu}{8nn\omega^4(1-kk)}(3\cos\eta + 5\cos 3\eta)$$

$$\text{III.}\quad d\pi = -\frac{uudr\sin(\Phi-\pi)\sin(\theta-\pi)}{(Cnn-S)\surd(1-kk)}\left(\frac{3t^4\cos\eta}{\omega^3} + \frac{3\nu t^5u}{4\omega^4}(3+5\cos 3\eta)\right)$$

 Quartam

Quartam aequationem $d.\, l \operatorname{tang} \varrho = \frac{d\pi}{\operatorname{tang}(\phi - \pi)}$, cum nullam mutationem ſubeat, ſuperfluum foret continuo repetere.

§. 43. Conueniet autem quantitates conſtantes C et m, quarum valores nondum nouimus, ſaltem vero proxime indagare, quo facilius deinceps ipſam aequationum reſolutionem dirigere queamus. Perſpicuum autem eſt, ſi omnes quantitates a ſitu ſolis pendentes ex calculo deleantur, tum vtique fieri debere $u = 1$. Cum igitur primum S ab angulo η pendeat, terminos tam S quam η inuoluentes omittamus, ac pro ω quidem ſcribamus 1; quia tantum determinationem ad verum accedentem requirimus, quem in finem quoque inclinationem orbitae negligamus. Hinc aequatio ſecunda dabit:

$$-\frac{kt \operatorname{cof} r}{1-kk} = \frac{CC}{1-kk} - \frac{mt}{nn(1-kk)} + \frac{\mu t^3}{n^2(1-kk)} + \frac{t^4}{2nn(1-kk)} \text{ ſiue}$$

$$CC = \frac{mt}{nn} - \frac{\mu t^3}{nn} - kt \operatorname{cof} r - \frac{t^4}{2nn}$$

Cum autem ſit $t = \frac{1-kk}{1-k \operatorname{cof} r} = 1 + k \operatorname{cof} r$ proxime, ob k valde paruum habebitur.

$$CC = \frac{m}{nn} - \frac{\mu}{nn} - \frac{1}{2nn}$$
$$+ \frac{m}{nn} k \operatorname{cof} r - \frac{3\mu k}{nn} \operatorname{cof} r - k \operatorname{cof} r - \frac{2k}{nn} \operatorname{cof} r$$

vnde perſpicuum eſſe oportere.

$$\frac{m}{nn} = 1 + \frac{2+3\mu}{nn} \text{ et } CC = 1 + \frac{3+4\mu}{2nn}$$

§. 44. His

§. 44. His igitur constantium $\frac{m}{nn}$ et CC valoribus proximis inuentis ponamus esse reuera:

$$\frac{m}{nn} = 1 + \frac{2+3\mu+\gamma}{nn} \text{ et } CC = 1 + \frac{3+4\mu+\delta}{2nn} = \lambda\lambda$$

scribamus enim λ pro C, quia litteris maiusculis A, B, C, D etc. deinceps in operationibus sequentibus vtemur: sicque fiet

$$S = \frac{1}{\sqrt{(1-kk)}} \int dr \left(\frac{3t^4uu}{2\omega^3} \sin 2\eta + \frac{3\nu t^5 u^3}{8\omega^4} (\sin\eta + 5\sin 3\eta) \right)$$

$$d\Phi = \frac{dr}{uu\sqrt{(1-kk)}} \left(\lambda - \frac{S}{nn} \right)$$

$$d\eta = \frac{dr}{uu\sqrt{(1-kk)}} \left(\lambda - \frac{S}{nn} \right) - \frac{ttdr\sqrt{(1-ee)}}{n\omega\omega\sqrt{(1-kk)}}$$

II. $$\frac{(1-kk)\,ddu}{dr^2} = ktu\cos r + \frac{\lambda\lambda}{u^3} - \frac{2\lambda S}{nnu^3} + \frac{SS}{n^4u^3} + \frac{\mu t^3}{nn} + \frac{t^4u}{2nn\omega^3}$$
$$- \frac{mt}{nnuu}\left(1 - \tfrac{3}{4}\operatorname{tang}\rho^2 + \tfrac{3}{4}\operatorname{tang}\rho^2 \cos 2(\Phi - \pi)\right)$$
$$+ \frac{3t^4u\cos 2\eta}{2nn\omega^3} + \frac{3\nu t^5uu}{8nn\omega^4}(3\cos\eta + 5\cos 3\eta)$$

III. $$d\pi = \frac{uudr\sin(\Phi\ \pi)\sin(\theta\ \pi)}{(\lambda nn - S)\sqrt{(1-kk)}} \left(\frac{3t^4}{\omega^3}\cos\eta + \frac{3\nu t^5 u}{4\omega^4}(3+5\cos 2\eta) \right)$$

§. 45. Ponatur $\lambda = \varkappa\sqrt{(1-kk)}$, vt sit $\varkappa\varkappa = 1 + \frac{3+4\mu+\delta}{2nn}$ defectum enim in termino indefinito δ complecti licet, existente $m = nn + 2 + 3\mu + \gamma$; tum vero ponatur $S = (1-kk)^{\frac{1}{2}} \int R dr$, vt sit $R = \frac{dS}{dr\sqrt{(1-kk)}}$; ac si pro t et ω valores restituamus, qui erant,

$$t = \frac{1-kk}{1-k\cos r} \text{ et } \omega = \frac{1-ee}{1-e\cos s} \text{ habebimus:}$$

R =

$$R = \frac{3(1-kk)^3 (1-e\cos s)^3}{2(1-ee)^3 (1-k\cos r)^4} uu \sin 2\eta$$
$$+ \frac{3\nu(1-kk)^4 (1-e\cos s)^4}{8(1-ee)^4 (1-k\cos r)^5} u^3 (\sin\eta + 5\sin 3\eta)$$

$$d\Phi = \frac{dr}{uu}\left(u - \frac{1}{nn}\int R dr\right);\ d\theta = ds = \frac{(1-kk)^{\frac{3}{2}}(1-e\cos s)^2}{n(1-ee)^{\frac{3}{2}}(1-k\cos r)^2} dr$$

$$\frac{d\eta}{dr} = \frac{u}{uu} - \frac{\int R dr}{nnuu} - \frac{(1-kk)^{\frac{3}{2}}(1-e\cos s)^2}{n(1-ee)^{\frac{3}{2}}(1-k\cos r)^2}$$

§. 46. Aequatio autem secunda facta hac substitutione, si per $1-kk$ diuidatur, abibit in sequentem:

$$\text{II. } \frac{ddu}{dr^2} = \frac{ku\cos r}{1-k\cos r} + \frac{uu}{u^3} - \frac{2u\int R dr}{nnu^3} + \frac{(\int R dr)^2}{n^4 u^3} + \frac{\mu(1-kk)^2}{nn(1-k\cos r)^3}$$
$$- \frac{m}{nn(1-k\cos r)uu}\left(1 - \tfrac{3}{4}\tang\rho^2 + \tfrac{3}{4}\tang\rho^2 \cos 2(\Phi-\pi)\right)$$
$$+ \frac{(1-kk)^3(1-e\cos s)^3}{2nn(1-ee)^3(1-k\cos r)^4} u(1+3\cos 2\eta)$$
$$+ \frac{3\nu(1-kk)^4(1-e\cos s)^4}{8nn(1-ce)^4(1-k\cos r)^5} u^2 (3\cos\eta + 5\cos 3\eta)$$

$$\text{III. } d\pi = -\frac{dr\sin(\Phi-\pi)\sin(\theta-\pi)}{(unn - R\int dr)}\left(\frac{3(1-kk^3(1-e\cos s)^3}{(1-ee)^3(1-k\cos r)^4} uu\cos\eta\right.$$
$$\left. + \frac{3\nu(1-kk)^4(1-e\cos s)^4}{4(1-ee)^4(1-k\cos r)^5} u^3 (3+5\cos 2\eta)\right)$$

Ac si ε denotet inclinationem mediam orbitae lunaris, quantitas $1-\frac{3}{4}\tang\rho^2 + \frac{3}{4}\tang\rho^2 \cos 2(\Phi-\pi)$ in has duas partes discespi poterit:

$(1-\frac{3}{4}\tang\varepsilon^2) + \frac{3}{4}(\tang\varepsilon^2 - \tang\rho^2 + \tang\rho^2\cos 2(\Phi-\pi))$ quarum illa est constans, haec vero proprie a nodo et inclinatione pendet.

§. 47.

§. 47. Euoluamus autem producta illa ex t et ω orta, et quoniam excentricitates k et e sunt valde paruae, sufficit ad eos vsque terminos tantum progredi, qui coefficientes habeant kk, ek et ee, eosque qui per altiores potestates sint multiplicati omittere. Hinc erit:

$$\frac{1}{1-k\cos r} = 1 + \tfrac{1}{2}kk + k\cos r + \tfrac{1}{2}k^2\cos 2r$$

$$\frac{k\cos r}{1-k\cos r} = \tfrac{1}{2}kk + k\cos r + \tfrac{1}{2}k^2\cos 2r$$

$$\frac{(1-kk)^2}{(1-k\cos r)^3} = 1 + 3k\cos r,$$ quia hic terminus per μ multiplicatur.

$$\frac{(1-kk)^{\frac{3}{2}}}{(1-k\cos r)^2} = 1 + 2k\cos r + \tfrac{3}{2}kk\cos 2r$$

$$\frac{(1-kk)^3}{(1-k\cos r)^4} = 1 + 2kk + 4k\cos r + 5kk\cos 2r$$

$$\frac{(1-kk)^4}{(1-k\cos r)^5} = 1 + 5k\cos r,$$ quia hic terminus iam per ν est multiplicatus.

§. 48. Porro vero pro terminis ex ω enatis est:

$$\frac{(1-e\cos s)^2}{(1-ee)^{\frac{3}{2}}} = 1 + 2ee - 2e\cos s + \tfrac{1}{2}ee\cos 2s$$

$$\frac{(1-e\cos s)^3}{(1-ee)^3} = 1 + \tfrac{9}{2}ee - 3e\cos s + \tfrac{3}{2}ee\cos 2s$$

$$\frac{(1-e\cos s)^4}{(1-ee)^4} = 1 - 4e\cos s,$$ quia hic factor tantum in minimis terminis occurrit.

Hinc ergo colligimus:

$$\frac{(1-kk)^{\frac{3}{2}}(1-e\cos s)^2}{(1-ee)^{\frac{3}{2}}(1-k\cos r)^2} = 1 + 2ee + 2k\cos r + \tfrac{3}{2}kk\cos 2r - 2e\cos s - 2ek\cos(r+s) - 2ek\cos(r-s) + \tfrac{1}{2}ee\cos 2s$$

$$\frac{(1-kk)^3(1-e\cos s)^3}{(1-ee)^3(1-k\cos r)^4} = 1 + 2kk + \tfrac{9}{2}ee + 4k\cos r + 5kk\cos 2r - 3e\cos s - 6ek\cos(r-s) - 6ek\cos(r+s) + \tfrac{3}{2}ee\cos 2s$$

$$\frac{(1-kk)^4(1-e\cos s)^4}{(1-ee)^4(1-k\cos r)^5} = 1 + 5k\cos r - 4e\cos s,$$

atque hinc fiet: $d\Phi = \frac{dr}{uu}\left(u - \frac{1}{nn}\int R\,dr\right)$ atque

$$\frac{ds}{dr} = \frac{1+2ee}{n} + \frac{2k}{n}\cos r - \frac{2e}{n}\cos s - \frac{2ek}{n}(\cos r - s)$$
$$+ \frac{3kk}{2n}\cos 2r + \frac{ee}{2n}\cos 2s - \frac{2ek}{n}\cos(r+s)$$

$$\frac{d\eta}{dr} = \frac{u}{uu} - \frac{\int R\,dr}{nnuu} - \frac{1-2ee}{n} - \frac{2k}{n}\cos + r\,\frac{2e}{n}\cos s + \frac{2ek}{n}\cos(r-s)$$
$$- \frac{3kk}{2n}\cos 2r - \frac{ee}{2n}\cos 2s + \frac{2ek}{n}\cos(r+s)$$

§. 49. Introductis nunc his valoribus euolutis in formulas noſtras, iisque, qui per ſinum coſinumue alterius anguli ſunt multiplicati, pariter ſecundum ſimplices angulos explicatis, obtinebimus primum valorem ipſius R, qui erit:

$$R = \tfrac{3}{2}u^2 \begin{cases} (1 + 2kk + \tfrac{9}{2}ee)\sin 2\eta + 2k\sin(2\eta - r) + 2k\sin(2\eta + r) \\ + \tfrac{5}{2}kk\sin(2\eta - 2r) + \tfrac{5}{2}kk\sin(2\eta + 2r) \\ - \tfrac{3}{2}e\sin(2\eta - s) - \tfrac{3}{2}e\sin(2\eta + s) \\ + \tfrac{3}{4}ee\sin(2\eta - 2s) + \tfrac{3}{4}ee\sin(2\eta + 2s) \\ - 3ek\sin(2\eta - r + s) - 3ek\sin(2\eta + r - s) \\ - 3ek\sin(2\eta - r - s) - 3ek\sin(2\eta + r + s) \end{cases}$$

$$+ \tfrac{3}{8}\nu u^3 \begin{cases} \sin\eta + \tfrac{5}{2}k\sin(\eta - r) - 2e\sin(\eta - s) \\ 5\sin 3\eta + \tfrac{5}{2}k\sin(\eta + r) - 2e\sin(\eta + s) \\ + \tfrac{25}{2}k\sin(3\eta - r) - 10e\cos(3\eta - s) \\ + \tfrac{25}{2}k\sin(3\eta + r) - 10e\cos(3\eta + s) \end{cases}$$

§. 50.

§. 50. Aequatio autem ſecunda principalis ſequentem induet formam:

$$\text{II.}\quad \frac{ddu}{dr^2} = \frac{uu}{u^3} - \frac{2u\int R\,dr}{nnu^3} + \frac{(\int R\,dr)^2}{n^4u^3}$$

$$+ \frac{3m\,\text{tang}\,\varrho^2}{4nnuu}\,(1 - \text{coſ}\,2(\phi - \pi))\,(1 + k\,\text{coſ}\,r)$$

$$- \frac{m}{nnuu}(1 + \tfrac{1}{2}kk + k\,\text{coſ}\,r + \tfrac{1}{2}k^2\,\text{coſ}\,2r) + \frac{\mu}{nn}(1 + 3k\,\text{coſ}\,r)$$

$$+ u\,(\tfrac{1}{2}kk + k\,\text{coſ}\,r + \tfrac{1}{4}kk\,\text{coſ}\,2r)$$

$$+ \frac{u}{2nn}\left\{\begin{array}{l} 1 + 2kk + \tfrac{9}{2}ee + 4k\,\text{coſ}\,r - 3e\,\text{coſ}\,s - 6ek\,\text{coſ}\,(r-s) \\ \qquad + 5kk\,\text{coſ}\,2r + \tfrac{3}{2}ee\,\text{coſ}\,2s - 6ek\,\text{coſ}\,(r+s) \end{array}\right.$$

$$+ \frac{3u}{2nn}\left\{\begin{array}{l} (1 + 2kk + \tfrac{9}{2}ee)\,\text{coſ}\,2\eta + 2k\,\text{coſ}\,(2\eta - r) + 2k\,\text{coſ}\,(2\eta + r) \\ + \tfrac{5}{2}kk\,\text{coſ}\,(2\eta - 2r) + \tfrac{5}{2}kk\,\text{coſ}\,(2\eta + 2r) \\ - \tfrac{3}{2}e\,\text{coſ}\,2\,(2\eta - s) - \tfrac{3}{2}e\,\text{coſ}\,(2\eta + s) \\ + \tfrac{3}{4}ee\,\text{coſ}\,(2\eta - 2s) + \tfrac{3}{4}ee\,\text{coſ}\,(2\eta + 2s) \\ - 3ek\,\text{coſ}\,(2\eta - r + s) - 3ek\,\text{coſ}\,(2\eta + r - s) \\ - 3ek\,\text{coſ}\,(2\eta - r - s) - 3ek\,\text{coſ}\,(2\eta + r + s) \end{array}\right.$$

$$+ \frac{3vuu}{8nn}\left\{\begin{array}{l} 3\,\text{coſ}\,\eta + 5\,\text{coſ}\,3\eta + \tfrac{15}{2}k\,\text{coſ}\,(\eta - r) + \tfrac{15}{2}k\,\text{coſ}\,(\eta + r) \\ - 6e\,\text{cſ}\,(\eta - s) - 6e\,\text{cſ}\,(\eta + s) + \tfrac{25}{2}k\,\text{cſ}\,(\eta - r) + \tfrac{25}{2}k\,\text{cſ}\,(\eta + r) \\ - 10e\,\text{coſ}\,(3\eta - s) - 10e\,\text{coſ}\,(3\eta + s) \end{array}\right.$$

vbi terminos, qui adhuc vlteriori euolutione indigent, primo loco poſui, et cum terminus tang ϱ^2 implicans iam ſit valde paruus, in eius multiplicatore ſecundam ipſius k poteſtatem omiſi: ſin autem alicuius momenti videantur, loco $1 + k\,\text{coſ}\,r$ ſcribi poterit $1 + \tfrac{1}{2}kk + k\,\text{coſ}\,r + \tfrac{1}{2}kk\,\text{coſ}\,2r$.

§. 51. Pro longitudine vero nodi inuenienda aequatio ſequens prodibit reſoluenda:

 $d\pi =$

$$d\pi = -\frac{3uudr \sin(\Phi-\pi)\sin(\theta-\pi)}{unn - \int R dr}\cos\eta\,(1 + 2kk + \tfrac{9}{2}ee + 4k\cos r$$
$$+ 5kk\cos 2r - 3e\cos s + \tfrac{3}{2}ee\cos 2s)$$
$$-\frac{3vu^3 dr \sin(\Phi-\pi)\sin(\theta-\pi)}{4(unn - \int R dr)}(3+5\cos 2\eta)(1+5k\cos r)$$

At eſt $\sin(\Phi-\pi)\sin(\theta-\pi) = \tfrac{1}{2}\cos\eta - \tfrac{1}{2}(\Phi+\theta-2\pi)$; vnde $\sin(\Phi-\pi)\sin(\theta-\pi)\,c\eta = \tfrac{1}{4} + \tfrac{1}{4}c\,2\eta - \tfrac{1}{4}c\,2(\Phi-\pi) - \tfrac{1}{4}c\,2(\theta-\pi)$ et $\sin(\Phi-\pi)\sin(\theta-\pi)\cos 2\eta = \tfrac{1}{4}\cos\eta + \tfrac{1}{4}\cos 3\eta$
$- \tfrac{1}{4}\cos(3\Phi-\theta-2\pi) - \tfrac{1}{4}\cos(3\theta-\Phi-2\pi)$

Tum vero ob $\int R dr$ valde paruum prae unn, erit ſatis exacte

$$\frac{1}{unn - \int R dr} = \frac{1}{unn} + \frac{\int R dr}{uun^4} + \frac{(\int R dr)^2}{u^3 n^6}$$

vbi quidem poſtremus terminus tuto omitti poteſt.

§. 52. Praeterea vero ponatur $u = 1 + \frac{v}{nn}$, vt ſit $ddu = \frac{ddv}{nn}$, et reiectis terminis per n^4 diuiſis, qui iam per exiguam quantitatem ſunt multiplicati, erit

$$\frac{d\Phi}{dr} = u - \frac{2uv}{nn} + \frac{3uv^2}{n^4} - \frac{\int R dr}{nn} + \frac{2v\int R dr}{n^4}$$

$$\frac{d\eta}{dr} = u - \frac{1-2ee}{n} - \frac{2k}{n}\cos r + \frac{2e}{n}\cos s - \frac{3kk}{2n}\cos 2r - \frac{ee}{2n}\cos 2s$$
$$+ \frac{2ek}{n}\cos(r-s) + \frac{2ek}{n}\cos(r+s)$$
$$- \frac{2uv - \int R dr}{nn} + \frac{3uv^2 + 2v\int R dr}{n^4} \quad \text{atque}$$

$$R = \tfrac{3}{2}(1 + 2kk \mp \tfrac{9}{2}ee)\sin 2\eta + 3k\sin(2\eta-r) - \tfrac{9}{4}e\sin(2\eta-s)$$
$$+ 3k\sin(2\eta+r) - \tfrac{9}{4}e\sin(2\eta+s)$$
$$+ \frac{3v}{nn}\sin 2\eta \quad + \tfrac{15}{4}kk\sin(2\eta-2r) + \tfrac{9}{8}ee\sin(2\eta-2s)$$
$$+ \tfrac{15}{4}kk\sin(2\eta+2r) + \tfrac{9}{8}ee\sin(2\eta+2s)$$
$$+ \frac{3vv}{2n^4}\sin 2\eta \quad - \tfrac{9}{2}ek\sin(2\eta-r+s) - \tfrac{9}{2}ek\sin(2\eta+r-s)$$
$$- \tfrac{9}{2}ek\sin(2\eta-r-s) - \tfrac{9}{2}ek\sin(2\eta+r+s)$$

+

$$+\frac{6kv}{nn}\sin(2\eta-r)+\frac{6kv}{nn}\sin(2\eta+r)$$
$$-\frac{9ev}{2nn}\sin(2\eta-s)-\frac{9ev}{2nn}\sin(2\eta+s)$$
$$+\tfrac{3}{8}\nu\sin\eta+\tfrac{15}{16}\nu k\sin(\eta-r)-\tfrac{3}{4}\nu e\sin(\eta-s)$$
$$+\tfrac{75}{16}\nu k\sin(3\eta-r)-\tfrac{15}{4}\nu e\sin(3\eta-s)$$
$$+\tfrac{15}{8}\nu\sin 3\eta+\tfrac{15}{16}\nu k\sin(\eta+r)-\tfrac{3}{4}\nu e\sin(\eta+s)$$
$$+\tfrac{75}{16}\nu k\sin(3\eta+s)-\tfrac{15}{4}\nu e\sin(3\eta+s)$$

§. 53. Ipſa vero aequatio ſecunda per hanc ſubſtitutionem, poſtquam per nn fuerit multiplicata, in formam ſequentem abibit.

II. $$\frac{ddv}{dr^2}=\varkappa\nu nn-3\varkappa\varkappa v+\frac{6\varkappa\varkappa vv}{nn}-2\varkappa\int R\,dr$$
$$+\frac{6\varkappa v}{nn}\int R\,dr+\frac{1}{nn}\left(\int R\,dr\right)^2$$
$$+\frac{3m\tang\rho^2}{4}(1-\cos 2(\varphi-\pi))(1+\tfrac{1}{2}kk+k\cos r+\tfrac{1}{2}kk\cos 2r)$$
$$-\frac{3mv\tang\rho^2}{2nn}(1-\cos 2(\varphi-\pi))(1+k\cos r)$$
$$-\frac{3mvv}{n^4}(1+k\cos r)-m(1+\tfrac{1}{2}kk+k\cos r+\tfrac{1}{2}kk\cos 2r)$$
$$+\frac{2mv}{nn}(1+\tfrac{1}{2}kk+k\cos r+\tfrac{1}{2}kk\cos 2r)+nn(\tfrac{1}{2}kk+k\cos r+\tfrac{1}{2}kk\cos 2r)$$
$$+v(\tfrac{1}{2}kk+k\cos r+\tfrac{1}{2}kk\cos 2r)+\mu(1+3k\cos r)$$
$$+\tfrac{1}{2}+kk+\tfrac{9}{4}ee+2k\cos r-\tfrac{3}{2}e\cos s-3ek\cos(r-s)$$
$$+\tfrac{5}{2}kk\cos r+\tfrac{3}{4}ee\cos 2s-3ek\cos(r+s)$$
$$+\frac{v}{2nn}(1+4k\cos r-3e\cos s)$$
$$+\tfrac{3}{2}(1+2kk+\tfrac{9}{2}ee)\cos 2\eta+3k\cos(2\eta-r)-\tfrac{9}{4}e\cos(2\eta-s)$$
$$+3\cos(2\eta+r)-\tfrac{9}{4}e\cos(2\eta+s)$$

$$+ \tfrac{15}{4}\, kk \cos(2\eta - 2r) + \tfrac{9}{8}\, ee \cos(2\eta - 2s)$$
$$+ \tfrac{15}{4}\, kk \cos(2\eta + 2r) + \tfrac{9}{8}\, ee \cos(2\eta + 2s)$$
$$- \tfrac{9}{2}\, ek \cos(2\eta - r + s) - \tfrac{9}{2}\, ek \cos(2\eta + r - s)$$
$$- \tfrac{9}{2}\, ek \cos(2\eta - r - s) - \tfrac{9}{2}\, ek \cos(2\eta + r + s)$$

$$+ \frac{3v}{2nn}\left\{\begin{array}{l} \cos 2\eta + 2k \cos(2\eta - r) + 2k \cos(2\eta + r) \\ - \tfrac{3}{2} e \cos(2\eta - s) - \tfrac{3}{2} e \cos(2\eta + s) \end{array}\right.$$

$$+ \tfrac{3}{8}\nu \left\{\begin{array}{l} + 3 \cos\eta + \tfrac{15}{2} k \cos(\eta - r) - 6 e \cos(\eta - s) \\ + 5 \cos 3\eta + \tfrac{15}{2} k \cos(\eta + r) - 6 e \cos(\eta + s) \\ + \tfrac{25}{2} k \cos(3\eta - r) - 10 e \cos(3\eta - s) \\ + \tfrac{25}{2} k \cos(3\eta + r) - 10 e \cos(3\eta + s) \end{array}\right.$$

$$+ \frac{3\nu v}{4nn}(3 \cos\eta + 5 \cos 3\eta)$$

§. 54. Cum autem ſit $m = nn + 2 + 3\mu + \gamma$ et $\varkappa\varkappa = 1 + \frac{3 + 4\mu + \delta}{2nn}$, ſi hi valores ſubſtituantur, plures termini ſe mutuo deſtruent, aequatioque prodibit ſequenti forma concinniori contenta: vbi quidem in terminis per ſe minimis loco m ſcribi licebit nn, et 1 loco $\varkappa\varkappa$ vel $\varkappa$.

II. Aequatio.

$$\frac{ddv}{dr^2} = \tfrac{1}{2}\delta - \gamma + \tfrac{9}{4} ee - \gamma k \cos r + \tfrac{3}{2} kk \cos 2r$$
$$- 2\left(1 + \frac{3 + 4\mu + \delta}{4nn}\right)\int R\,dr + \frac{1}{nn}\left(\int R\,dr\right)^2$$
$$- v\left(1 - \tfrac{3}{2} kk - 3k \cos r - \tfrac{3}{2} kk \cos 2r\right)$$
$$+ \frac{vv}{nn}(3 - 3k \cos r) - \tfrac{3}{2} e \cos s + \tfrac{3}{4} ee \cos 2s - 3ek \cos(r - s)$$
$$- 3ek \cos(r + s) + \tfrac{3}{2}(1 + 2kk + \tfrac{9}{2} ee) \cos 2\eta$$

+

$$+\,3k\cos(2\eta-r)+\tfrac{15}{4}kk\cos(2\eta-2r)-\tfrac{9}{4}e\cos(2\eta-s)$$
$$+\,3k\cos(2\eta+r)+\tfrac{15}{4}kk\cos(2\eta+2r)-\tfrac{9}{4}e\cos(2\eta-s)$$
$$+\,\tfrac{9}{8}ee\cos(2\eta-2s)-\tfrac{9}{2}ek\cos(2\eta-r+s)-\tfrac{9}{2}ek\cos(2\eta-r-s)$$
$$+\,\tfrac{9}{8}ee\cos(2\eta+2s)-\tfrac{9}{2}ek\cos(2\eta+r-s)-\tfrac{9}{2}ek\cos(2\eta+r+s)$$

$$+\,\frac{v}{nn}\begin{cases}2\gamma-\tfrac{3}{2}\delta+6k\cos r+2(3\mu+\gamma)k\cos r+6\int Rdr\\ -\tfrac{3}{2}e\cos s+\tfrac{3}{2}\cos 2\eta+3k\cos(2\eta-r)+3k\cos(2\eta+r)\\ -\tfrac{9}{4}e\cos(2\eta-s)-\tfrac{9}{4}e\cos(2\eta+s)\end{cases}$$

$$+\,\tfrac{3}{8}\nu\begin{cases}3\cos\eta+\tfrac{15}{2}k\cos(\eta-r)-6e\cos(\eta-s)\\ +5\cos 3\eta+\tfrac{15}{2}k\cos(\eta+r)-6e\cos(\eta+s)\\ +\tfrac{25}{2}k\cos(3\eta-r)-10e\cos(3\eta-s)\\ +\tfrac{25}{2}k\cos(3\eta+r)-10e\cos(3\eta+s)\end{cases}$$

$$+\,\frac{3\nu v}{4nn}(3\cos\eta+5\cos 3\eta)$$

$$+\,\tfrac{3}{4}(nn+2+3\mu+\gamma)\frac{(1-2v)}{nn}\operatorname{tang}\rho^2(1-\cos 2(\Phi-\pi))$$
$$(1+\tfrac{1}{2}kk+k\cos r+\tfrac{1}{2}kk\cos 2r)$$

§. 55. Pro loco nodi autem inveniendo prodibit ſequens aequatio.

$$\frac{d\pi}{dr}=\frac{-3}{unn}\left(1+\frac{2uv+\int Rdr}{unn}\right)(1+2kk+\tfrac{9}{2}ee)$$
$$\begin{cases}\tfrac{1}{4}+\tfrac{1}{4}\cos 2\eta-\tfrac{1}{4}\cos 2(\Phi-\pi)-\tfrac{1}{4}\cos 2(\theta-\pi)\\ +k\cos r+\tfrac{1}{2}k\cos(2\eta-r)-\tfrac{1}{2}k\cos(2\Phi-2\pi-r)\\ -\tfrac{3}{4}e\cos s+\tfrac{1}{2}k\cos(2\eta+r)-\tfrac{1}{2}k\cos(2\Phi-2\pi+r)\\ \qquad-\tfrac{3}{8}e\cos(2\eta-s)-\tfrac{1}{2}k\cos(2\theta-2\pi-r)\\ \qquad-\tfrac{3}{8}e\cos(2\eta+r)-\tfrac{1}{2}k\cos(2\theta-2\pi+r)\end{cases}$$
$$-\,\frac{3\nu}{4unn}\begin{cases}\tfrac{11}{4}\cos\eta+\tfrac{5}{4}\cos 3\eta-\tfrac{3}{2}\cos(3\Phi+\theta-2\pi)\\ -\tfrac{5}{4}\cos(3\Phi-\theta-2\pi)-\tfrac{5}{4}\cos(3\theta-\Phi-2\pi)\end{cases}$$

At

At pro inclinatione orbitae habebitur:

$$\frac{d.l\,\mathrm{tang}\,\rho}{dr} = \frac{-3}{unn}\left(1+\frac{2uv+\int R dr}{unn}\right)\left(1+2kk+\tfrac{9}{2}ee\right)$$

$$\left\{\begin{array}{l} \tfrac{1}{4}\sin 2(\varphi-\pi) + \tfrac{1}{4}\sin 2(\theta-\pi) - \tfrac{1}{4}\sin 2\eta) \\ -\tfrac{1}{2}k\sin(2\eta-r) + \tfrac{1}{2}k\sin(2\varphi-2\pi-r) \\ -\tfrac{1}{2}k\sin(2\eta+r) + \tfrac{1}{2}k\sin(2\varphi-2\pi+r) \\ +\tfrac{3}{8}e\sin(2\eta-s) + \tfrac{1}{2}k\sin(2\theta-2\pi-r) \\ +\tfrac{3}{8}e\sin(2\eta+s) + \tfrac{1}{2}k\sin(2\theta-2\pi+r) \end{array}\right.$$

$$-\frac{3\nu}{4unn}\left(-\tfrac{1}{4}\sin\eta - \tfrac{5}{4}\sin 3\eta + \tfrac{3}{2}\sin(\varphi+\theta-2\pi)\right.$$

$$\left.+\tfrac{5}{4}\sin(3\varphi-\theta-2\pi) + \tfrac{5}{4}\sin(3\theta-\varphi-2\pi)\right)$$

Quomodo igitur his aequationibus ad motum Lunae cognoſcendum vti conueniat, in ſequentibus capitibus videamus.

CAPUT

CAPUT IV.

INUESTIGATIO INAEQUALITATIS LUNAE ABSOLUTAE, QUAE VARIATIO DICITUR.

§. 33.

Ex his aequationibus perſpicitur in determinationem motus Lunae plurimorum angulorum vel ſinus vel coſinus ingredi, qui anguli formantur per variam combinationem ſequentium 4 angulorum:

1. ex diſtantia Solis a Luna, quem angulum poſuimus $= \eta$
2. ex anomalia Lunae vera $= r$
3. ex anomalia Solis vera $= s$
4. ex diſtantia Lunae a nodo aſcendente $= \Phi - \pi$.

Ne igitur a tanta angulorum multitudine obruamur, a caſibus ſimplicioribus ordiamur: ac primo quidem in eas tantum motus inaequalitates inquiramus, quae a ſolo angulo η pendeant, neque idcirco excentricitatem vel Solis vel Lunae implicent, neque ab orbitae lunaris inclinatione ad eclipticam afficiantur.

§. 57. Has igitur inaequalitates, quae a ſolo ſitu Solis reſpectu Lunae naſcuntur, atque ab Aſtronomis ſub nomine variationis comprehendi ſolent, ex praecedentibus aequationibus eliciemus, ſi tam excentricitatem Lunae k quam ſolis e pro nihilo habeamus, atque inclinationem orbitae lunaris ad eclipticam euaneſcentem ſtatuamus, ita vt ſit $k = o$, $e = o$ et tang $\varrho = o$. Sic enim obtinebimus eas inaequalitates Lunae, quae ab his elementis non pendent, ideoque tantum per angulum η determinantur; quae cum vnica tabula comprehendi queant, haec tabula variationem Lunae indicare dicitur. Interim tamen hic animaduerti oportet, partem quandam exiguam variationis quoque ab excentricitate orbitae Lunae k pendere, quam partem deinceps ſupplebimus, cum huius excentricitatis rationem ſumus habituri.

§. 58. Reiectis ergo terminis k, e, et tang ϱ continentibus, habebimus:

$$\frac{d\Phi}{dr} = \varkappa - \frac{2\varkappa v - \int R\,dr}{nn} + \frac{3\varkappa v^2 + 2v\int R\,dr}{n^4}$$

$$\frac{d\eta}{dr} = \varkappa - \frac{1}{n} - \frac{2\varkappa v - \int R\,dr}{nn} + \frac{3\varkappa v^2 + 2v\int R\,dr}{n^4}$$

$R = \frac{3}{2}\sin 2\eta + \frac{3v}{nn}\sin 2\eta + \frac{3}{8}\nu\sin\eta + \frac{15}{8}\nu\sin 3\eta$, ac denique

$$\frac{ddv}{dr^2} = \tfrac{1}{2}\delta - \gamma - 2\left(1 + \frac{3+4\mu+\delta}{4nn}\right)\int R\,dr + \frac{1}{nn}\left(\int R\,dr\right)^2 - v + \frac{3vv}{nn}$$
$$+ \tfrac{3}{2}\cos 2\eta + \frac{v}{nn}\left(2\gamma - \tfrac{3}{2}\delta\right) + \frac{3v\cos 2\eta}{2nn} + \frac{6v}{nn}\int R\,dr$$
$$+ \tfrac{9}{8}\cos\eta + \tfrac{15}{8}\nu\cos 3\eta$$

Hic autem notandum eſt eſſe $\varkappa = \sqrt{\left(1 + \frac{3+4\mu+\delta}{2nn}\right)}$; quoniam vero valores litterarum μ et δ demum cum per conſenſum obſeruationum, tum per indolem calculi definire inſtituimus, hic ex obſeruationibus petamus valores ipſius $\varkappa$; cum enim ſit $\varkappa : 1 = d\Phi : dr$, hoc eſt vt motus Lunae medius ad motum anomaliae, erit $\varkappa = 1,0085272$. Fieri quidem poteſt, vt hic valor aliquantulum a vero differat, ſed errorem ſi quis lateat infra detegemus, facillimeque emendabimus.

§. 59.

§. 59. Cum igitur iam ſupra inuenerimus eſſe $n = 13,25586$ ac proinde $nn = 175,71795$ erit $\frac{1}{n} = 0,075438$, ideoque $\varkappa - \frac{1}{n} = 0,933089$ Hic autem numerus, qui iam quaſi medium valorem rationis $\frac{d\eta}{dr}$ exprimit, in omnibus operationibus, quae ſequuntur, frequentiſſime occurret, hincque breuitatis gratia ponamus

$$\varkappa - \frac{1}{n} = \alpha, \quad \text{vt ſit } \alpha + \frac{1}{n} = V\left(+\frac{3+4u+\delta}{2nn}\right)$$

eritque ergo $\alpha = 0,933089$, qui valor quam minime a vero diſcrepat, vti mox patebit. Quod autem verus ipſius α valor aliquantulum diuerſus eſſe poſſit, inde primo patet, quod minutias, quae ex terminis $\frac{3\varkappa v^2 + 2v\int R dr}{n^4}$ quantitati conſtanti accreſcere potuiſſent, hic negleximus; tum vero fieri poteſt, vt ratio media differentialium $d\eta$ ad dr alia ſit atque quantitatum finitarum η et r.

§. 60. Si has formulas attente contemplemur, mox deprehendemus valorem integralis $\int R dr$ conſtare ex coſinibus angulorum 2η, η, 3η, et 4η. Quanquam enim altiora quoque multipla huius anguli ingredientur, tamen facile patet, coefficientes eorum continuo fieri minores, ita vt in quadruplo tuto ſubſiſtere poſſimus: ſimilis autem erit ratio valoris ipſius v. Hinc ponamus:

$$\int R dr = \mathfrak{A}\cos 2\eta + \mathfrak{B}\cos 4\eta + \mathfrak{a} v \cos\eta + \mathfrak{b} v \cos 3\eta$$
$$v = A\cos 2\eta + B\cos 4\eta + a v\cos\eta + b v\cos 3\eta$$

atque hos valores fictitios in formulis noſtris ſubſtituamus:

mus, vt inde valores iſtorum coefficientium aſſumtorum determinare poſſimus: quippe qui modus aptiſſimus videtur ad cognitionem integralium perueniendi. Quia autem eſt circiter $\nu = \frac{1}{282}$, patet terminos per ν multiplicatos prae reliquis tam eſſe exiguos, vt eos qui multo fuerint minores, ſine haeſitatione praetermittere poſſimus.

§. 61. Per hos ergo valores aſſumtos conſequemur:

$$\frac{d\Phi}{dr} = \varkappa - \frac{(2\varkappa A + \mathfrak{A})}{nn}\cos 2\eta - \frac{(2\varkappa B + \mathfrak{B})}{nn}\cos 4\eta$$

$$+ \frac{A(3\varkappa A + 2\mathfrak{A})}{2n^4}\cos 2\eta + \frac{A(3\varkappa A + 2\mathfrak{A})}{2n^4}\cos 4\eta$$

$$- \frac{(2\varkappa a + \mathfrak{a})}{nn}\nu\cos\eta - \frac{(2\varkappa b + \mathfrak{b})}{nn}\nu\cos 3\eta$$

atque ob $\varkappa - \frac{1}{n} = \alpha$ erit minimis terminis omiſſis, quia hi in operatione multo magis diminuerentur:

$$\frac{d\eta}{dr} = \alpha - \frac{(2\varkappa A + \mathfrak{A})}{nn}\cos 2\eta - \frac{(2\varkappa B + \mathfrak{B})}{nn}\cos 4\eta$$

$$- \frac{(2\varkappa a + \mathfrak{a})}{nn}\nu\cos\eta - \frac{(2\varkappa b + \mathfrak{b})}{nn}\nu\cos 3\eta$$

His poſitis erit:

$$\frac{d.\,\mathrm{cſ}2\eta}{dr} = -\mathrm{ſn}2\eta.\frac{2d\eta}{dr} = -2\alpha\,\mathrm{ſn}2\eta. - \frac{(2\varkappa B + \mathfrak{B})}{nn}\mathrm{ſn}2\eta + \frac{(2\varkappa A + \mathfrak{A})}{nn}\mathrm{ſin}4\eta$$

$$+ \frac{(2\varkappa a + \mathfrak{a})}{nn}\nu\,\mathrm{ſin}\,\eta + \frac{(2\varkappa a + \mathfrak{a})}{nn}\nu\,\mathrm{ſin}\,3\eta$$

$$- \frac{(2\varkappa b + \mathfrak{b})}{nn}\nu\,\mathrm{ſin}\,\eta$$

d.

$$\frac{d.\operatorname{cos}4\eta}{dr} = -\operatorname{sin}4\eta.\frac{4d\eta}{dr} = -4\alpha\operatorname{sin}4\eta + \frac{2(2\kappa A + \mathfrak{A})}{nn}\operatorname{sin}2\eta$$

$$\frac{d.\operatorname{cos}\eta}{dr} = -\operatorname{sin}\eta.\frac{d\eta}{dr} = -\alpha\operatorname{sin}\eta$$

$$\frac{d.\operatorname{cos}3\eta}{dr} = -\operatorname{sin}3\eta.\frac{3d\eta}{dr} = -3\alpha\operatorname{sin}3\eta$$

§. 62. Quod si iam secundum has formulas quantitas integralis $\int R dr$ differentietur, obtinebitur:

$$\begin{aligned} R = & \left(-2\alpha\mathfrak{A} - \frac{\mathfrak{A}(2\kappa B + \mathfrak{B})}{nn} + \frac{2\mathfrak{B}(2\kappa A + \mathfrak{A})}{nn}\right)\operatorname{sin}2\eta \\ & + \left(\frac{\mathfrak{A}(2\kappa A + \mathfrak{A})}{nn} - 4\alpha\mathfrak{B}\right)\operatorname{sin}4\eta \\ & + \left(\frac{\mathfrak{A}(2\kappa a + \mathfrak{a})}{nn} + \frac{\mathfrak{A}(2\kappa b + \mathfrak{b})}{nn} - \alpha\mathfrak{a}\right)\nu\operatorname{sin}\eta \\ & + \left(\frac{\mathfrak{A}(2\kappa a + \mathfrak{a})}{nn} - 3\alpha\mathfrak{b}\right)\nu\operatorname{sin}3\eta \end{aligned}$$

Cum iam sit per hypothesin

$$\begin{array}{llll} R = \frac{3}{2}\operatorname{sin}2\eta & + \frac{3A}{2nn}\operatorname{sin}4\eta & + \frac{3}{8}\nu\operatorname{sin}\eta & + \frac{15}{8}\nu\operatorname{sin}3\eta \\ \quad - \frac{3B}{2nn} & & + \frac{3a}{2nn}\nu & + \frac{3a}{2nn}\nu \\ & & - \frac{3b}{2nn}\nu & \end{array}$$

prodibit terminis homogeneis comparandis:

$$2\alpha\mathfrak{A} = -\frac{3}{2} - \frac{\mathfrak{A}(2\kappa B + \mathfrak{B}) + 2\mathfrak{B}(2\kappa A + \mathfrak{A})}{nn} + \frac{3B}{2nn}$$

$$4\alpha\mathfrak{B} = -\frac{3A}{2nn} + \frac{\mathfrak{A}(2\kappa A + \mathfrak{A})}{nn}$$

$$\alpha\mathfrak{a} = -\frac{3}{8} - \frac{3(a-b)}{2nn} + \frac{\mathfrak{A}(2\kappa a + \mathfrak{a}) - \mathfrak{A}(2\kappa b + \mathfrak{b})}{nn}$$

$$3\alpha\mathfrak{b} = -\frac{15}{8} - \frac{3a}{2nn} + \frac{\mathfrak{A}(2\kappa a + \mathfrak{a})}{nn}$$

§. 63. Aequatio autem noſtra differentio differentialis, ſi pro $\int R\, dr$ et v valores aſſumti ſubſtituantur, ſequentem induet formam:

$$\frac{ddv}{dr^2} = (\tfrac{1}{2}\delta-\gamma) - 2\kappa\mathfrak{A}\cos 2\eta - 2\kappa\mathfrak{B}\cos 4\eta - 2\kappa\mathfrak{a}v\cos\eta - 2\kappa\mathfrak{b}v\cos 3\eta$$

$$\begin{array}{lllll}
+\frac{\mathfrak{A}\mathfrak{A}}{2nn} & & +\frac{\mathfrak{A}\mathfrak{A}}{2nn} & & \\
 & -A & -B & -av & -bv \\
+\frac{3AA}{2nn} & & +\frac{3AA}{2nn} & & \\
 & +\frac{3}{2} & & & \\
 & +\frac{(4\gamma-3\delta)}{2nn}A & +\frac{(4\gamma-3\delta)}{2nn}B & +\frac{3b}{4nn}v & \\
+\frac{3A}{4nn} & +\frac{3B}{4nn} & +\frac{3A}{4nn} & +\frac{3a}{4nn}v & +\frac{3a}{4nn}v \\
+\frac{3A\mathfrak{A}}{nn} & & +\frac{3A\mathfrak{A}}{nn} & +\frac{9}{8}v & +\frac{15}{8}v
\end{array}$$

vbi quidem perſpicuum eſt, quinam termini reſpectu reliquorum tam ſint parui, vt ſine errore deleri queant.

§. 64. Quaeramus ergo primum differentiale $\frac{dv}{dr}$ ac reperietur:

$$\frac{dv}{dr} = \begin{array}{l}
\left(-2A\alpha - \frac{A(2\kappa B+\mathfrak{B})}{nn} + \frac{2B(2\kappa A+\mathfrak{A})}{nn}\right)\sin 2\eta \\
\left(-4\alpha B + \frac{A(2\kappa A \mp \mathfrak{A})}{nn}\right)\sin 4\eta \\
\left(-\alpha a + \frac{A(2\kappa a+\mathfrak{a})}{nn} - \frac{A(2\kappa b+\mathfrak{b})}{nn}\right)v\sin\eta \\
\left(-3\alpha b + \frac{A(2\kappa a+a)}{nn}\right.v\sin 3\eta
\end{array}$$

pona-

ponatur autem breuitatis ergo:

$$\frac{dv}{dr} = - A' \sin 2\eta - B' \sin 4\eta - a' v \sin \eta - b' v \sin 3\eta$$

vt sit:

$$A' = 2\alpha A + \frac{A(2\varkappa B + \mathfrak{B})}{nn} - \frac{2B(2\varkappa A + \mathfrak{A})}{nn}$$

$$B' = 4\alpha B - \frac{A(2\varkappa A + \mathfrak{A})}{nn}$$

$$a' = \alpha a - \frac{A(2\varkappa a + \mathfrak{a})}{nn} + \frac{A(\varkappa b + \mathfrak{b})}{nn}$$

$$b' = 3\alpha b - \frac{A(2\varkappa a + \mathfrak{a})}{nn}$$

§. 65. Hinc cum sit:

$$\frac{d.\sin 2\eta}{dr} = \cos 2\eta . \frac{2d\eta}{dr} = 2\alpha \cos 2\eta - \frac{(2\varkappa B + \mathfrak{B})}{nn} \cos 2\eta - \frac{(2\varkappa A + \mathfrak{A})}{nn} \cos 4\eta$$
$$- \frac{(2\varkappa A + \mathfrak{A})}{nn} - \frac{(2\varkappa a + \mathfrak{a})}{nn} v \cos \eta - \frac{(2\varkappa b + \mathfrak{b})}{nn} v \cos \eta - \frac{(2\varkappa a + \mathfrak{a})}{nn} v \cos 3\eta$$

$$\frac{d.\sin 4\eta}{dr} = \cos 4\eta . \frac{4d\eta}{dr} = 4\alpha \cos 4\eta - \frac{2(2\varkappa A + \mathfrak{A})}{nn} \cos 2\eta - \frac{2(2\varkappa B + \mathfrak{B})}{nn}$$

$$\frac{d.\sin \eta}{dr} = \cos \eta . \frac{d\eta}{dr} = \alpha \cos \eta ; \text{ et } \frac{d.\sin 3\eta}{dr} = \cos 3\eta . \frac{3d\eta}{dr} = 3\alpha \cos 3\eta$$

prodibit

$$\frac{ddv}{dr^2} = \begin{cases} + \frac{A'(2\varkappa A + \mathfrak{A})}{nn} + \frac{2B'(2\varkappa B + \mathfrak{B})}{nn} \\ \left(-2\alpha A' + \frac{A'(2\varkappa B + \mathfrak{B})}{nn} + \frac{2B'(2\varkappa A + \mathfrak{A})}{nn}\right) \cos 2\eta \\ \left(-4\alpha B' + \frac{A'(2\varkappa A + \mathfrak{A})}{nn}\right) \cos 4\eta \\ \left(-\alpha a' + \frac{A'(2\varkappa a + \mathfrak{a})}{nn}\right) v \cos \eta \\ \left(-3\alpha b' + \frac{A'(2\varkappa a + \mathfrak{a})}{nn}\right) v \cos 3\eta \end{cases}$$

seu

seu substitutis superioribus valoribus:

$$+\frac{2A\alpha(2\varkappa A+\mathfrak{A})}{nn}+\frac{8\alpha B(2\varkappa B+\mathfrak{B})}{nn}$$

$$(-4\alpha\alpha A+\frac{12\alpha B(2\varkappa A+\mathfrak{A})}{nn})\cos 2\eta$$

$$\frac{ddv}{dr^2}=(-16\alpha\alpha B+\frac{8\alpha A(2\varkappa A+\mathfrak{A})}{nn})\cos 4\eta$$

$$(-\alpha\alpha a+\frac{3\alpha A(2\varkappa a+\mathfrak{a})}{nn}-\frac{\alpha A(2\varkappa b+\mathfrak{b})}{nn})v\cos\eta$$

$$(-9\alpha\alpha b+\frac{5\alpha A(2\varkappa a+\mathfrak{a})}{nn})v\cos 3\eta$$

§ 66. Hi iam termini singulatim illis, qui §. 63. sunt exhibiti, aequales statuantur, atque sequentes prodibunt determinationes,

$$\tfrac{1}{2}\delta-\gamma+\frac{3AA+6A\mathfrak{A}+\mathfrak{A}\mathfrak{A}}{2nn}+\frac{3A}{4nn}=\frac{2\alpha A(2\varkappa A+\mathfrak{A})}{nn}+\frac{8\alpha B(2\varkappa B+\mathfrak{B})}{nn}$$

$$-A+\tfrac{3}{2}-2\varkappa\mathfrak{A}+\frac{(4\gamma-3\delta)}{2nn}A+\frac{3B}{4nn}=-4\alpha\alpha A+\frac{12\alpha B(2\varkappa A+\mathfrak{A})}{nn}$$

$$-B-2\varkappa\mathfrak{B}+\frac{3AA+6A\mathfrak{A}+\mathfrak{A}\mathfrak{A}}{2nn}+\frac{3A}{4nn}+\frac{(4\gamma-3\delta)}{2nn}B=$$

$$-16\alpha\alpha B+\frac{8\alpha A(2\varkappa A+\mathfrak{A})}{nn}$$

$$-a+\tfrac{9}{8}-2\varkappa\mathfrak{a}+\frac{3a+3b}{4nn}=-\alpha\alpha a+\frac{3\alpha A(2\varkappa a+\mathfrak{a})}{nn}-\frac{\alpha A(2\varkappa b+\mathfrak{b})}{nn}$$

$$-b+\tfrac{15}{8}-2\varkappa\mathfrak{b}+\frac{3a}{4nn}=-9\alpha\alpha b+\frac{5\alpha A(2\varkappa a+\mathfrak{a})}{nn}$$

vnde primum quaeri debent valores vero proximi, qui sunt:

$$\mathfrak{A}=-\frac{3}{4\alpha};\quad \mathfrak{a}=-\frac{3}{8\alpha};\quad \mathfrak{b}=-\frac{5}{8\alpha};$$

$$A=-\frac{\tfrac{3}{2}+2\varkappa\mathfrak{A}}{4\alpha\alpha-1};\quad a=\frac{\tfrac{9}{8}-2\varkappa\mathfrak{a}}{1-\alpha\alpha};\quad b=-\frac{\tfrac{15}{8}+2\varkappa\mathfrak{b}}{9\alpha\alpha-1}$$

§. 67.

§. 67. Calculus ergo sequenti modo instituatur:

$\alpha = 0,933089$; $l\alpha = 9,969923$

$\varkappa = 1,008527$; $l\varkappa = 0,003687$

$l2\varkappa = 0,304717$

Iam est $l8\alpha = 0,873013$

subtr. a $\begin{cases} l3 = 0,477121 \\ l5 = 0,698970 \end{cases}$

$\mathfrak{a} = -0,402$; erit $l-\mathfrak{a} = 9,60408$

$\mathfrak{b} = -0,635$; $l-\mathfrak{b} = 9,825957$

$\mathfrak{A} = -0,804$; $l-\mathfrak{A} = 9,905138$

atque hinc conficietur:

$$A = -\frac{3,121}{4\alpha\alpha-1};\ a = +\frac{1,936}{1-\alpha\alpha};\ b = -\frac{3,156}{9\alpha\alpha-1}$$

quarum ergo litterarum valores proximi sunt

$A = -1,2583$; $a = +14,968$; $b = -0,4613$

§. 68. Quaeramus hinc primum valores litterarum $\mathfrak{B}$ et B.

$\mathfrak{A} = -0,804$; $l-\mathfrak{A} = 9,905138$

$2\varkappa A + \mathfrak{A} = -3,341$; vnde colligitur

$4\alpha\mathfrak{B} = +\frac{4,573}{nn}$ $\quad l4,573 = 0,660201$

hinc erit $\quad lnn = 2,244816$

$8,415385$

$l4\alpha = 0,571983$

$\mathfrak{B} = +0,00697$ $\quad l\mathfrak{B} = 7,843402$

Deinde est

$$(16\alpha\alpha-1)B = 2\varkappa\mathfrak{B} - \frac{3A}{4nn} - \frac{3AA-6A\mathfrak{A}-\mathfrak{A}\mathfrak{A}}{2nn} + \frac{8\alpha A(2\varkappa A+\mathfrak{A})}{nn}$$

seu $B = +\frac{0,16819}{16\alpha\alpha-1}$; vnde reperitur

$B = +0,012792$ et $lB = 8,106947$

§. 69. His iam valoribus proxime veris inuentis quaerantur exacti, ac primo quidem

$$2\alpha\mathfrak{A} = -\tfrac{3}{2} + \frac{\tfrac{3}{2}B - \mathfrak{A}(2\varkappa B + \mathfrak{B}) + 2\mathfrak{B}(2\varkappa A + \mathfrak{A})}{nn}$$

vnde reperitur vt ante:

$$\mathfrak{A} = -0,80378 \quad \ldots \quad l{-}\mathfrak{A} = 9,905138$$

$$\alpha\mathfrak{a} = -\tfrac{3}{8} - \frac{\tfrac{3}{2}(a-b) + \mathfrak{A}(2\varkappa a + \mathfrak{a}) - \mathfrak{A}(2\varkappa b + \mathfrak{b})}{nn} = -0,65361$$

$$\mathfrak{a} = -0,70048 \quad \ldots \quad l{-}\mathfrak{a} = 9,845396$$

$$3\alpha\mathfrak{b} = -\tfrac{15}{8} - \frac{\tfrac{3}{2}a + \mathfrak{A}(2\varkappa a + \mathfrak{a})}{nn} = -2,13900$$

$$\mathfrak{b} = -0,76413 \quad \ldots \quad l{-}\mathfrak{b} = 9,883167$$

$$(4\alpha\alpha - 1)A = -\tfrac{3}{2} + 2\varkappa\mathfrak{A} - \frac{\tfrac{3}{4}B + 12\alpha B(2\varkappa A + \mathfrak{A})}{nn} = -3,12379$$

$$A = -1,25826 \quad \ldots \quad l{-}A = 0,099771$$

$$(1-\alpha\alpha)a = \tfrac{9}{8} - 2\varkappa\mathfrak{a} + \frac{\tfrac{3}{4}(a+b) - 3\alpha A(2\varkappa a + \mathfrak{a}) + \alpha A(2\varkappa b + \mathfrak{b})}{nn} \quad \text{vel}$$

$$\left(1 - \alpha\alpha - \frac{3}{4nn} + \frac{(6\alpha\varkappa A)}{nn}\right) a = \tfrac{9}{8} - 2\varkappa\mathfrak{a} + \frac{\tfrac{3}{4}b - 3\alpha A\mathfrak{a} + \alpha A(2\varkappa b + \mathfrak{b})}{nn} = -2,53335$$

hinc $a = +30,989$ et $l\,a = 1,491207$

Vnde patet valorem ipsius $\mathfrak{a}$ ante inuentum non satis esse exactum, exactior ergo prodibit ex hac formula

$$\left(\alpha - \frac{\mathfrak{A}}{nn}\right)\mathfrak{a} = -\tfrac{3}{8} - \frac{\tfrac{3}{2}(a-b) + \mathfrak{A}(2\varkappa a - 2\varkappa b - \mathfrak{b})}{nn} = -0,93709$$

hinc $\mathfrak{a} = -0,99939$ et $l{-}\mathfrak{a} = 9,999735$

vnde etiam exactius valor ipsius a reperitur, ex quo denuo

denuo valor ipſius $\mathfrak{a}$ corrigetur, ſicque tandem ſatis exacte obtinebitur

$\mathfrak{a} = -1,2537 \quad \ldots \quad l{-}\mathfrak{a} = 0,098200$
$a = +44,48 \quad \ldots \quad l\,a = 1,648165$
$\mathfrak{b} = -0,95003 \quad \ldots \quad l{-}\mathfrak{b} = 9,977736$

§. 70. Hinc iam accuratius quaeramus valorem ipſius $\mathfrak{b}$

$$(9\alpha\alpha - 1)\,b = -\tfrac{15}{8} + 2\varkappa\mathfrak{b} - \frac{\frac{3}{4}a + 5\alpha A(2\varkappa a + \mathfrak{a})}{nn}$$

$b = -1,0146 \quad \ldots \quad l{-}b = 0,006314$

vnde ſi denuo praecedentes valores corrigantur, fiet

$\mathfrak{a} = -1,2630 \quad \ldots \quad l{-}\mathfrak{a} = 0,101403$
$\mathfrak{b} = -0,9500 \quad \ldots \quad l{-}\mathfrak{b} = 9,977736$
$a = +44,525 \quad \ldots \quad l\,a = 1,648604$
$b = -1,015 \quad \ldots \quad l{-}b = 0,006400$
$\mathfrak{A} = -0,80378 \quad \ldots \quad l{-}\mathfrak{A} = 9,905138$
$\mathfrak{B} = +0,00697 \quad \ldots \quad l\,\mathfrak{B} = 7,843402$
$A = -1,25826 \quad \ldots \quad l{-}A = 0,099771$
$B = +0,01279 \quad \ldots \quad l\,B = 8,106947$

His autem valoribus inuentis colligitur fore

$\frac{1}{2}\delta - \gamma = +0,01742$

Hic autem valor partem inſuper accipit cum ab excentricitate vtriusque orbitae, tum ab inclinatione oriundam, quam deinceps determinabimus.

§. 71. Ex his ergo valoribus habebimus:

$$\int R\,dr = -\underset{9,905138}{0,80378}\cos 2\eta + \underset{7,843402}{0,00697}\cos 4\eta$$
$$-\underset{0,101403}{1,2630}\,v\cos\eta - \underset{9,977736}{0,9500}\,v\cos 3\eta$$

 $v =$

$$\begin{array}{llll} v = & -\,1,25826\cos 2\eta & + & 0,01279\cos 4\eta \\ & \quad 0,099771 & & \quad 8,106947 \\ & +\,44,525\,\nu\cos\eta & - & 1,015\,\nu\cos 3\eta \\ & \quad 1,648604 & & \quad 0,006400 \end{array}$$

hincque porro

$$\begin{array}{llll} \frac{d\Phi}{dr} = \varkappa & +\;0,019015\cos 2\eta & - & 0,0000762\cos 4\eta \\ & \quad 8,279096 & & \quad 5,881955 \\ +\,0,0001103 & & & \\ & -\;0,50381\,\nu\cos\eta & + & 0,017068\,\nu\cos 3\eta \\ & \quad 9,702270 & & \quad 8,232184 \end{array}$$

at est $\frac{d\eta}{dr} = \frac{d\Phi}{dr} - \frac{1}{n}$, posuimusque $\varkappa - \frac{1}{n} = \alpha$, existente $\varkappa = V\left(1 + \frac{3+4\mu+\delta}{2nn}\right)$

§. 72. Ponatur breuitatis gratia

$$\frac{d\Phi}{dr} = \mathfrak{O} + \mathfrak{P}\cos 2\eta - \mathfrak{Q}\cos 4\eta - \mathfrak{R}\nu\cos\eta + \mathfrak{S}\nu\cos 3\eta$$

erit $\frac{d\eta}{dr} = \alpha + \mathfrak{P}\cos 2\eta - \mathfrak{Q}\cos 4\eta - \mathfrak{R}\nu\cos\eta + \mathfrak{S}\nu\cos 3\eta$

sitque ad integrandum:

$$\Phi = \mathfrak{o}\,r + \mathfrak{p}\sin 2\eta - \mathfrak{q}\sin 4\eta - \mathfrak{r}\,\nu\sin\eta + \mathfrak{s}\,\nu\sin 3\eta$$

vnde per differentiationem elicitur:

$$\begin{array}{l} \frac{d\Phi}{dr} = \mathfrak{o} + 2\alpha\mathfrak{p}\cos 2\eta - 4\alpha\mathfrak{q}\cos 4\eta - \alpha\mathfrak{r}\nu\cos\eta + 3\alpha\mathfrak{s}\nu\cos 3\eta \\ \qquad \mathfrak{P}\mathfrak{p} - \mathfrak{Q}\mathfrak{p}\cos 2\eta + \mathfrak{P}\mathfrak{p}\cos 4\eta - \mathfrak{R}\mathfrak{p}\nu\cos\eta - \mathfrak{R}\mathfrak{p}\nu\cos 3\eta \\ + 2\mathfrak{Q}\mathfrak{q} - 2\mathfrak{P}\mathfrak{q}\cos 2\eta \qquad\qquad\qquad\qquad + 2\mathfrak{R}\mathfrak{q}\nu\cos 3\eta \end{array}$$

hinc ergo fit:

$$\mathfrak{o} = \mathfrak{O} - \mathfrak{P}\mathfrak{p} - 2\mathfrak{Q}\mathfrak{q} = \varkappa + 0,0001103 - \mathfrak{P}\mathfrak{p} - 2\mathfrak{Q}\mathfrak{q}$$

$$(2\alpha - \mathfrak{Q})\mathfrak{p} = \mathfrak{P} + 2\mathfrak{P}\mathfrak{q}; \quad 4\alpha\mathfrak{q} = \mathfrak{Q} + \mathfrak{P}\mathfrak{p};$$

$$\alpha\mathfrak{r} = \mathfrak{R} - \mathfrak{R}\mathfrak{p}; \quad 3\alpha\mathfrak{s} = \mathfrak{S} + \mathfrak{R}(\mathfrak{p} - 2\mathfrak{q})$$

Ergo

Ergo $\mathfrak{p} = 0,010191$ . . . $l\mathfrak{p} = 8,008208$
$\mathfrak{q} = 0,000072$ . . . $l\mathfrak{q} = 5,859381$
$\mathfrak{r} = 0,53453$ . . . $l\mathfrak{r} = 9,727977$
$\mathfrak{s} = 0,00790$ . . . $l\mathfrak{s} = 7,897466$
$\mathfrak{v} = \varkappa - 0,000080$

§. 73. Longitudo igitur lunae Φ quatenus pendet a sola distantia lunae a sole erit

$$\Phi = (\varkappa - 0,000080)r + 0,010191 \sin 2\eta - 0,53453\, \nu \sin \eta - 0,000072 \sin 4\eta + 0,00790\, \nu \sin 3\eta$$

Simili modo cum distantia lunae a terra posita sit $= \frac{a(1-kk)u}{1-k\cos r}$, ob $u = 1 + \frac{v}{nn}$, quatenus valor ipsius u a sola phasi lunae pendet, erit

$$u = 1 - 0,00716 \cos 2\eta + 0,00287\, \nu \cos \eta + 0,00007 \cos 4\eta - 0,00009\, \nu \cos 3\eta$$

Verum tamen hic valor litterae α ac praecipue ipsius a non admodum certus videtur, cum a terminis neglectis licet minimis insignem mutationem perpeti queat. Hic enim pro α non solum $\varkappa - \frac{1}{n}$ sed $\varkappa - \frac{1}{n} + 0,0001103$ accipi debuisset; quare cum valorem ipsius α propius cognoscimus, hanc determinationem repeti conueniet.

CAPUT V.

INUESTIGATIO INAEQUALITATUM LUNAE AB EIUS EXCENTRICITATE SIMPLICI SOLUM PEDENTIUM.

§. 74.

Quemadmodum in praecedenti capite inaequalitas abſoluta ſeu variatio duabus partibus conſtans eſt inuenta, quarum poſterior a littera ν ſeu a parallaxi ſolis pendebat, ac maiorem curam requirebat; ita etiam inaequalitates, quas hoc capite ſcrutamur, partes continent ab eadem parallaxi ſolis pendentes; quarum indagatio quoque accuratiorem cognitionem quorundam elementorum exigit. Hancobrem et praecedentis capitis et huius partes, quae litteram ν inuoluunt deinceps, cum reliquas inaequalitates, a parallaxi ſolis non pendentes determinauerimus, ſeorſim inueſtigabimus, atque titulo inaequalitatum parallacticarum complectemur.

§. 75. In hoc ergo capite ac ſequentibus, donec ad parallaxin ſolis perueniamus, terminos formularum noſtrarum per ν multiplicatos tantisper remouebimus; et quoniam hoc loco tantum propoſitum eſt in motus lunae inaequalitates a ſola excentricitate orbitae lunaris ortas inquirere, eos terminos qui vel excentricitatem ſolis e vel inclinationem ϱ continent, praetermittemus. Cum autem in formulis noſtris duplicis generis termini relinquantur, quorum alteri per k, alteri per kk ſunt affecti, inaequalitates ab excentricitate lunae k pendentes in in duas partes diſtribui conueniet; quarum altera excentricitatem tantum ſimplicem k implicet, cui hoc caput deſtinatur, altera vero excentricitatis huius quadrato kk afficiatur, de quo in ſequenti capite agemus.

§. 76. Verum tam in huius generis inaequalitates, quam in ſequentes, omnes inaequalitates abſolutae in praecedenti capite erutae praecipue ingrediuntur; ex quo eas quoque in calculum introduci oportebit. Retinendae ergo erunt in calculo litterae $\mathfrak{A}$, $\mathfrak{B}$ et A, B, quarum valores cum iam conſtent, calculus vehementer contrahetur: imprimis autem quia valores litterarum $\mathfrak{B}$ et B per ſe ſunt admodum parui, quatenus illi in valores ſequentium terminorum influunt, effectum pro nihilo habendum praeſtabunt. Inueſtigationem ergo noſtram ita incipiemus, vt pro $\int R\,dr$ et v valores fictos aſſumamus, et quoniam $\int R\,dr$ nullum terminum conſtantem, v vero neque conſtantem neque terminum huius formae $\alpha \cos r$ continere debet, ponamus:

$$\begin{aligned}\int R\,dr = {} & \mathfrak{A}\cos 2\eta + \mathfrak{B}\cos 4\eta + \mathfrak{C}k\cos r \\ & + \mathfrak{D}k\cos(2\eta - r) + \mathfrak{F}k\cos(4\eta - r) \\ & + \mathfrak{E}k\cos(2\eta + r) + \mathfrak{G}k\cos(4\eta + r)\end{aligned}$$

$$\begin{aligned}v = {} & A\cos 2\eta + B\cos 4\eta \\ & + Dk\cos(2\eta + r) + Fk\cos(4\eta - r) \\ & + Ek\cos(2\eta + r) + Gk\cos(4\eta + r)\end{aligned}$$

vbi quidem facile colligere licet, coefficientes $\mathfrak{F}$, $\mathfrak{G}$, F et G fore minimos.

§. 77.

§. 77. Ex his autem valoribus aſſumtis obtinebimus ex (§. 52.) ſequentes expreſſiones.

$$
\frac{d\Phi}{dr} = \begin{cases}
\varkappa + \dfrac{A(3\varkappa A + 2\mathfrak{A})}{2\,n^4} - \dfrac{(2\,\varkappa\,A + \mathfrak{A})}{n\,n}\cos 2\,\eta \\
\left(-\dfrac{(2\,\varkappa\,B + \mathfrak{B})}{n\,n} + \dfrac{A(3\,\varkappa\,A + 2\,\mathfrak{A})}{2\,n^4}\right)\cos 4\,\eta \\
\left(-\dfrac{\mathfrak{C}}{n\,n} + \dfrac{3\,\varkappa\,A\,D}{n^4} + \dfrac{A\,\mathfrak{D} + \mathfrak{A}\,D}{n^4}\right) k\cos r \\
-\dfrac{(2\varkappa D + \mathfrak{D})}{n\,n} k\cos(2\eta - r) - \dfrac{(2\varkappa E + \mathfrak{E})}{n\,n} k\cos(2\eta + r) \\
-\dfrac{(2\varkappa F + \mathfrak{F})}{n\,n} k\cos(4\eta - r) - \dfrac{(2\varkappa G + \mathfrak{G})}{n\,n} k\cos(4\eta + r) \\
+\dfrac{(3\,\varkappa\,A\,D + A\,\mathfrak{D} + \mathfrak{A}\,D)}{n^4} k\cos(4\,\eta - r)
\end{cases}
$$

Patebit enim ex valoribus qui inuenientur, litteras D et $\mathfrak{D}$ tantum prae reliquis fore notabiles, vnde terminos ex combinatione reliquarum litterarum oriundos tuto omittere licet. Pro valore autem ipſius $\frac{d\eta}{dr}$ etiam hi termini ex combinatione orti omitti poterunt. Poſito ergo $\varkappa + \frac{A(3\varkappa A + 2\mathfrak{A})}{2\,n^4} - \frac{1}{n}$ ſeu $\varkappa + 0{,}0001103 - \frac{1}{n} = \alpha$ erit:

$$
\frac{d\eta}{dr} = \alpha - \frac{(2\,\varkappa\,A + \mathfrak{A})}{n\,n}\cos 2\,\eta - \frac{2\,k}{n}\cos r
$$
$$
- \frac{(2\,\varkappa\,D + \mathfrak{D})}{n\,n} k\cos(2\,\eta - r) - \frac{(2\varkappa E + \mathfrak{E})}{n\,n} k\cos(2\eta + r)
$$

Cum enim haec formula differentiationibus inſtituendis inſeruiat, reliqui termini poſt primum cum aliis angulis combinantur, ſicque tanto minores terminos producunt,

cunt, qui ex calculo ſine errore expungi poterunt: atque ob hanc cauſam in expreſſione valoris $\frac{d\eta}{dr}$, ſtatim terminos prae reliquis admodum paruos praetermittere viſum eſt.

§. 78. Valorem autem ipſius R atque $\frac{ddv}{dr^2}$ accuratiſſime exhiberi oportet, propterea quod his expreſſionibus totus calculus praecipue innititur, dum valor $\frac{d\eta}{dr}$ formulam tantum ſubſidiariam ſuppeditat. Erit ergo

$$\begin{aligned} R = {} & \tfrac{3}{2}\,\text{ſin}\,2\eta + \frac{3A}{2nn}\,\text{ſin}\,4\eta + 3k\,\text{ſin}\,(2\eta - r) + 3k\,\text{ſin}\,(2\eta + r) \\ & + \frac{3A}{nn}\,k\,\text{ſin}\,(4\eta - r) \quad + \frac{3A}{nn}\,k\,\text{ſin}\,(4\eta + r) \\ & + \frac{3D}{2nn}\,k\,\text{ſin}\,r \quad - \frac{3E}{2nn}\,k\,\text{ſin}\,r \\ & + \frac{3D}{2nn}\,k\,\text{ſin}\,(4\eta - r) \quad + \frac{3E}{2nn}\,k\,\text{ſin}\,(4\eta + r) \\ & - \frac{3A}{nn}\,k\,\text{ſin}\,r \quad + \frac{3A}{nn}\,k\,\text{ſin}\,r \end{aligned}$$

vbi quidem terminos ab k non pendentes omittere poſſumus, quia illorum iam habuimus rationem, ita vt ſit

$$\begin{aligned} R = \ldots + {} & \frac{3(D-E)}{2nn}\,k\,\text{ſin}\,r + 3k\,\text{ſin}(2\eta - r) + 3k\,\text{ſin}(2\eta + r) \\ & + \frac{3D}{2nn}\,k\,\text{ſin}\,(4\eta - r) + \frac{3E}{2nn}\,k\,\text{ſin}\,(4\eta + r) \\ & + \frac{3A}{nn}\,k\,\text{ſin}\,(4\eta - r) + \frac{3A}{nn}\,k\,\text{ſin}\,(4\eta + r) \end{aligned}$$

§. 79. Simili modo terminis a k non pendentibus omittendis habebitur:

$$\frac{ddv}{dr^2} = -\gamma k \cos r + 3k \cos(2\eta - r) + 3k \cos(2\eta + r) - 2\varkappa\mathfrak{F} k \cos(4\eta - r) - 2\varkappa\mathfrak{G} k \cos(4\eta + r)$$

$$\begin{array}{lllll}
-2\varkappa\mathfrak{C} & -2\varkappa\mathfrak{D} & -2\varkappa\mathfrak{E} & +\frac{\mathfrak{A}\mathfrak{D}}{2nn} & +\frac{\mathfrak{A}\mathfrak{E}}{2nn} \\
+\frac{\mathfrak{A}\mathfrak{D}}{2nn} & +\frac{\mathfrak{A}\mathfrak{C}}{2nn} & +\frac{\mathfrak{A}\mathfrak{C}}{2nn} & & \\
+\frac{\mathfrak{A}\mathfrak{E}}{2nn} & -D & -E & -F & -G \\
+\frac{3AD}{nn} & +\frac{3}{2}A & +\frac{3}{2}A & +\frac{3}{2}B & +\frac{3}{2}B \\
+\frac{3AE}{nn} & +\frac{(2\gamma-\frac{3}{2}\delta)}{nn}D & +\frac{(2\gamma-\frac{3}{2}\delta)}{nn}E & +\frac{3AD}{nn} & +\frac{3AE}{nn} \\
-\frac{3AA}{2nn} & +\frac{(3+3\mu+\gamma)}{nn}A & +\frac{(3+3\mu+\gamma)}{nn}A & -\frac{3AA}{4nn} & -\frac{3AA}{4nn} \\
+\frac{3A\mathfrak{D}}{nn} & & & +\frac{3A\mathfrak{D}}{nn} & +\frac{3A\mathfrak{E}}{nn} \\
+\frac{3A\mathfrak{E}}{nn} & & & +\frac{3\mathfrak{A}D}{nn} & +\frac{3\mathfrak{A}E}{nn} \\
+\frac{3\mathfrak{A}D}{nn} & & & & \\
+\frac{3\mathfrak{A}E}{nn} & & & &
\end{array}$$

Hic ſcilicet plures terminos, qui nullius futuri eſſent momenti, omiſimus, ne calculus nimium implicaretur: notandum autem eſt eſſe $\varkappa = \sqrt{\left(1 + \frac{3+4\mu+\delta}{2nn}\right)} = 1 + \frac{3+4\mu+\delta}{4nn}$ proxime; vnde $\mu = (\varkappa - 1)nn - \frac{3-\delta}{4}$ et $\frac{3+3\mu+\gamma}{4nn}$ $= 3(\varkappa - 1) + \frac{3 - 3\delta + 4\gamma}{4nn}$.

§. 80.

§. 80. Quaeramus nunc quoque ex forma pro $\int R\,dr$ ficta valorem ipsius R, atque exclusis terminis ab k non pendentibus reperiemus:

$$
\begin{aligned}
& \left(-\frac{\mathfrak{A}(2\varkappa E+\mathfrak{E})}{nn}+\frac{\mathfrak{A}(2\varkappa D+\mathfrak{D})}{nn}-\mathfrak{E}-\frac{\mathfrak{D}(2\varkappa A+\mathfrak{A})}{nn}+\frac{\mathfrak{E}(2\varkappa A+\mathfrak{A})}{nn}\right)k\sin r \\
& \left(+\frac{2\mathfrak{A}}{n}-(2\alpha-1)\mathfrak{D}\right)k\sin(2\eta-r) \\
R= & \left(+\frac{2\mathfrak{A}}{n}-(2\alpha+1)\mathfrak{E}\right)k\sin(2\eta+r) \\
& \left(+\frac{\mathfrak{A}(2\varkappa D+\mathfrak{D})}{nn}+\frac{4\mathfrak{B}}{n}+\frac{\mathfrak{D}(2\varkappa A+\mathfrak{A})}{nn}-(4\alpha-1)\mathfrak{F}\right)k\sin(4\eta-r) \\
& \left(+\frac{\mathfrak{A}(2\varkappa E+\mathfrak{E})}{nn}+\frac{4\mathfrak{B}}{n}+\frac{\mathfrak{E}(2\varkappa A+\mathfrak{A})}{nn}-(4\alpha+1)\mathfrak{G}\right)k\sin(4\eta+r)
\end{aligned}
$$

atque instituta comparatione inuenietur:

$$\mathfrak{E}=\frac{\mathfrak{A}(2\varkappa D+\mathfrak{D})-(\mathfrak{D}-\mathfrak{E})(2\varkappa A+\mathfrak{A})-\tfrac{3}{2}(D-E)-\mathfrak{A}(2\varkappa E+\mathfrak{E})}{nn}$$

$$(2\alpha-1)\,\mathfrak{D}=\frac{2\mathfrak{A}}{n}-3:\quad(2\alpha+1)\,\mathfrak{E}=\frac{2\mathfrak{A}}{n}-3;$$

$$(4\alpha-1)\,\mathfrak{F}=\frac{4\mathfrak{B}}{n}+\frac{\mathfrak{A}(2\varkappa D+\mathfrak{D})+\mathfrak{D}(2\varkappa A+\mathfrak{A})-\tfrac{3}{2}(2A+D)}{nn}$$

$$(4\alpha+1)\,\mathfrak{G}=\frac{4\mathfrak{B}}{n}+\frac{\mathfrak{A}(\varkappa E+\mathfrak{E})-\tfrac{3}{2}(2A+E)+\mathfrak{E}(2\varkappa A+\mathfrak{A})}{nn}$$

§. 81. Pro differentiali $\frac{dv}{dr}$ inueniendo, praeter terminos supra inventos habebimus:

$$
\begin{aligned}
\frac{dv}{dr} &= -A'\sin 2\eta - B'\sin 4\eta \\
& \left(+\frac{A(2\varkappa D+\mathfrak{D})}{nn}-\frac{A(2\varkappa E+\mathfrak{E})}{nn}-\frac{D(2\varkappa A+\mathfrak{A})}{nn}+\frac{E(2\varkappa A+\mathfrak{A})}{nn}\right)k\sin r \\
& \left(+\frac{2A}{n}-(2\alpha-1)D\right)k\sin(2\eta-r)+\left(\frac{2A}{n}-(2\alpha+1)E\right)k\sin(2\eta+r)
\end{aligned}
$$

 +

$$\left(+\frac{A(2\varkappa D+\mathfrak{D})}{n}+\frac{4B}{n}+\frac{D(2\varkappa A+\mathfrak{A})}{nn}-(4\alpha-1)F\right)k\,\text{fin}\,(4\eta-r)$$

$$\left(+\frac{A(2\varkappa E+\mathfrak{E})}{nn}+\frac{4B}{n}+\frac{E(2\varkappa A+\mathfrak{A})}{nn}-(4\alpha+1)G\right)k\,\text{fin}\,(4\eta+r)$$

Ponatur autem breuitatis gratia:

$$\frac{dv}{dr}=-A'\,\text{fin}\,2\eta-B'\,\text{fin}\,4\eta-C'k\,\text{fin}\,r-D'k\,\text{fin}(2\eta-r)$$
$$-E'k\,\text{fin}(2\eta+r)-F'k\,\text{fin}\,(4\eta-r)-G'k\,\text{fin}\,(4\eta+r)$$

vt fit:

$$A'=2A\alpha+\frac{A(2\varkappa B+\mathfrak{B})-2B(2\varkappa A+\mathfrak{A})}{nn};\ B'=4\alpha B-\frac{A(2\varkappa A+\mathfrak{A})}{nn}$$

$$C'=\frac{-A(2\varkappa D+\mathfrak{D})+A(2\varkappa E+\mathfrak{E})+(D-E)(2\varkappa A+\mathfrak{A})}{nn}$$

fiue $C'=-\frac{A(\mathfrak{D}-\mathfrak{E})+\mathfrak{A}(D-E)}{nn}$

$$D'=(2\alpha-1)D-\frac{2A}{n};\quad E'=(2\alpha+1)E-\frac{2A}{n}$$

$$F'=(4\alpha-1)F-\frac{4B}{n}-\frac{A(2\varkappa D+\mathfrak{D})-D(2\varkappa A+\mathfrak{A})}{nn}$$

$$G'=(4\alpha+1)G-\frac{4B}{n}-\frac{A(2\varkappa E+\mathfrak{E})-E(2\varkappa A+\mathfrak{A})}{nn}$$

§. 82. Hinc denuo differentiando obtinebitur terminis tantum per k multiplicatis fcribendis:

$$\frac{ddv}{dr^2}=\left(-C'+\frac{A'(2\varkappa D+\mathfrak{D})}{nn}+\frac{A'(2\varkappa E+\mathfrak{E})}{nn}+\frac{D'(2\varkappa A+\mathfrak{A})}{nn}+\frac{E'(2\varkappa A+\mathfrak{A})}{nn}\right)k\,\text{cof}\,r$$

$$\left(+\frac{2A'}{n}-(2\alpha-1)D'\right)k\,\text{cof}\,(2\eta-r)$$

$$\left(+\frac{2A'}{n}-(2\alpha+1)E'\right)k\,\text{cof}\,(2\eta+r)$$

+

$$\left(+\frac{4B'}{n}+\frac{A'(2\varkappa D+\mathfrak{D})}{nn}+\frac{D'(2\varkappa A+\mathfrak{A})}{nn}-(4\alpha-1)F'\right)k\cos(4\eta-r)$$

$$\left(+\frac{4B'}{n}+\frac{A'(2\varkappa E+\mathfrak{E})}{nn}+\frac{E'(2\varkappa A+\mathfrak{A})}{nn}-(4\alpha+1)G'\right)k\cos(4\eta+r)$$

vnde comparatione instituta orietur:

$$\gamma=-2\varkappa\mathfrak{E}-\frac{\frac{3}{2}AA+3A(D+E)+2A(\mathfrak{D}+2\mathfrak{E})+2\mathfrak{A}(2D+E)+\frac{1}{2}\mathfrak{A}(\mathfrak{D}+\mathfrak{E})}{nn}$$
$$-\frac{A'(2\varkappa D+\mathfrak{D})-A'(2\varkappa E+\mathfrak{E})-(D'+E')(2\varkappa A+\mathfrak{A})}{nn}$$

$$\left.\begin{array}{l}(2\alpha-1)^2D-\frac{2(2\alpha-1)}{n}A-\frac{2A'}{n}+3-2\varkappa\mathfrak{D}-D\\ +\frac{3}{2}A+\frac{\frac{1}{2}\mathfrak{A}\mathfrak{E}+(2\gamma-\frac{3}{2}\delta)D+(3+3\mu+\gamma)A}{nn}\end{array}\right\}=0$$

$$\left.\begin{array}{l}(2\alpha+1)^2E-\frac{2(2\alpha+1)}{n}A-\frac{2A'}{n}+3-2\varkappa\mathfrak{E}-E\\ +\frac{3}{2}A+\frac{\frac{1}{2}\mathfrak{A}\mathfrak{E}+(2\gamma-\frac{3}{2}\delta)E+(3+3\mu+\gamma)A}{nn}\end{array}\right\}=0$$

$$\left.\begin{array}{l}(4\alpha-1)^2F-\frac{4(4\alpha-1)}{n}B-\frac{(4\alpha-1)A(2\varkappa D+\mathfrak{D})-(4\alpha-1)D(2\varkappa A+\mathfrak{A})}{nn}\\ -\frac{4B'}{n}-\frac{A'(2\varkappa D+\mathfrak{D})-D'(2\varkappa A+\mathfrak{A})}{nn}-2\varkappa\mathfrak{F}-F\\ +\frac{3}{2}B+\frac{\frac{1}{2}\mathfrak{A}\mathfrak{D}+3AD-\frac{3}{4}AA+3A\mathfrak{D}+3\mathfrak{A}D}{nn}\end{array}\right\}=0$$

$$\left.\begin{array}{l}(4\alpha+1)^2G-\frac{4(4\alpha+1)}{n}B-\frac{(4\alpha+1)A(2\varkappa E+\mathfrak{E})-(4\alpha+1)E(2\varkappa A+\mathfrak{A})}{nn}\\ -\frac{4B'}{n}-\frac{A'(2\varkappa E+\mathfrak{E})-E'(2\varkappa A+\mathfrak{A})}{nn}-2\varkappa\mathfrak{G}-G\\ +\frac{3}{2}B+\frac{\frac{1}{2}\mathfrak{A}\mathfrak{E}+3AE-\frac{3}{4}AA+3A\mathfrak{E}+3\mathfrak{A}E}{nn}\end{array}\right\}=0$$

§. 83. Incipiamus a coefficientibus $\mathfrak{D}$, $\mathfrak{E}$, et D,E; et quia $\mathfrak{E}$ eſt quantitas admodum exigua, erit:

$$(2\alpha-1)\mathfrak{D} = -3 + \frac{2\mathfrak{A}}{n}; \quad (2\alpha+1)\mathfrak{E} = -3 + \frac{2\mathfrak{A}}{n}$$

$$\left((2\alpha-1)^2 - 1 + \frac{2\gamma-\frac{3}{2}\delta}{nn}\right)D = -3 - \tfrac{3}{2}A + 2\varkappa\mathfrak{D}$$
$$+ 2\frac{(2\alpha-1)}{n}A + \frac{2A'}{n} - \left(3\varkappa - 3 + \frac{3-3\delta+4\gamma}{4nn}\right)A$$

$$\left((2\alpha+1)^2 - 1 + \frac{2\gamma-\frac{3}{2}\delta}{nn}\right)E = -3 - \tfrac{3}{2}A + 2\varkappa\mathfrak{E}$$
$$+ 2\frac{(2\alpha+1)}{n}A + \frac{2A'}{n} - \left(3\varkappa - 3 + \frac{3-3\delta+4\gamma}{4nn}\right)A$$

vnde reperitur:

$\mathfrak{D} = -3,6035$ . . . $l{-}\mathfrak{D} = 0,556724$

$\mathfrak{E} = -1,0890$ - - - $l{-}\mathfrak{E} = 0,037028$

ac porro

$$\left.\begin{aligned}\left(-0,24973+\frac{(2\gamma-\frac{3}{2}\delta)}{nn}\right)D &= -1,40048-7,4315\\ \left(+7,21497+\frac{(2\gamma-\frac{3}{2}\delta)}{nn}\right)E &= -1,40048-2,7403\end{aligned}\right\} + \frac{(2\gamma-\frac{3}{2}\delta)}{nn}.0,629$$

§. 84. Quoniam autem valorem ipſius $\frac{2\gamma-\frac{3}{2}\delta}{nn}$ nondum nouimus, hunc terminum, cum certo ſit valde paruus, reiiciamus. Poſtmodum vero cum iſtum terminum cognouerimus, facile erit correctionem inde oriundam, ſi operae pretium videbitur, inuenire.

$D = +35,3662$ . . . $l\,D = 1,548588$

$E = -0,5739$ . . . $l{-}E = 9,758848$

Porro autem litterae $\mathfrak{F}$ et $\mathfrak{G}$ ita elicientur, vt ſit.

$(4\alpha-1)\mathfrak{F} = 0,000529 - 0,30976 + 0,06852 - 0,28042$

$(4\alpha+1)\mathfrak{G} = 0,000529 + 0,01028 + 0,02071 + 0,02638$

$\mathfrak{F} =$

$\mathfrak{F} = -0,1907 \quad . \quad . \quad . \quad l-\mathfrak{F} = 9,280416$

$\mathfrak{G} = +0,0122 \quad . \quad . \quad . \quad l\,\mathfrak{G} = 8,087607$

Praeterea autem colligimus fore

$\mathfrak{C} = -0,67465 \quad . \quad . \quad . \quad l-\mathfrak{C} = 9,829072$

vnde erit proxime $\frac{\mathfrak{A}\mathfrak{C}}{2nn} = 0,00154$, ex quo accuratius concluditur fore

$D = +35,3724 \quad . \quad . \quad l\,D = 1,548664$

$E = -0,5741 \quad . \quad . \quad l-E = 9,758988$

§. 85. Reliquae aequationes nobis praebebunt

$$6,4655\,F + 3,67820 = 0$$

$$21,3946\,G - 0,29574 = 0$$

vnde obtinebitur

$F = -0,56890 \quad ; \quad l-F = 9,755033$

$G = +0,01382 \quad . \quad l\,G = 8,140620$

ac denique $\gamma = 1,40673$.

Supra autem iam inuenimus $\frac{1}{2}\delta - \gamma = 0,01742$, vnde ambas istas quantitates γ et δ, quas initio ad veros valores constantium litterarum m et n determinandos assumsimus, nunc cognitas habemus, erit enim:

$$\delta = 2,84830, \quad \text{et} \quad 2\gamma - \tfrac{3}{2}\delta = -1,45899$$

ac propterea particulae illius $\frac{2\gamma - \frac{3}{2}\delta}{nn}$ hactenus neglectae valor erit $\frac{2\gamma - \frac{3}{2}\delta}{nn} = -0,00832$, cuius ope iam litterae D et E accuratius definiri poterunt.

§. 86.

§. 86. Hinc autem potissimum valor ipsius D mutationem patitur, fiet enim re vera

$$-0,25805\ D = -8,83698 \quad \text{seu}$$

$$D = 34,24520 \quad \ldots \quad l\,D = 1,534600$$

$$7,20665\ E = -4,14578 \quad \text{seu}$$

$$E = -0,57527 \quad \ldots \quad l\text{-}E = 9,759874$$

et quoniam D parte sua tricesima diminuitur, in eadem fere ratione diminuentur valores litterarum $\mathfrak{C}$ et γ, ita vt exactius sit:

$$\mathfrak{C} = -0,65217 \quad \ldots \quad l\text{-}\mathfrak{C} = 9,814361$$

$$\gamma = +1,35984 \quad \ldots \quad l\,\gamma = 0,133490$$

$$\delta = +2,75336 \quad \ldots \quad l\,\delta = 0,439863$$

$$\text{et } \frac{2\gamma - \frac{3}{2}\delta}{nn} = -0,00804$$

Deinceps autem operae erit pretium in hos valores adhuc diligentius inquirere.

§. 87. Cum igitur finxerimus sequentes valores:

$$\begin{aligned} \int R\,dr = {} & \mathfrak{A} \cos 2\eta + \mathfrak{B} \cos 4\eta + \mathfrak{C}\,k \cos r \\ & + \mathfrak{D}\,k \cos(2\eta - r) + \mathfrak{F}\,k \cos(4\eta - r) \\ & + \mathfrak{E}\,k \cos(2\eta + r) + \mathfrak{G}\,k \cos(4\eta + r) \\ v = {} & A \cos 2\eta + B \cos 4\eta \\ & + D\,k \cos(2\eta - r) + F\,k \cos(4\eta - r) \\ & + E\,k \cos(2\eta + r) + G\,k \cos(4\eta + r) \end{aligned}$$

horum coefficientium valores sunt.

$\mathfrak{A} = -0,80378$	$A = -1,25826$
$\mathfrak{B} = +0,00697$	$B = -0,01279$
$\mathfrak{C} = -0,65217$	. .
$\mathfrak{D} = -3,60350$	$D = +34,24520$
$\mathfrak{E} = -1,08900$	$E = -0,57527$
$\mathfrak{F} = -0,19070$	$F = -0,56890$
$\mathfrak{G} = +0,01220$	$G = +0,01382$

vnde

vnde pro diſtantia lunae a terra $x = \frac{(1-kk)au}{1-k\cos r}$ fit

$$u = 1 - 0,007161\cos 2\eta + 0,000073\cos 4\eta$$
$$+ 0,194888\,k\cos(2\eta-r) - 0,003274\,k\cos(2\eta+r)$$
$$- 0,003238\,k\cos(4\eta-r) + 0,000078\,k\cos(4\eta+r)$$

§. 88. His valoribus in §. 77. ſubſtitutis obtinebimus:

$$\frac{d\Phi}{dr} = \quad n \quad + 0,019015\cos 2\eta - 0,001255\,k\cos r$$
$$+ 0,0001103 - 0,000076\cos 4\eta$$
$$- 0,38410\,k\cos(2\eta-r) + 0,01278\,k\cos(2\eta+r)$$
$$+ 0,002647\,k\cos(4\eta-r) - 0,000229\,k\cos(4\eta+r)$$

ad cuius integrale inueniendum ponamus:

$$\Phi = \mathrm{O}r + \mathfrak{A}'\sin 2\eta + \mathfrak{B}'\sin 4\eta + \mathfrak{C}'k\sin r$$
$$+ \mathfrak{D}'k\cos(2\eta-r) + \mathfrak{E}'k\cos(2\eta+r)$$
$$+ \mathfrak{F}'k\cos(4\eta-r) + \mathfrak{G}'k\cos(4\eta+r)$$

eritque differentiando et terminis iam cognitis omittendis.

$$\frac{d\Phi}{dr} = (\mathfrak{C}' - \frac{\mathfrak{A}'(2nD+\mathfrak{D})}{nn} - \frac{\mathfrak{A}'(2nE+\mathfrak{E})}{nn} - \frac{\mathfrak{D}'(2nA+\mathfrak{A})}{nn} - \frac{\mathfrak{E}'(2nA+\mathfrak{A})}{nn})k\cos r$$
$$(-\frac{2\mathfrak{A}'}{n} + (2\alpha-1)\mathfrak{D}')\,k\cos(2\eta-r)$$
$$(-\frac{2\mathfrak{A}'}{n} + (2\alpha+1)\mathfrak{E}')\,k\cos(2\eta+r)$$
$$(-\frac{4\mathfrak{B}'}{n} - \frac{\mathfrak{A}'(2nD+\mathfrak{D})}{nn} - \frac{\mathfrak{D}'(2nA+\mathfrak{A})}{nn} + (4\alpha-1)\mathfrak{F}')\,k\cos(4\eta-r)$$
$$(-\frac{4\mathfrak{B}'}{n} - \frac{\mathfrak{A}'(2nE+\mathfrak{E})}{nn} - \frac{\mathfrak{E}'(2nA+\mathfrak{A})}{nn} + (4\alpha+1)\mathfrak{G}')\,k\cos(4\eta+r)$$

Pro terminis autem iam inuentis eſt

$$\mathrm{O} = n - 0,000080;\quad \mathfrak{A}' = 0,010191;\quad \mathfrak{B}' = -0,000072$$
$$l\mathfrak{A}' = 8,008208;\quad l\mathfrak{B}' = -5,859381$$

§. 89. Comparatione iam instituta fiet:

$$(2\alpha-1)\mathfrak{D}' = -0,38410 + \frac{2\mathfrak{A}'}{n}; \quad (2\alpha+1)\mathfrak{E}' = +0,01278 + \frac{2\mathfrak{A}'}{n}$$

$$(4\alpha-1)\mathfrak{F}' = +0,002647 + \frac{4\mathfrak{B}'}{n} + \frac{\mathfrak{A}'(2\varkappa D+\mathfrak{D}) + \mathfrak{D}'(2\varkappa A+\mathfrak{A})}{nn}$$

$$(4\alpha+1)\mathfrak{G}' = -0,000229 + \frac{4\mathfrak{B}'}{n} + \frac{\mathfrak{A}'(2\varkappa E+\mathfrak{E}) + \mathfrak{E}'(2\varkappa A+\mathfrak{A})}{nn}$$

$$\mathfrak{C}' = -0,001255 + \frac{\mathfrak{A}'(2\varkappa D+\mathfrak{D}) + \mathfrak{D}'(2\varkappa A+\mathfrak{A})}{nn} + \frac{\mathfrak{A}'(2\varkappa E+\mathfrak{E}) + \mathfrak{E}'(2\varkappa A+\mathfrak{A})}{nn}$$

vnde colligitur fore

$\mathfrak{C}' = +0,01083$

$\mathfrak{D}' = -0,44167$ . . . $l{-}\mathfrak{D}' = 9,645092$

$\mathfrak{E}' = +0,00499$ . . . $l\,\mathfrak{E}' = 7,698640$

$\mathfrak{F}' = +0,00546$ . . . $l\,\mathfrak{F}' = 7,737733$

$\mathfrak{G}' = -0,00010$ . . . $l{-}\mathfrak{G}' = 6,002537$

ita vt sit

$$\Phi = (\varkappa - 0,000080 r) + 0,010191 \sin 2\eta + 0,01083\, k \sin r - 0,000072 \sin 4\eta$$
$$- 0,44167\, k \sin(2\eta - r) + 0,00499\, k \sin(2\eta + r)$$
$$+ 0,00546\, k \sin(4\eta - r) - 0,00010\, k \sin(4\eta + r)$$

vnde ex comparatione motus medii ad modum anomaliae erit $\varkappa = 1,008607$, et $\alpha = 0,933279$, qui valores iam propius ad veritatem accedunt, quam hactenus vsurpati.

CAPUT

CAPUT VI.

INUESTIGATIO INAEQUALITATUM LUNAE A QUADRATO EXCENTRICITATIS IPSIUS ORTARUM.

§. 90.

Peruenimus nunc ad alteram partem inaequalitatum in motu Lunae, quae ab eius excentricitate k pendent, eiusque quadratum inuoluunt, ita vt hic nonnisi eos terminos simus contemplaturi, qui per quadratum excentricitatis lunae kk sunt multiplicati. Hic autem tam in valorem ipsius $\int Rdr$, quam ipsius v termini formae $kk\cos 2\eta$ et $kk\cos 4\eta$ ingredientur, qui postquam fuerint inuenti, terminis huius generis iam ante inuentis adiici debent: praeterea vero vtrinque etiam termini formae $kk\cos 2r$ accedent. Hinc ponamus:

$$\begin{aligned}\int Rdr = {} & \mathfrak{A}\cos 2\eta + \mathfrak{a}\,kk\cos 2\eta + \mathfrak{B}\cos 4\eta + \mathfrak{b}\,kk\cos 4\eta \\ & + \mathfrak{C}\,k\cos r + \mathfrak{D}\,k\cos(2\eta - r) + \mathfrak{E}\,k\cos(2\eta + r) \\ & + \mathfrak{F}\,k\cos(4\eta - r) + \mathfrak{G}\,k\cos(4\eta + r) \\ & + \mathfrak{H}\,kk\cos 2r + \mathfrak{J}\,kk\cos(2\eta - 2r) + \mathfrak{K}\,kk\cos(2\eta + 2r) \\ & + \mathfrak{L}\,kk\cos(4\eta - 2r) + \mathfrak{M}\,kk\cos(4\eta + 2r)\end{aligned}$$

$$\begin{aligned}v = {} & A\cos 2\eta + a\,kk\cos 2\eta + B\cos 4\eta + b\,kk\cos 4\eta \\ & + D\,k\cos(2\eta - r) + E\,k\cos(2\eta + r) \\ & + F\,k\cos(4\eta - r) + G\,k\cos(4\eta + r) \\ & + H\,kk\cos 2r + J\,kk\cos(2\eta - 2r) + K\,kk\cos(2\eta + 2r) \\ & + L\,kk\cos(4\eta - 2r) + M\,kk\cos(4\eta + 2r)\end{aligned}$$

§. 91. Nunc ad terminos, quibus ante valorem ipsius $\frac{d\Phi}{dr}$ exprimi inuenimus, insuper sequentes per kk multiplicati accedent:

$$\frac{d\Phi}{dr} = \ldots\ldots + \frac{D(3\varkappa D + 2\mathfrak{D})}{2n^4}k^2 + \left(-\frac{(2\varkappa a + \mathfrak{a})}{nn} + \frac{\mathfrak{C}D}{n^4}\right)k^2 \cos 2\eta$$

$$\left(-\frac{(2\varkappa b + \mathfrak{b})}{nn} + \frac{D(3\varkappa E + 2\mathfrak{E})}{2n^4} + \frac{E(3\varkappa D + 2\mathfrak{D})}{2n^4}\right) k^2 \cos 4\eta$$

$$\left\{\begin{matrix} -\frac{(2\varkappa H + \mathfrak{H})}{nn} + \frac{D(3\varkappa E + 2\mathfrak{E})}{2n^4} + \frac{E(3\varkappa D + 2\mathfrak{D})}{2n^4} \\ + \frac{A(3\varkappa J + 2\mathfrak{J})}{2n^4} + \frac{J(3\varkappa A + 2\mathfrak{A})}{2n^4} \end{matrix}\right\} k^2 \cos 2r$$

$$\left(-\frac{(2\varkappa J + \mathfrak{J})}{nn} + \frac{A(3\varkappa H + 2\mathfrak{H})}{2n^4} + \frac{H(3\varkappa A + 2\mathfrak{A})}{2n^4} + \frac{\mathfrak{C}D}{n^4}\right) k^2 \cos(2\eta - 2r)$$

$$\left(-\frac{(2\varkappa K + \mathfrak{K})}{nn} + \frac{A(3\varkappa H + 2\mathfrak{H})}{2n^4} + \frac{H(3\varkappa A + 2\mathfrak{A})}{2n^2}\right) k \cos(42\eta + 2r)$$

$$\left(-\frac{(2\varkappa L + \mathfrak{L})}{nn} + \frac{A(3\varkappa J + 2\mathfrak{J})}{2n^4} + \frac{J(3\varkappa A + 2\mathfrak{A})}{2n^4} + \frac{D(3\varkappa D + 2\mathfrak{D})}{2n^4}\right) k^2 \cos(4\eta - 2r)$$

$$- \frac{(2\varkappa M + \mathfrak{M})}{nn} k^2 \cos(4\eta + 2r)$$

vbi quidem terminos, quos minimos fore facile est praeuidere, omisimus.

§. 92. Terminus autem constans $\frac{D(3\varkappa D + 2\mathfrak{D})kk}{2n^4}$ reperitur $= 0,000175$, vnde posito $\varkappa + 0,000285 - \frac{1}{n} = \alpha$, quoniam valorem ipsius $\frac{d\eta}{dr}$ non opus est tam exacte nosse, sumamus:

$\frac{d\eta}{dr}$

$$\frac{d\eta}{dr} = \alpha - \frac{(2\kappa A + \mathfrak{A})}{nn} \cos 2\eta - \left(\frac{2k}{n} + \frac{\mathfrak{C}k}{nn}\right) \cos r$$

$$- \frac{(2\kappa D + \mathfrak{D})}{nn} k \cos(2\eta - r) - \left(\frac{3kk}{2n} + \frac{(2\kappa H \mp \mathfrak{H})}{nn}\right) \cos 2r$$

$$- \frac{(2\kappa J + \mathfrak{J})}{nn} k^2 \cos(2\eta - 2r)$$

Deinde vero praeter terminos iam tractatos habebitur:

$$R = \ldots 3k^2 \sin 2\eta + \frac{3D}{nn} k^2 \sin 4\eta + \frac{3(2D+J)}{2nn} k^2 \sin 2r$$

$$+ \left(\tfrac{15}{4} k^2 + \frac{3(H-L)}{2nn}\right) \sin(2\eta - 2r) + \left(\tfrac{15}{4} k^2 + \frac{3H}{2nn}\right) \sin(2\eta + 2r)$$

$$+ \frac{3(2D+J)}{2nn} k^2 \sin(4\eta - 2r)$$

atque simili modo:

$$\frac{ddv}{dr^2} = \tfrac{1}{2}\delta - \gamma + \frac{\mathfrak{A}\mathfrak{a} + \tfrac{1}{2}\mathfrak{D}\mathfrak{D} + 3D\mathfrak{D} + 3DD + 3Aa + 3\mathfrak{A}a + 3A\mathfrak{a}}{nn} kk$$

$$+ (3 + \tfrac{3}{2}(A + D + E) - a - 2\kappa\mathfrak{a})\, kk \cos 2\eta$$

$$+ (\tfrac{3}{2}(B + F + G) - b - 2\kappa\mathfrak{b})\, kk \cos 4\eta$$

$$+ (\tfrac{3}{2} - 2\kappa\mathfrak{H} - H + \frac{\mathfrak{A}\mathfrak{J} + 3\mathfrak{A}J + 3A\mathfrak{J} + 3AJ)}{nn}\, kk \cos 2r$$

$$+ (\tfrac{15}{4} - 2\kappa\mathfrak{J} - J + \tfrac{3}{4}A + \tfrac{3}{2}D)\, kk \cos(2\eta - 2r)$$

$$+ (\tfrac{15}{4} - 2\kappa\mathfrak{K} - K + \tfrac{3}{4}A + \tfrac{3}{2}E)\, k^2 \cos(2\eta + 2r)$$

$$+ (-2\kappa\mathfrak{L} - L + \tfrac{3}{4}B + \tfrac{3}{2}F)\, kk \cos(4\eta - 2r)$$

$$+ (-2\kappa\mathfrak{M} - M + \tfrac{3}{4}B + \tfrac{3}{2}G)\, k^2 \cos(4\eta + 2r)$$

$$+ \frac{\mathfrak{A}\mathfrak{J} + 3\mathfrak{A}\mathfrak{J} + 3AJ + \tfrac{1}{2}\mathfrak{D}\mathfrak{D} + 3D\mathfrak{D} + 3DD)}{nn}\, kk \cos(4\eta - 2r)$$

§. 93. Eliciamus nunc quoque valorem ipsius R per differentiationem ex formula $\int R dr$, ac terminis apte dispositis habebimus

R =

$kk \sin 2\eta$	$kk \sin 4\eta$	$kk \sin 2r$	$k^2 \sin(2\eta - 2r)$
$-2\alpha\mathfrak{a}$	$+\frac{\mathfrak{a}(2\varkappa A+\mathfrak{A})}{nn}$	$+\frac{\mathfrak{A}(2\varkappa J+\mathfrak{J})}{nn}$	$+\frac{3\mathfrak{A}}{2n}$
$+\frac{2\mathfrak{b}(2\varkappa A+\mathfrak{A})}{nn}$	$-4\alpha\mathfrak{b}$	$-2\mathfrak{H}$	$+\frac{\mathfrak{A}(2\varkappa H+\mathfrak{H})}{nn}$
$+\frac{\mathfrak{D}(2n+\mathfrak{C})}{nn}$	$+\frac{\mathfrak{C}(2\varkappa D+\mathfrak{D})}{nn}$	$+\frac{\mathfrak{E}(2\varkappa D+\mathfrak{D})}{nn}$	$+\frac{\mathfrak{D}(2n+\mathfrak{E})}{nn}$
$+\frac{\mathfrak{E}(2n+\mathfrak{C})}{nn}$	$+\frac{2\mathfrak{F}(2n+\mathfrak{C})}{nn}$	$-\frac{\mathfrak{J}(2\varkappa A+\mathfrak{A})}{nn}$	$-2(\alpha-1)\mathfrak{J}$
$+\frac{2\mathfrak{F}(2\varkappa D+\mathfrak{D})}{nn}$	$+\frac{2\mathfrak{G}(2n+\mathfrak{C})}{nn}$	$+\frac{\mathfrak{K}(2\varkappa A+\mathfrak{A})}{nn}$	$+\frac{2\mathfrak{L}(2\varkappa A+\mathfrak{A})}{nn}$

$kk \sin(2\eta+2r)$	$kk \sin(4\eta-2r)$	$kk \sin(4\eta+2r)$
$+\frac{3\mathfrak{A}}{2n}$	$+\frac{\mathfrak{A}(2\varkappa J+\mathfrak{J})}{nn}$	
$+\frac{\mathfrak{A}(2\varkappa H+\mathfrak{H})}{nn}$	$+\frac{3\mathfrak{B}}{n}$	$+\frac{3\mathfrak{B}}{n}$
$+\frac{2\mathfrak{B}(2\varkappa J+\mathfrak{J})}{nn}$	$+\frac{2\mathfrak{B}(2\varkappa H+\mathfrak{H})}{nn}$	$+\frac{2\mathfrak{B}(2\varkappa H+\mathfrak{H})}{nn}$
$+\frac{\mathfrak{E}(2n+\mathfrak{C})}{nn}$	$+\frac{\mathfrak{D}(2\varkappa D+\mathfrak{D})}{nn}$	$+\frac{\mathfrak{G}(2n+\mathfrak{C})}{nn}$
$+\frac{2\mathfrak{G}(2\varkappa D+\mathfrak{D})}{nn}$	$+\frac{2\mathfrak{F}(2n+\mathfrak{C})}{nn}$	$+\frac{\mathfrak{K}(2\varkappa A+\mathfrak{A})}{nn}$
$-2(\alpha+1)\mathfrak{K}$	$+\frac{\mathfrak{J}(2\varkappa A+\mathfrak{A})}{nn}$	$-2(2\alpha+1)\mathfrak{M}$
$+\frac{2\mathfrak{M}(2\varkappa A+\mathfrak{A})}{nn}$	$-2(2\alpha-1)\mathfrak{L}$	

vnde

vnde oriuntur ſequentes determinationes:

$$\mathfrak{z} = -2\alpha\mathfrak{a} + \frac{2\mathfrak{b}(2\varkappa A+\mathfrak{A})+(\mathfrak{D}+\mathfrak{E})(2n+\mathfrak{C})+2\mathfrak{F}(2\varkappa D+\mathfrak{D})}{nn}$$

$$\frac{3D}{nn} = -4\alpha\mathfrak{b} + \frac{\mathfrak{a}(2\varkappa A+\mathfrak{A})+\mathfrak{E}(2\varkappa D+\mathfrak{D})+2(\mathfrak{F}+\mathfrak{G})(2n+\mathfrak{C})}{nn}$$

$$\frac{3(2D+J)}{2nn} = -2\mathfrak{H} + \frac{\mathfrak{A}(2\varkappa J+\mathfrak{J})+\mathfrak{E}(2\varkappa D+\mathfrak{D})-(\mathfrak{J}-\mathfrak{K})(2\varkappa A+\mathfrak{A})}{nn}$$

$$\tfrac{15}{4} + \frac{3(H-L)}{2nn} = -2(\alpha-1)\mathfrak{J} + \frac{3\mathfrak{A}}{nn} + \frac{\mathfrak{A}(2\varkappa H+\mathfrak{H})}{nn}$$
$$+ \frac{\mathfrak{D}(2n+\mathfrak{C}) + 2\mathfrak{L}(2\varkappa A+\mathfrak{A})}{nn}$$

$$\tfrac{15}{4} + \frac{3H}{2nn} = 2(\alpha+1)\mathfrak{K} + \frac{3\mathfrak{A}}{2n} + \frac{\mathfrak{A}(2\varkappa H+\mathfrak{H})}{nn}$$
$$\frac{+2\mathfrak{B}(2\varkappa J+\mathfrak{J})+2\mathfrak{G}(2\varkappa D+\mathfrak{D})+\mathfrak{E}(2n+\mathfrak{C})+2\mathfrak{M}(2\varkappa A+\mathfrak{A})}{nn}$$

$$+\frac{3(2D+J)}{2nn} = -2(2\alpha-1)\mathfrak{L} + \frac{3\mathfrak{B}}{n} + \frac{\mathfrak{A}(2\varkappa J+\mathfrak{J})}{nn}$$
$$\frac{+2\mathfrak{B}(2\varkappa H+\mathfrak{H})+\mathfrak{D}(2\varkappa D+\mathfrak{D})+2\mathfrak{F}(2n+\mathfrak{C})+\mathfrak{J}(2\varkappa A+\mathfrak{A})}{nn}$$

$$0 = -2(2\alpha+1)\mathfrak{M} + \frac{3\mathfrak{B}}{n} + \frac{2\mathfrak{B}(2\varkappa H+\mathfrak{H})+2\mathfrak{G}(2n+\mathfrak{C})}{nn}$$
$$\frac{+\mathfrak{K}(2\varkappa A+\mathfrak{A})}{nn}$$

§. 94. Deinde ſimili modo ſi ponatur:

$$\frac{dv}{dr} = -A'\sin 2\eta - a'k^2\sin 2\eta - B'\sin 4\eta - b'k^2\sin 4\eta$$
$$- C'k\sin r - D'k\sin(2\eta-r) - F'k\sin(4\eta-r)$$
$$- E'k\sin(2\eta+r) - G'k\sin(2\eta+r)$$
$$- H'k^2\sin 2r - J'k^2\sin(2\eta-2r) - L'k^2\sin(4\eta-2r)$$
$$- K'k^2\sin(2\eta+2r) - M'k^2\sin(4\eta+2r)$$

erit

erit praeter valores §. 81. datos:

$$a' = 2\alpha a - \frac{2b(2\varkappa A \pm \mathfrak{A}) - (D \pm E)(2n + \mathfrak{C}) - 2F(2\varkappa D + \mathfrak{D})}{nn}$$

$$b' = 4\alpha b - \frac{a(2\varkappa A + \mathfrak{A}) - E(2\varkappa D + \mathfrak{D})}{nn}$$
$$\frac{-2(F + G)(2n + \mathfrak{C}) - D(2\varkappa E + \mathfrak{E})}{nn}$$

$$H' = 2H - \frac{A(2\varkappa J + \mathfrak{J}) - E(2\varkappa D + \mathfrak{D})}{nn}$$
$$\frac{+ (J - K)(2\varkappa A + \mathfrak{A}) + D(2\varkappa E + \mathfrak{E})}{nn}$$

$$J' = 2(\alpha - 1)J - \frac{3A}{2n} - \frac{A(2\varkappa H + \mathfrak{H}) - D(2n + \mathfrak{C}) - 2L(2\varkappa A + \mathfrak{A})}{nn}$$

$$K' = 2(\alpha + 1)K - \frac{3A}{2n} - \frac{A(2\varkappa H + \mathfrak{H}) - 2B(2\varkappa J + \mathfrak{J}) - 2G(2\varkappa D + \mathfrak{D})}{nn}$$
$$- \frac{E(2n + \mathfrak{C}) - 2M(2\varkappa A + \mathfrak{A})}{nn}$$

$$L' = 2(2\alpha - 1)L - \frac{3B}{n} - \frac{A(2\varkappa J + \mathfrak{J}) - 2B(2\varkappa H + \mathfrak{H}) - D(2\varkappa D + \mathfrak{D})}{nn}$$
$$- \frac{2F(2n + \mathfrak{C}) - J(2\varkappa A + \mathfrak{A})}{nn}$$

$$M' = 2(2\alpha + 1)M - \frac{3B}{n} - \frac{2B(2\varkappa H + \mathfrak{H}) - G(2n + \mathfrak{C}) - K(2\varkappa A + \mathfrak{A})}{nn}$$

vbi quidem plures terminos, quos admodum paruos fore praeuidimus, omiſimus.

§. 95.

§. 95. Hinc autem denuo differentiando obtinemus

valorem ipsius $\frac{ddv}{dr^2}$ ====

kk	$kk \cos 2\eta$	$kk \cos 4\eta$	$kk \cos 2r$
$+\frac{a'(2\kappa A+\mathfrak{A})}{nn}$	$-2\alpha a'$	$+\frac{a'(2\kappa A+\mathfrak{A})}{nn}$	$+\frac{A'(2\kappa J+\mathfrak{J})}{nn}$
$+\frac{D'(2\kappa D+\mathfrak{D})}{nn}$	$+\frac{2b'(2\kappa A+\mathfrak{A})}{nn}$	$-4\alpha b'$	$+\frac{E'(2\kappa D+\mathfrak{D})}{nn}$
	$+\frac{D'(2n+\mathfrak{C})}{nn}$	$+\frac{E'(2\kappa D+\mathfrak{D})}{nn}$	$-2H'$
	$+\frac{E'(2n+\mathfrak{C})}{nn}$	$+\frac{2F'(2n+\mathfrak{C})}{nn}$	$+\frac{J'(2\kappa A+\mathfrak{A})}{nn}$
	$+\frac{2F'(2\kappa D+\mathfrak{D})}{nn}$	$+\frac{2G'(2n+\mathfrak{C})}{nn}$	$+\frac{K'(2\kappa A+\mathfrak{A})}{nn}$

$kk \cos(2\eta-2r)$	$kk \cos(2\eta+2r)$	$kk \cos(4\eta-2r)$	$kk \cos(4\eta+2r)$
$+\frac{3A'}{2n}$	$+\frac{3A'}{2n}$	$+\frac{A'(2\kappa J+\mathfrak{J})}{nn}$	
$+\frac{A'(2\kappa H+\mathfrak{H})}{nn}$	$+\frac{A'(2\kappa H+\mathfrak{H})}{nn}$	$+\frac{3B'}{n}$	$+\frac{3B'}{n}$
$+\frac{D'(2n+\mathfrak{C})}{nn}$	$+\frac{2G'(2\kappa D+\mathfrak{D})}{nn}$	$+\frac{2B'(2\kappa H+\mathfrak{H})}{nn}$	$+\frac{2B'(2\kappa H+\mathfrak{H})}{nn}$
$-2(\alpha-1)J'$	$-2(\alpha+1)K'$	$+\frac{D'(2\kappa D+\mathfrak{D})}{nn}$	$+\frac{2G'(2n+\mathfrak{C})}{nn}$
$+\frac{2L'(2\kappa A+\mathfrak{A})}{nn}$	$+\frac{2M'(2\kappa A+\mathfrak{A})}{nn}$	$+\frac{2F(2n+\mathfrak{C})}{nn}$	$-2(2\alpha+1)M'$
		$-2(2\alpha-1)L'$	$+\frac{K'(2\kappa A+\mathfrak{A})}{nn}$
		$+\frac{J'(2\kappa A+\mathfrak{A})}{nn}$	

vnde tandem nanciſcimur has determinationes:

$$\tfrac{1}{2}\delta-\gamma+\frac{\mathfrak{A}\mathfrak{a}+\frac{1}{2}\mathfrak{D}\mathfrak{D}+3D\mathfrak{D}+\frac{3}{2}DD+3Aa+3\mathfrak{A}a+3A\mathfrak{a}}{nn}kk$$

$$=\frac{a'(2\kappa A+\mathfrak{A})+D'(2\kappa D+\mathfrak{D})}{nn}kk$$

$$3+\tfrac{3}{2}(A+D+E)-a-2\kappa\mathfrak{a}=-2\alpha a'+\frac{2b'(2\kappa A+\mathfrak{A})}{nn}$$

$$+\frac{(D'+E')(2n+\mathfrak{C})+2F'(2\kappa D+\mathfrak{D})}{nn}$$

$$\tfrac{3}{2}(B+F+G)-b-2\kappa\mathfrak{b}=-4\alpha b'+\frac{a'(2\kappa A+\mathfrak{A})}{nn}$$

$$+\frac{E'(2\kappa D+\mathfrak{D})+2(F'+G')(2n+\mathfrak{C})}{nn}$$

$$\tfrac{3}{2}-2\kappa\mathfrak{H}-H+\frac{\mathfrak{A}\mathfrak{J}+3\mathfrak{A}J+3A\mathfrak{J}+3AJ}{nn}=-2H'+\frac{A'(2\kappa J+\mathfrak{J})}{nn}$$

$$+\frac{E'(2\kappa D+\mathfrak{D})+(J'+K')(2\kappa A+\mathfrak{A})}{nn}$$

$$\tfrac{15}{4}-2\kappa\mathfrak{J}-J+\tfrac{3}{4}A+\tfrac{3}{2}D=-2(\alpha-1)J'+\frac{3A'}{2n}+\frac{A'(2\kappa H+\mathfrak{H})}{nn}$$

$$+\frac{D'(2n+\mathfrak{C})+2L'(2\kappa A+\mathfrak{A})}{nn}$$

$$\tfrac{15}{4}-2\kappa\mathfrak{K}-K+\tfrac{3}{4}A+\tfrac{3}{2}E=-2(\alpha+1)K'+\frac{3A'}{2n}+\frac{A'(2\kappa H+\mathfrak{H})}{nn}$$

$$+\frac{2G'(2\kappa D+\mathfrak{D})+2M'(2\alpha A+\mathfrak{A})}{nn}$$

$$-2\kappa\mathfrak{L}-L+\tfrac{3}{4}B+\tfrac{3}{2}F+\frac{\mathfrak{A}\mathfrak{J}+3\mathfrak{A}J+3A\mathfrak{J}+3AJ+\frac{1}{2}\mathfrak{D}\mathfrak{D}+3D\mathfrak{D}+3DD}{nn}=$$

$$-2(2\alpha-1)L'+\frac{3B'}{n}+\frac{A'(2\kappa J+\mathfrak{J})+2B'(2\kappa H+\mathfrak{H})}{nn}$$

$$+\frac{D'(2\kappa D+\mathfrak{D})+2F'(2n+\mathfrak{C})+J'(2\kappa A+\mathfrak{A})}{nn}$$

—

$$-2\varkappa\mathfrak{M}-M+\tfrac{3}{4}B+\tfrac{3}{2}G=-2(2\alpha+1)M'+\frac{3B'}{n}+\frac{2B'(2\varkappa H+\mathfrak{H})}{nn}$$
$$+\frac{2G'(2n+\mathfrak{C})+K'(2\varkappa A+\mathfrak{A})}{nn}$$

§. 96. Primum autem valoribus iam cognitis substituendis, reperitur:

$2\alpha\mathfrak{a}=-3,837-0,038\mathfrak{b}$ et $4\alpha\mathfrak{b}=-1,073-0,019\mathfrak{a}$
hincque $\mathfrak{a}=-2,051$ et $\mathfrak{b}=-0,277$
ex quibus porro elicimus: $a=-12,595$ et $b=-0,086$ et $a'=-23,510$. Deinde pro reliquis litteris

$\mathfrak{J}=+32,663$ . . . $l\mathfrak{J}=1,514059$
$\mathfrak{K}=-1,035$ $l-\mathfrak{K}=0,014776$
$J'=-2(1-\alpha)J-5,060$;
$K'=2(1+\alpha)K+0,227$;
$J=-15,555$ $l-J=1,191891$
$K=-0,370$ $l-K=9,568589$
Porro $\mathfrak{L}=-1,453$ . . . $l-\mathfrak{L}=0,162070$
$\mathfrak{M}=-0,000$ . . .
$L'=2(2\alpha-1)L-12,786$
$M'=2(2\alpha+1)M$
$L=+6,252$ $lL=0,796019$
$M=-0,001$ $l-M=7,000000$
Denique $\mathfrak{H}=-0,123$ et $H=-1,033$
atque $\frac{1}{2}\delta-\gamma=-7,459\,kk$

§. 97. His igitur valoribus inuentis innotescet primum distantia Lunae a terra curtata, quatenus a sola

 excen-

excentricitate orbitae lunaris k pendet. Cum enim haec distantia posita sit $x = \frac{(1-kk)au}{1-k\cos r}$ ob $u = 1 + \frac{v}{nn}$, erit

$$\begin{aligned} u = 1 &- 0{,}007161 \cos 2\eta - 0{,}0719\, kk \cos 2\eta \\ &+ 0{,}000073 \cos 4\eta - 0{,}0005\, kk \cos 4\eta \\ &+ 0{,}194888\, k \cos(2\eta - r) - 0{,}003274\, k \cos(2\eta + r) \\ &- 0{,}003238\, k \cos(4\eta - r) + 0{,}000078\, k \cos(4\eta + r) \\ &- 0{,}0059\, kk \cos 2r \\ &- 0{,}0889\, kk \cos(2\eta - 2r) - 0{,}0021\, kk \cos(2\eta + 2r) \\ &+ 0{,}0357\, kk \cos(4\eta - 2r) \end{aligned}$$

At pro longitudine Lunae, quatenus a sola excentricitate k pendet, prodibit $\frac{d\Phi}{dr} =$

$$\begin{aligned} u &+ 0{,}000285 + 0{,}019015 \cos 2\eta + 0{,}000076 \cos 4\eta \\ &+ 0{,}1562\, kk \cos 2\eta + 0{,}0008\, kk \cos 4\eta \\ &- 0{,}001255\, k \cos r - 0{,}38410\, k \cos(2\eta - r) + 0{,}002647\, k \cos(4\eta - r) \\ &+ 0{,}01278\, k \cos(2\eta + r) - 0{,}000229\, k \cos(4\eta + r) \\ &+ 0{,}0118\, kk \cos 2r - 0{,}0081\, kk \cos(2\eta - 2r) - 0{,}0076\, kk \cos(4\eta - 2r) \\ &+ 0{,}0102\, kk \cos(2\eta + 2r) \end{aligned}$$

§. 98. Ponatur nunc:

$$\begin{aligned} \Phi = Or &+ \mathfrak{A}' \sin 2\eta + \mathfrak{a}' kk \sin 2\eta + \mathfrak{B}' \sin 4\eta + \mathfrak{b}' kk \sin 4\eta \\ &+ \mathfrak{C}' k \sin r + \mathfrak{D}' k \sin(2\eta - r) + \mathfrak{F}' k \sin(4\eta - r) \\ &+ \mathfrak{E}' k \sin(2\eta + r) + \mathfrak{G}' k \sin(4\eta + r) \\ &+ \mathfrak{H}' kk \sin 2r - \mathfrak{J}' kk \sin(2\eta - 2r) + \mathfrak{L}' kk \sin(4\eta - 2r) \\ &+ \mathfrak{K}' kk \sin(2\eta + 2r) + \mathfrak{M}' kk \sin(4\eta + 2r) \end{aligned}$$

atque

atque differentiando orientur ſequentes comparationes

$$\kappa + 0{,}000285 = O - \frac{\mathfrak{a}'(2\kappa A + \mathfrak{A}) - \mathfrak{D}'(2\alpha D + \mathfrak{D})}{nn}\,kk + 0{,}000190$$

$$+0{,}1562 = 2\alpha\mathfrak{a}' - \frac{(\mathfrak{D}' + \mathfrak{E}')(2n + \mathfrak{E}) - 2\mathfrak{F}'(2\kappa D + \mathfrak{D})}{nn}$$

$$+0{,}0008 = 4\alpha\mathfrak{b}' - \frac{\mathfrak{a}'(2\kappa A + \mathfrak{A}) - \mathfrak{E})2\kappa D + \mathfrak{D}) - 2(\mathfrak{F}' + \mathfrak{G}')(2n + \mathfrak{E})}{nn}$$

$$+0{,}0118 = 2\mathfrak{H}' - \frac{\mathfrak{E}'(2\kappa D + \mathfrak{D}) - \mathfrak{A}'(2\kappa J + \mathfrak{J}) - (\mathfrak{J}' + \mathfrak{K}')(2\kappa A + \mathfrak{A})}{nn}$$

$$-0{,}0081 = 2(\alpha - 1)\mathfrak{J}' - \frac{3\mathfrak{A}'}{2n} - \frac{\mathfrak{D}'(2n + \mathfrak{E}) - \mathfrak{A}'(2\kappa H + \mathfrak{H})}{nn} - \frac{2\mathfrak{L}'(2\kappa A + \mathfrak{A})}{nn}$$

$$+0{,}0102 = 2(\alpha + 1)\mathfrak{K}' - \frac{3\mathfrak{A}'}{2n} - \frac{\mathfrak{A}'(2\kappa H + \mathfrak{H}) - 2\mathfrak{G}'(2\kappa D + \mathfrak{D})}{nn}$$

$$-0{,}0076 = 2(2\alpha - 1)\mathfrak{L}' - \frac{3\mathfrak{B}'}{2n} - \frac{\mathfrak{A}'(2\kappa J + \mathfrak{J}) - \mathfrak{J}'(2\kappa A + \mathfrak{A})}{nn} - \frac{\mathfrak{D}'(2\kappa D + \mathfrak{D}) - 2\mathfrak{F}'(2n + \mathfrak{E})}{nn}$$

$$0 = 2(2\alpha + 1)\mathfrak{M}' - \frac{3\mathfrak{B}'}{n} - \frac{2\mathfrak{G}'(2n + \mathfrak{E})}{nn}$$

§. 99. Ex his comparationibus elicimus:

$\mathfrak{a}' = +0{,}0509$; $\mathfrak{b}' = 0{,}0008$

$\mathfrak{J}' = +0{,}5385$; $\mathfrak{K}' = 0{,}0028$

$\mathfrak{L}' = -0{,}1055$; $\mathfrak{M}' = 0{,}0000$

$\mathfrak{H}' = +0{,}0021$; et $O = \kappa - 0{,}000429$

 poſito

posito $k = 0,05445$. Hinc autem erit $\frac{1}{2}\delta - \gamma = -0,02302$ Cum autem iam ante inuentum esset $\frac{1}{2}\delta - \gamma = -0,01742$ erit reuera $\frac{1}{2}\delta - \gamma = -0,00560$. Tum vero inueniemus: $\gamma = 1,40673$, vnde erit $\frac{1}{2}\delta = 1,40113$, et $\delta = 2,80226$ hincque $2\gamma - \frac{3}{2}\delta = -1,38993$ et $\frac{2\gamma - \frac{3}{2}\delta}{nn} = -0,00794$.

Verum ex cognita ratione motus medii ad motum anomaliae est $O = 1,0085272$, vnde $\varkappa = 1,0089562$ Verum esse debet $\varkappa = 1 + \frac{3 + 4\mu + \delta}{4nn}$; vnde foret

$0,0089562 = 0,008289 + \frac{\mu}{nn}$; ideoque $\frac{\mu}{nn} = 0,000667$ qui valor cum sit tam exiguus, merito dubitamus, num μ non prorsus sit $=$.

CAPUT

CAPUT VII.

CORRECTIO INAEQUALITATUM LUNAE, ANTE INUENTARUM.

§. 100.

Quoniam nunc quidem valores litterarum γ et δ ita inuenimus, vt eos pro proxime veris habere queamus, ex iis coefficientes terminorum, quibus inaequalitates lunae continentur, accuratius definire poterimus. Cum enim ſit $\gamma = 1,40673$ et $\delta = 2,80226$, colligamus hic in vnum omnes formulas, quas hactenus pro inueniendis coefficientibus aſſumtis elicuimus. Poſueramus autem:

$$\int R dr = \mathfrak{A} \cos 2\eta + \mathfrak{a}\, kk \cos 2\eta + \mathfrak{B} \cos 4\eta + \mathfrak{b}\, kk \cos 4\eta$$
$$+ \mathfrak{C}\, k \cos r + \mathfrak{D}\, k \cos(2\eta - r) + \mathfrak{F}\, k \cos(4\eta - r)$$
$$+ \mathfrak{E}\, k \cos(2\eta + r) + \mathfrak{G}\, k \cos(4\eta + r)$$

$$+ \mathfrak{H}\, kk \cos 2r + \mathfrak{J}\, k^2 \cos(2\eta - 2r) + \mathfrak{L}\, k^2 \cos(4\eta - 2r)$$
$$+ \mathfrak{K}\, k^2 \cos(2\eta + 2r) + \mathfrak{M}\, k^2 \cos(4\eta + 2r)$$

$$v = A \cos 2\eta + a\, kk \cos 2\eta + B \cos 4\eta + b\, kk \cos 4\eta$$
$$+ D k \cos(2\eta - r) + F k \cos(4\eta - r)$$
$$+ E k \cos(2\eta + r) + G k \cos(4\eta + r)$$

$$+ H kk \cos 2r + J kk \cos(2\eta - 2r) + L kk \cos(4\eta - 2r)$$
$$+ K kk \cos(2\eta + 2r) + M kk \cos(4\eta + 2r)$$

§. 101.

§. 101. Hinc posito $\varkappa = \sqrt{\left(1 + \frac{3 + 4\mu + \delta}{2nn}\right)}$ collegimus fore

$$
\begin{aligned}
\frac{d\Phi}{dr} = \varkappa &+ \frac{A(3\varkappa A + 2\mathfrak{A})}{2n^4} + \frac{D(3\varkappa D + 2\mathfrak{D})}{2n^4}kk + \frac{A(3\varkappa a + \mathfrak{a})}{2n^4}kk \\
&+ \frac{a(3\varkappa A + 2\mathfrak{A})}{2n^4}kk - \frac{(2\varkappa A + \mathfrak{A})}{nn}\cos 2\eta - \frac{(2\varkappa B + \mathfrak{B})}{nn}\cos 4\eta \\
&+ \frac{A(3\varkappa A + 2\mathfrak{A})}{2n^4}\cos 4\eta - \frac{\mathfrak{E}}{nn}k\cos r - \frac{(2\varkappa a + \mathfrak{a})}{nn}k^2\cos 2\eta \\
&- \frac{(2\varkappa b + \mathfrak{b})}{nn}k^2\cos 4\eta + \frac{D(3\varkappa A + 2\mathfrak{A}) + A(3\varkappa D + 2\mathfrak{D})}{2n^4}k\cos r \\
&- \frac{(2\varkappa D + \mathfrak{D})}{nn}k\cos(2\eta - r) - \frac{(2\varkappa F + \mathfrak{F})}{nn}k\cos(4\eta - r) \\
&+ \frac{D(3\varkappa A + 2\mathfrak{A}) + A(3\varkappa D + 2\mathfrak{D})}{2n^4}k\cos(4\eta - r) \\
&- \frac{(2\varkappa E + \mathfrak{E})}{nn}k\cos(2\eta + r) - \frac{(2\varkappa G + \mathfrak{G})}{nn}k\cos(4\eta + r) \\
&- \frac{(2\varkappa J + \mathfrak{J})}{nn}kk\cos(2\eta - 2r) - \frac{(2\varkappa H + \mathfrak{H})}{nn}kk\cos 2r \\
&+ \frac{J(3\varkappa A + 2\mathfrak{A}) + A(3\varkappa J + 2\mathfrak{J})}{2n^4}k^2\cos 2r \\
&- \frac{(2\varkappa K + \mathfrak{K})}{nn}kk\cos(2\eta + 2r) - \frac{(2\varkappa L + \mathfrak{L})}{nn}k^2\cos(4\eta - 2r) \\
&- \frac{D(3\varkappa D + 2\mathfrak{D}) + J(3\varkappa A + 2\mathfrak{A}) + A(3\varkappa J + 2\mathfrak{J})}{2n^4}k^2\cos(4\eta - 2r) \\
&- \frac{(2\varkappa M + \mathfrak{M})}{nn}k^2\cos(4\eta + 2r)
\end{aligned}
$$

§. 102. Si iam ponamus

$$\varkappa + \frac{A(3\varkappa A + 2\mathfrak{A})}{2n^4} + \frac{D(3\varkappa D + 2\mathfrak{D})}{2n^4} kk$$
$$+ \frac{A(3\varkappa a + 2\mathfrak{a})}{2n^4} kk + \frac{a(3\varkappa A + 2\mathfrak{A})}{2n^4} kk$$

$- \frac{1}{n} = \alpha$; vt fit neglectis terminis admodum exiguis

$$\frac{d\eta}{dr} = \alpha - \frac{(2\varkappa A + \mathfrak{A})}{nn} \operatorname{cof} 2\eta - \frac{(2n + \mathfrak{C})}{nn} k \operatorname{cof} r$$
$$- \frac{(2\varkappa D + \mathfrak{D})}{nn} k \operatorname{cof}(2\eta - r) - \frac{(2\varkappa E + \mathfrak{E})}{nn} k^2 \operatorname{cof}(2\eta + r)$$

ex fuperioribus capitibus repetimus has determinationes:

$$2\alpha\mathfrak{A} = -\tfrac{3}{2}$$
$$4\alpha\mathfrak{B} = -\frac{3A}{2nn} + \frac{\mathfrak{A}(3\varkappa A + \mathfrak{A})}{nn}$$
$$\mathfrak{C} = \frac{\mathfrak{A}(2\varkappa D + \mathfrak{D})}{nn} - \frac{(\mathfrak{D} - \mathfrak{E})(2\varkappa A + \mathfrak{A})}{nn} - \frac{\mathfrak{A}(2\varkappa E + \mathfrak{E})}{nn} - \frac{3(D - E)}{2nn}$$
$$(2\alpha - 1)\mathfrak{D} = -3 + \frac{(2n + \mathfrak{C})}{nn}\mathfrak{A}$$
$$(2\alpha + 1)\mathfrak{E} = -3 + \frac{(2n + \mathfrak{C})}{nn}\mathfrak{A}$$
$$(4\alpha - 1)\mathfrak{F} = \frac{2(2n + \mathfrak{C})}{nn}\mathfrak{B} + \frac{\mathfrak{A}(2\varkappa D + \mathfrak{D})}{nn} + \frac{\mathfrak{D}(2\varkappa A + \mathfrak{A})}{nn} - \frac{3(2A + D)}{2nn}$$
$$(4\alpha + 1)\mathfrak{G} = \frac{2(2n + \mathfrak{C})}{nn}\mathfrak{B} + \frac{\mathfrak{A}(2\varkappa E + \mathfrak{E})}{nn} + \frac{\mathfrak{E}(2\varkappa A + \mathfrak{A})}{nn} - \frac{3(2A + E)}{2nn}$$
$$2\alpha\mathfrak{a} = -\tfrac{15}{4} + \frac{(\mathfrak{D} + \mathfrak{E})(2n + \mathfrak{C})}{nn} + \frac{2\mathfrak{b}(2\varkappa A + \mathfrak{A})}{nn}$$
$$+ \frac{2\mathfrak{F}(2\varkappa D + \mathfrak{D})}{nn} + \frac{\mathfrak{D}(2\varkappa F + \mathfrak{F})}{nn}$$

$$4\alpha\mathfrak{b} = -\frac{3D}{nn} + \frac{2(\mathfrak{F}+\mathfrak{G})(2n+\mathfrak{C})}{nn} + \frac{\mathfrak{C}(2\kappa D+\mathfrak{D})}{nn}$$
$$+ \frac{\mathfrak{a}(2\kappa A+\mathfrak{A})}{nn} + \frac{\mathfrak{D}(2\kappa E+\mathfrak{E})}{nn}$$

$$2\mathfrak{H} = -\frac{3(2D+J)}{2nn} + \frac{\mathfrak{E}(2\kappa D+\mathfrak{D})}{nn} + \frac{\mathfrak{A}(2\kappa J+\mathfrak{J})}{nn} - \frac{(\mathfrak{J}-\mathfrak{K})(2\kappa A+\mathfrak{A})}{nn}$$

$$2(\alpha-1)\mathfrak{J} = -\tfrac{15}{4} - \frac{3(H-L)}{2nn} + \frac{3\mathfrak{A}}{2n} + \frac{\mathfrak{A}(2\kappa H+\mathfrak{H})}{nn}$$
$$+ \frac{\mathfrak{D}(2n+\mathfrak{C})}{nn} + \frac{2\mathfrak{L}(2\kappa A+\mathfrak{A})}{nn}$$

$$2(\alpha+1)\mathfrak{K} = -\tfrac{15}{4} - \frac{3H}{2nn} + \frac{3\mathfrak{A}}{2n} + \frac{\mathfrak{A}(2\kappa H+\mathfrak{H})}{nn}$$
$$+ \frac{\mathfrak{E}(2n+\mathfrak{C})}{nn} + \frac{2\mathfrak{G}(2\kappa D+\mathfrak{D})}{nn}$$

$$2(2\alpha-1)\mathfrak{L} = -\frac{3(2D+J)}{2nn} + \frac{3\mathfrak{B}}{n} + \frac{2\mathfrak{B}(2\kappa H+\mathfrak{H})}{nn} + \frac{2\mathfrak{F}(2n+\mathfrak{C})}{nn}$$
$$+ \frac{\mathfrak{A}(2\kappa J+\mathfrak{J})}{nn} + \frac{\mathfrak{D}(2\kappa D+\mathfrak{D})}{nn} + \frac{\mathfrak{J}(2\kappa A+\mathfrak{A})}{nn}$$

$$2(2\alpha+1)\mathfrak{M} = \ldots \frac{3\mathfrak{B}}{n} + \frac{2\mathfrak{B}(2\kappa H+\mathfrak{H})}{nn} + \frac{2\mathfrak{G}(2n+\mathfrak{C})}{nn} + \frac{\mathfrak{K}(2\kappa A+\mathfrak{A})}{nn}$$

§. 103. Antequam vlterius progrediamur, ſequentes notandae ſunt nouae denominationes

$$A' = 2\alpha A + \frac{A(2\kappa B+\mathfrak{B})}{nn} - \frac{B(2\kappa A+\mathfrak{A})}{nn}$$

$$B' = 4\alpha B - \frac{A(2\kappa A+\mathfrak{A})}{nn}$$

$$C' = \frac{\mathfrak{A}(D-E) - A(\mathfrak{D}-\mathfrak{E})}{nn}$$

$$D' = (2\alpha-1)D - \frac{(2n+\mathfrak{C})}{nn}A$$

E' =

$$E' = (2\alpha+1)E - \frac{(2n+\mathfrak{E})}{nn}A$$

$$F' = (4\alpha-1)F - \frac{4B}{n} - \frac{A(2\kappa D+\mathfrak{D}) - D(2\kappa A+\mathfrak{A})}{nn}$$

$$G' = (4\alpha+1)G - \frac{4B}{n} - \frac{A(2\kappa E+\mathfrak{E}) - E(2\kappa A+\mathfrak{A})}{nn}$$

$$a' = 2\alpha a - \frac{2b(2\kappa A+\mathfrak{A})}{nn} - \frac{(D+E)(2n+\mathfrak{E})}{nn}$$
$$- \frac{2F(2\kappa D+\mathfrak{D})}{nn} + \frac{D(2\kappa F+\mathfrak{F})}{nn}$$

$$b' = 4\alpha b - \frac{a(2\kappa A+\mathfrak{A})}{nn} - \frac{A(2\kappa a+\mathfrak{a})}{nn} - \frac{D(2\kappa E+\mathfrak{E})}{nn}$$
$$- \frac{E(2\kappa D+\mathfrak{D})}{nn} - \frac{2(F+G)(2n+\mathfrak{E})}{nn}$$

$$H' = 2H + \frac{D\mathfrak{E} - \mathfrak{D}E - A(\mathfrak{J}-\mathfrak{K}) + \mathfrak{A}(J-K)}{nn}$$

$$J' = 2\cdot(\alpha-1)J + \frac{3A}{2n} - \frac{A(2\kappa H+\mathfrak{H})}{nn} - \frac{D(2n+\mathfrak{E})}{nn}$$
$$- \frac{2\mathfrak{L}(2\kappa A+\mathfrak{A})}{nn} + \frac{A(2\kappa L+\mathfrak{L})}{nn}$$

$$K' = 2(\alpha+1)K - \frac{3A}{n} - \frac{A(2\kappa H+\mathfrak{H})}{nn} - \frac{E(2n+\mathfrak{E})}{nn} - \frac{2G(2\kappa D+\mathfrak{D})}{nn}$$

$$L' = (2\alpha-1)L - \frac{3B}{n} - \frac{2B(2\kappa H+\mathfrak{H})}{nn} - \frac{2F(2n+\mathfrak{E})}{nn}$$
$$- \frac{D(2\kappa D+\mathfrak{D})}{nn} - \frac{A(2\kappa J+\mathfrak{J})}{nn} - \frac{J(2\kappa A+\mathfrak{A})}{nn}$$

$$M' = 2(2\alpha+1)M - \frac{3B}{n} - \frac{2B(2\kappa H+\mathfrak{H})}{nn} - \frac{2G(2n+\mathfrak{E})}{nn} - \frac{E(2\kappa E+\mathfrak{E})}{nn}$$

§. 104. Nunc vt terminos completos obtineamus, ſaltem eos qui angulos 2η et r inuoluunt, notandum

eſt

eſt in noſtris aequationibus ſin 2η et coſ 2η non per $\frac{3}{2}(1+2kk)$ ſed per $\frac{3}{2}(1+2kk+\frac{9}{2}ee)$ eſſe multiplicatos. Hinc cum ſit fere $\frac{9}{4}ee = \frac{1}{4}kk$, loco kk hic ſcribi oportebit $\frac{5}{4}kk$, vnde in valore ipſius α pro 3 ſcripſi $3\cdot\frac{5}{4}$ ſeu $\frac{15}{4}$. Deinde vt in his terminis quoque rationem habeamus inclinationis orbitae, cuius medius valor ſit $=\epsilon$, ponamus $\frac{3}{4}(nn+2+3\mu+\gamma)$ tang $\epsilon^2 = f = \frac{3}{4}(\frac{3}{2}\varkappa\varkappa nn - \frac{1}{2}nn - \frac{1}{4}+\gamma-\frac{3}{4}\delta)$ tang ϵ^2 ob $\mu = \frac{1}{2}(\varkappa\varkappa-1)nn - \frac{3}{4} - \frac{1}{4}\delta$, eritque noſtra aequatio:

$$\begin{aligned}\frac{ddv}{dr^2} = {} & \tfrac{1}{2}\delta-\gamma+\tfrac{1}{4}kk-\gamma k\,\mathrm{cos}\,r+\tfrac{3}{2}kk\,\mathrm{cos}\,2r+\tfrac{3}{2}\,\mathrm{cos}\,2\eta+\tfrac{15}{4}kk\,\mathrm{cos}\,2\eta\\ & +f+\tfrac{1}{2}fkk+fk\,\mathrm{cos}\,r+\tfrac{1}{2}fkk\,\mathrm{cos}\,2r\\ & +3k\,\mathrm{cs}(2\eta-r)+3k\,\mathrm{cs}(2\eta+r)+\tfrac{15}{4}kk\,\mathrm{cs}(2\eta-2r)+\tfrac{15}{4}kk\,\mathrm{cs}(2\eta+2r)\\ & -2\varkappa\int R\,dr-v\left(1-\tfrac{3}{2}kk+\frac{2f}{nn}+\frac{fkk}{nn}-\frac{(2\gamma-\frac{3}{2}\delta)}{nn}\right)\\ & +v\left(3\varkappa\varkappa+\frac{3}{2nn}-\frac{2f}{nn}+\frac{(2\gamma-\frac{3}{2}\delta)}{nn}\right)k\,\mathrm{cos}\,r\\ & +v\left(\tfrac{3}{2}-\frac{f}{nn}\right)k^2\,\mathrm{cos}\,2r\\ & +v\left(\frac{3}{2nn}\,\mathrm{cos}\,2\eta+\frac{3k}{nn}\,\mathrm{cos}(2\eta-r)+\frac{3k}{nn}\,\mathrm{cos}(2\eta+r)\right)\\ & +\frac{1}{nn}\left(\int R\,dr\right)^2+\frac{6v}{nn}\int R\,dr+\frac{3vv}{nn}-\frac{3vv}{nn}k\,\mathrm{cos}\,r\end{aligned}$$

§. 105. Sit breuitatis gratia:

$$1+\frac{2f}{nn}-\frac{(2\gamma-\frac{3}{2}\delta)}{nn}=g;\quad 3\varkappa\varkappa+\frac{3}{2nn}-\frac{2f}{nn}+\frac{(2\gamma-\frac{3}{2}\delta)}{nn}=b$$

et $1-\frac{3}{2}kk+\frac{2f}{nn}+\frac{fkk}{nn}-\frac{(2\gamma-\frac{3}{2}\delta)}{nn}=\mathfrak{E}$, quo termino in angulis ex 2η et r compositis vtemur: eritque $\frac{ddv}{dr^2} =$

$$\tfrac{1}{2}\delta - \gamma + \tfrac{1}{4}kk + f + \tfrac{1}{2}fkk + \frac{3A}{4nn} + \frac{3akk}{4nn}$$

$$+ \frac{3Dkk}{2nn} + \frac{3Ekk}{2nn} + \frac{\mathfrak{A}\mathfrak{A}}{2nn} + \frac{\mathfrak{C}\mathfrak{C}kk}{2nn} + \frac{\mathfrak{D}\mathfrak{D}kk}{2nn} + \frac{\mathfrak{E}\mathfrak{E}kk}{2nn} - \frac{3ADkk}{2nn}$$

$$+ \frac{3A\mathfrak{A}}{nn} + \frac{3D\mathfrak{D}kk}{nn} + \frac{3AA}{2nn} + \frac{3DDkk}{2nn} + \frac{3EEkk}{2nn}$$

$$+ \cos 2\eta\left(\tfrac{3}{2} - 2\kappa\mathfrak{A} - \beta A\right)$$

$$+ kk\cos 2\eta\left\{\tfrac{15}{4} - 2\kappa\mathfrak{a} - \beta a + \tfrac{1}{2}bD + \tfrac{1}{2}bE + \frac{\mathfrak{C}D}{nn} + \frac{3\mathfrak{C}E}{nn}\right.$$

$$+ \cos 4\eta\left\{- 2\kappa\mathfrak{B} - \beta B + \frac{3A}{4nn} + \frac{\mathfrak{A}\mathfrak{A}}{2nn} + \frac{3A\mathfrak{A}}{nn} + \frac{3AA}{2nn}\right.$$

$$+ kk\cos 4\eta\left\{\begin{array}{l} - 2\kappa\mathfrak{b} - \beta\mathfrak{b} + \tfrac{1}{2}bF + \tfrac{1}{2}bG + \frac{3E}{2nn} + \frac{3D}{2nn} \\ + \frac{\mathfrak{A}a}{nn} + \frac{\mathfrak{D}\mathfrak{E}}{nn} + \frac{3DE}{nn} + \frac{3Aa}{nn} + \frac{3A\mathfrak{a}}{nn} + \frac{3\mathfrak{A}a}{nn} \end{array}\right.$$

$$+ k\cos r\left\{\begin{array}{l} -\gamma + f - 2\kappa\mathfrak{C} + \frac{3D}{4nn} + \frac{3E}{4nn} + \frac{3A}{nn} + \frac{\mathfrak{A}\mathfrak{D}}{nn} + \frac{\mathfrak{A}\mathfrak{E}}{nn} \\ + \frac{3A\mathfrak{D}}{nn} + \frac{3A\mathfrak{E}}{nn} + \frac{3\mathfrak{A}D}{nn} + \frac{3\mathfrak{A}E}{nn} + \frac{3AD}{nn} + \frac{3AE}{nn} - \frac{3AA}{2nn} \end{array}\right.$$

$$+ k\cos(2\eta - r)\left\{3 - 2\kappa\mathfrak{D} - \beta D + \tfrac{1}{2}bA + \frac{3F}{4nn} + \frac{\mathfrak{A}\mathfrak{C}}{nn} + \frac{3A\mathfrak{C}}{nn}\right.$$

$$+ k\cos(2\eta + r)\left\{3 - 2\kappa\mathfrak{E} - \beta E + \tfrac{1}{2}bA + \frac{3G}{4nn} + \frac{\mathfrak{A}\mathfrak{C}}{nn} + \frac{3A\mathfrak{C}}{nn}\right.$$

$$+\,kk\cos 2r\left\{\begin{array}{l}\frac{3}{2}+\frac{1}{2}f-2\kappa\mathfrak{H}-\beta H+\frac{3J}{4nn}+\frac{3K}{4nn}+\frac{3E}{2nn}+\frac{3D}{2nn}\\ +\frac{\mathfrak{C}\mathfrak{C}}{nn}+\frac{\mathfrak{D}\mathfrak{E}}{nn}+\frac{3D\mathfrak{E}}{nn}+\frac{3\mathfrak{D}E}{nn}+\frac{3DE}{nn}-\frac{3AD}{2nn}\end{array}\right.$$

$$+\,kk\cos(2\eta-2r)\left\{\begin{array}{l}\frac{15}{4}-2\kappa\mathfrak{J}-\beta J+\frac{1}{2}bD+\left(\frac{3}{4}-\frac{f}{2nn}\right)A\\ +\frac{3H}{4nn}+\frac{\mathfrak{A}\mathfrak{H}}{nn}+\frac{3A\mathfrak{H}}{nn}+\frac{3\mathfrak{C}D}{nn}\end{array}\right.$$

$$+\,kk\cos(2\eta+2r)\left\{\begin{array}{l}\frac{15}{4}-2\kappa\mathfrak{K}-\beta K+\frac{1}{2}bE+\left(\frac{3}{4}-\frac{f}{2nn}\right)A\\ +\frac{3H}{4nn}+\frac{\mathfrak{A}\mathfrak{H}}{nn}+\frac{3A\mathfrak{H}}{nn}+\frac{3\mathfrak{C}E}{nn}\end{array}\right.$$

$$+\,kk\cos(4\eta-2r)\left\{\begin{array}{l}-2\kappa\mathfrak{L}-\beta L+\left(\frac{3}{4}-\frac{f}{2nn}\right)B\\ +\frac{3J}{4nn}+\frac{3D}{2nn}+\frac{\mathfrak{D}\mathfrak{D}}{2nn}+\frac{3DD}{2nn}+\frac{1}{2}bF\end{array}\right.$$

$$+\,kk\cos(\eta 4+2r)\left\{\begin{array}{l}-2\kappa\mathfrak{M}-\beta M+\left(\frac{3}{4}-\frac{f}{2nn}\right)B\\ +\frac{3K}{4nn}+\frac{3E}{2nn}+\frac{\mathfrak{E}\mathfrak{E}}{2nn}+\frac{3EE}{2nn}+\frac{1}{2}bG\end{array}\right.$$

$$+\,k\cos(4\eta-r)\left\{\begin{array}{l}-2\kappa\mathfrak{F}-\beta F+\frac{1}{2}hB+\frac{3D}{4nn}+\frac{3A}{2nn}\\ +\frac{\mathfrak{A}\mathfrak{D}}{nn}+\frac{3A\mathfrak{D}}{nn}+\frac{3\mathfrak{A}D}{nn}+\frac{3AD}{nn}-\frac{3AA}{4nn}\end{array}\right.$$

$$+\,k\cos(4\eta+r)\left\{\begin{array}{l}-2\kappa\mathfrak{G}-\beta G+\frac{1}{2}bB+\frac{3E}{4nn}+\frac{3A}{2nn}\\ +\frac{\mathfrak{A}\mathfrak{E}}{nn}+\frac{3A\mathfrak{E}}{nn}+\frac{3\mathfrak{A}E}{nn}+\frac{3AE}{nn}-\frac{3AA}{4nn}\end{array}\right.$$

§. 106.

§. 106. Hinc denique nascentur sequentes aequalitates.

I. $$\tfrac{1}{2}\delta - \gamma + \tfrac{1}{4}kk + \tfrac{1}{2}fkk + \frac{3A}{4nn} + \frac{\mathfrak{A}\mathfrak{A}}{2nn} + \frac{3A\mathfrak{A}}{nn} + \frac{3\cdot AA}{2nn}$$
$$+ \frac{3(D+E)}{nn}kk - \frac{3ADkk}{2nn} + \frac{\mathfrak{C}\mathfrak{C}kk}{2nn} + \frac{(\mathfrak{D}\mathfrak{D}+\mathfrak{E}\mathfrak{E})}{2nn}kk$$
$$+ \frac{3D\mathfrak{D}}{nn}kk + \frac{3(DD+EE)}{2nn}kk + \frac{\mathfrak{A}\mathfrak{a}}{nn}kk$$
$$+ \frac{3Aa}{nn}kk + \frac{3\mathfrak{A}a}{nn}kk + \frac{3A\mathfrak{a}}{nn}kk = \frac{A'(2\varkappa A+\mathfrak{A})}{nn} + \frac{a'(2\varkappa A+\mathfrak{A})}{nn}kk$$
$$+ \frac{D'(2\varkappa D+\mathfrak{D})}{nn}kk + \frac{A'(2\varkappa a+\mathfrak{a})}{nn}kk$$

II. $$\tfrac{3}{2} - 2\varkappa\mathfrak{A} - \mathfrak{E}A = -2\alpha A' + \frac{A'(2\varkappa B+\mathfrak{B})}{nn} + \frac{2B'(2\varkappa A+\mathfrak{A})}{nn}$$

III. $$-2\varkappa\mathfrak{B} - \mathfrak{E}B + \frac{3A}{4nn} + \frac{\mathfrak{A}\mathfrak{A}}{2nn} + \frac{3A\mathfrak{A}}{nn} + \frac{3AA}{2nn}$$
$$= -4\alpha B' + \frac{A'(2\varkappa A+\mathfrak{A})}{nn}$$

IV. $$\tfrac{15}{4} - 2\varkappa\mathfrak{a} - \mathfrak{E}a + \tfrac{1}{2}b(D+E) + \frac{3\mathfrak{C}(D+E)}{nn} = -2\alpha a'$$
$$+ \frac{(D'+E')(2n+\mathfrak{C})}{nn} + \frac{2b'(2\varkappa A+\mathfrak{A})}{nn} + \frac{2F'(2\varkappa D+\mathfrak{D})}{nn}$$

V. $$-2\varkappa\mathfrak{b} - \mathfrak{E}b + \tfrac{1}{2}b(F+G) + \frac{3(D+E)}{nn} + \frac{3D(E+J)}{nn} + \frac{3Aa}{nn} = -4\alpha b'$$
$$+ \frac{a'(2\varkappa A+\mathfrak{A})}{nn} + \frac{E'(2\varkappa D+\mathfrak{D})}{nn} + \frac{2(F'+G')(2n+\mathfrak{C})}{un} + \frac{D'(2\varkappa E+\mathfrak{E})}{nn}$$

VI.

VI. $$-\gamma + f - 2\varkappa\mathfrak{C} + \frac{3(D+E)}{4nn} + \frac{3A}{nn} - \frac{3AA}{2nn} + \frac{\mathfrak{A}(\mathfrak{D}+\mathfrak{E})}{nn}$$
$$+ \frac{3A(\mathfrak{D}+\mathfrak{E})}{nn} + \frac{3A(D+E)}{nn} + \frac{3\mathfrak{A}(D+E)}{nn} =$$
$$-C' + \frac{A'(2\varkappa D+\mathfrak{D})}{nn} + \frac{A'(2\varkappa E+\mathfrak{E})}{nn} + \frac{(D'+E')(2\varkappa A+\mathfrak{A})}{nn}$$

VII. $$3 - 2\varkappa\mathfrak{D} - \beta D + \tfrac{1}{2} bA + \frac{3F}{4nn} + \frac{\mathfrak{C}(\mathfrak{A}+3A)}{nn} =$$
$$-(2\alpha-1)D' + \frac{A'(2n+\mathfrak{C})}{nn}$$

VIII. $$3 - 2\varkappa\mathfrak{E} - \beta E + \tfrac{1}{2} bA + \frac{3G}{4nn} + \frac{\mathfrak{C}(\mathfrak{A}+3A)}{nn} =$$
$$-(2\alpha+1)E' + \frac{A'(2n+\mathfrak{C})}{nn}$$

IX. $$-3\varkappa\mathfrak{F} - \beta F + \tfrac{1}{2} bB + \frac{3A}{2nn} + \frac{3D}{4nn} + \frac{\mathfrak{A}\mathfrak{D}}{nn} + \frac{3A\mathfrak{D}}{nn}$$
$$+ \frac{3\mathfrak{A}D}{nn} + \frac{3AD}{nn} - \frac{3AA}{4nn} = -(4\alpha-1)F + \frac{4B'}{n}$$
$$+ \frac{A'(2\varkappa D+\mathfrak{D})}{nn} + \frac{D'(2\varkappa A+\mathfrak{A})}{nn}$$

X. $$-2\varkappa\mathfrak{G} - \beta G + \tfrac{1}{2} bB + \frac{3A}{2nn} + \frac{3E}{4nn} + \frac{\mathfrak{A}\mathfrak{E}}{nn}$$
$$+ \frac{3A\mathfrak{E}}{nn} + \frac{3\mathfrak{A}E}{nn} + \frac{3AE}{nn} - \frac{3AA}{4nn} = -(4\alpha+1)G' + \frac{4B'}{n}$$
$$+ \frac{A'(2\varkappa E+\mathfrak{E})}{nn} + \frac{E'(2\varkappa A+\mathfrak{A})}{nn}$$

XI.

XI. $$\tfrac{3}{2} + \tfrac{1}{2}f - 2\kappa\mathfrak{H} - \beta H + \frac{3(D+E)}{2nn} + \frac{3(J+K)}{4nn} - \frac{3AD}{2nn} + \frac{\mathfrak{C}\mathfrak{C}}{2nn} - \frac{3AE}{2nn} + \frac{\mathfrak{D}\mathfrak{E}}{nn} + \frac{3\mathfrak{D}E}{nn} + \frac{3D\mathfrak{E}}{nn} + \frac{3DE}{nn}$$
$$+ \frac{\mathfrak{A}\mathfrak{J}}{nn} + \frac{3\mathfrak{A}J}{nn} + \frac{3A\mathfrak{J}}{nn} + \frac{3AJ}{nn} = -2H' + \frac{A'(2\kappa J + \mathfrak{J})}{nn}$$
$$+ \frac{E'(2\kappa D + \mathfrak{D})}{nn} + \frac{D'(2\kappa E + \mathfrak{E})}{nn} + \frac{(J'+K')(2\kappa A + \mathfrak{A})}{nn}$$

XII. $$\tfrac{15}{4} - 2\kappa\mathfrak{J} - \beta J + \tfrac{1}{2}bD + \left(\tfrac{3}{4} - \frac{f}{2nn}\right)A + \frac{3H}{4nn}$$
$$+ \frac{\mathfrak{H}(\mathfrak{A} + 3A)}{nn} + \frac{3\mathfrak{C}D}{nn} = -2(\alpha - 1)J' + \frac{3A'}{2n}$$
$$+ \frac{D'(2n + \mathfrak{C})}{nn} + \frac{A'(2\kappa H + \mathfrak{H})}{nn} + \frac{2L'(2\kappa A + \mathfrak{A})}{nn}$$

XIII. $$\tfrac{15}{4} - 2\kappa\mathfrak{K} - \beta K + \tfrac{1}{2}bE + \left(\tfrac{3}{4} - \frac{f}{2nn}\right)A + \frac{3H}{4nn}$$
$$+ \frac{\mathfrak{H}(\mathfrak{A} + 3A)}{nn} + \frac{3\mathfrak{C}E}{nn} = -2(\alpha + 1)K' + \frac{3A'}{2n}$$
$$+ \frac{E'(2n + \mathfrak{C})}{nn} + \frac{A'(2\kappa H + \mathfrak{H})}{nn} + \frac{2G'(2\kappa D + \mathfrak{D})}{nn}$$

XIV. $$-2\kappa\mathfrak{C} - \beta L + \tfrac{1}{2}bF + \left(\tfrac{3}{4} - \frac{f}{2nn}\right)B - \frac{3AD}{2nn}$$
$$+ \frac{3D}{2nn} + \frac{3J}{4nn} + \frac{\mathfrak{D}\mathfrak{D}}{2nn} + \frac{3\mathfrak{D}D}{nn} + \frac{3DD}{2nn} = -2(2\alpha - 1)L' + \frac{3B'}{n}$$
$$+ \frac{2F'(2n + \mathfrak{C})}{nn} + \frac{A'(2\kappa J + \mathfrak{J})}{nn} + \frac{J'(2\kappa A + \mathfrak{A})}{nn} + \frac{D'(2\kappa D + \mathfrak{D})}{nn}$$

XV. $-2\varkappa\mathfrak{M} - \mathfrak{C}M + \frac{1}{2}bG + \left(\frac{3}{4} - \frac{f}{2nn}\right)B - \frac{3AE}{2nn}$

$+ \frac{3E}{2nn} + \frac{3K}{4nn} + \frac{\mathfrak{E}\mathfrak{E}}{2nn} + \frac{3\mathfrak{E}E}{nn} + \frac{3EE}{2nn} =$

$- 2(2\alpha+1)M' + \frac{3B'}{n} + \frac{2G'(2n+\mathfrak{C})}{nn}.$

§. 107. Nunc antequam hos valores inuenire queamus, verus valor ipsius α inueſtigari debet: quod fiet ex valore integrali ipſius Φ, qui ſi vti §. 98. ponatur

$\Phi = Or + \mathfrak{A}' \sin 2\eta + a'kk \sin 2\eta +$ etc. obtinebitur.

$$\varkappa + \frac{A(3\varkappa A + 2\mathfrak{A})}{2n^4} + \frac{D(3\varkappa D + 2\mathfrak{D})}{2n^4}kk + \frac{A(3\varkappa a + a)}{2n^4}kk + \frac{a(3\varkappa A + 2\mathfrak{A})}{2n^4}kk =$$

$$= O - (\mathfrak{A}' + a'kk)\frac{(2\varkappa A + \mathfrak{A})}{nn} - \frac{\mathfrak{D}'(2\varkappa D + \mathfrak{D})}{nn}kk = \alpha + \frac{1}{n}$$

vbi ex obſeruationibus conſtat eſſe $O = 1,0085272$ Proxime autem eſſe ſupra inuenimus eſſe:

$\mathfrak{A}' = 0,01$	$\mathfrak{A} = -0,80$	$A = -1,25$
$a' = 0,05$	$a = -2,05$	$a = -12,60$
$\mathfrak{D}' = -0,44$	$\mathfrak{D} = -3,60$	$D = 34,25$

atque $\varkappa = 1,0085$; $kk = 0,003$; $nn = 175,71795$ vnde inuenimus $O + 0,000649 = \alpha + \frac{1}{n} = \varkappa + 0,000285$

§. 108. Cum nunc ſit $O = 1,0085272$, erit $\alpha + \frac{1}{n} = 1,009176$, et ob $\frac{1}{n} = 0,075438$, habeb tur vrues valor:

$\alpha = 0,933738$ et $l\alpha = 9,9702255$

atque $\varkappa = 1,008991$ et $l\varkappa = 0,0038874$

Hinc

Hinc iam primo obtinemus:

$\mathfrak{A} = -0,80313 \qquad l\text{-}\mathfrak{A} = 9,9047898$

Deinde cum ſit ſatis prope $\mathfrak{C} = -0,67465$, erit

$\frac{(2n+\mathfrak{C})}{nn} = 0,147037$ et $l\frac{2n+\mathfrak{C}}{nn} = 9,1674260$

$\mathfrak{D} = -3,593620 \ldots l\text{-}\mathfrak{D} = 0,5555310$

$\mathfrak{E} = -1,087320 \ldots l\text{-}\mathfrak{E} = 0,0363580$

atque porro ex valore ipſius A proxime cognito erit

$\mathfrak{B} = +0,006967 \ldots l\,\mathfrak{B} = 7,8430540$

et quia eſt ſatis prope $B = 0,0128$, erit $A' = 2\alpha A - 0,000720$ et $B' = 4\alpha B - 0,023926$, vnde fit;

$\frac{3}{2} + 1,62172 - 6A = -4\alpha\alpha A + 0,00144\alpha + 0,000374\alpha A$
$- 0,152\,\alpha B + 0,00091$

$+ 0,01247 - 6B = -16\alpha\alpha B + 0,09570\alpha - 0,038032\alpha A$
$+ 0,000014$

§. 109. Nunc primum quaeri debent valores litterarum f, h et b: et cum ſit $\epsilon = 5°, 9'$ et $2\gamma - \frac{3}{2}\delta = -1,3899$ proxime, reperietur

$f = 1,093757$ et $lf = 0,0389208$

$h = 3,0423 \ldots lh = 0,4832020$

$b = 1,01591 \ldots lb = 0,0068560$

hincque erit

$2,4720\ A = -3,11947 - 0,142\ B$

$12,9369\ B = +0,07684 - 0,0355\ A$

unde concluditur fore:

$A = -1,262463 \ldots l\text{-}A = 0,1012186$

$B = +0,009404 \ldots l\,B = 7,9733114$

 Porro

Porro vero eſt

$$D' = 0,867676\ D + 0,185628$$
$$E' = 2,867676\ E + 0,185628$$

et $A' = -2,35859 \quad . \quad . \quad l{-}A' = 0,3726530$

§. 110. Ex his valoribus aequationes VII et VIII induent has formas,

$$3 + 7,25185 - 6D - 1,92040 - 0,00244 + 0,01704 = -0,75286\ D - 0,16106 - 0,34680$$

$$3 + 2,19420 - 6E - 1,92040 + 0,00006 + 0,01704 = -8,22357\ E - 0,53232 - 0,34680$$

vnde prodibit

$$D = +33,6600 \quad . \quad . \quad . \quad l\,D = 1,5271130$$
$$E = -\ 0,5785 \quad . \quad . \quad . \quad l{-}E = 9,7623410$$

ergo

$$D' = 29,39153$$
$$E' = -1,47347$$

Ex his nanciſcemur ſequentes formulas pro calculo ſequenti

$$\frac{2\kappa A + \mathfrak{A}}{nn} = -0,01884 \qquad l{-}\frac{(2\kappa A + \mathfrak{A})}{nn} = 8,275051$$

$$\frac{2\kappa B + \mathfrak{B}}{nn} = +0,000148 \qquad l\,\frac{2\kappa B + \mathfrak{B}}{nn} = 6,170262$$

$$\frac{2\kappa D + \mathfrak{D}}{nn} = +0,36611 \qquad l\,\frac{2\kappa D + \mathfrak{D}}{nn} = 9,563604$$

$$\frac{2\kappa E + \mathfrak{E}}{nn} = -0,01283 \qquad l{-}\frac{(2\kappa E + \mathfrak{E})}{nn} = 8,108292$$

§. 111.

§. 111. Ex his iam porro inuenitur

$\mathfrak{C} = -0,64383 \quad . \quad . \quad . \quad l\text{-}\mathfrak{C} = 9,808771$

atque $C' = -0,13847$

Porro valores litterarum $\mathfrak{F}$ et $\mathfrak{G}$ determinabuntur per has aequationes

$$(4\alpha-1)\,\mathfrak{F} = 0,002049 - 0,294032 + 0,067699 + 0,021554 - 0,287335$$

$$(4\alpha+1)\,\mathfrak{G} = 0,002049 + 0,010306 + 0,020484 + 0,021554 + 0,004939$$

ex quibus reperitur

$\mathfrak{F} = -0,17957 \quad . \quad . \quad . \quad l\text{-}\mathfrak{F} = 9,254241$

$\mathfrak{G} = +0,01253 \quad . \quad . \quad . \quad l\,\mathfrak{G} = 8,097936$

atque

$$F' = (4\alpha-1)\,F - 0,00283 + 0,46219 + 0,63411 = (4\alpha-1)\,F + 1,09347$$

$$G' = (4\alpha+1)\,G - 0,00283 - 0,01620 - 0,01090 = (4\alpha+1)\,G - 0,02993$$

vnde aequationes IX et X prodibunt.

$$+0,36238 - 1,01591\,F + 0,00353 - 0,00680 - 1,00349 = -(4\alpha-1)^2\,F - 2,98415 - 0,86349 + 0,00337 - 0,55370$$

$$-0,02528 - 1,01591\,G + 0,00353 - 0,00680 + 0,04634 = -(4\alpha+1)^2\,G + 0,14473 + 0,03027 + 0,00337 + 0,02776$$

seu

$$6,43486\ F = -\ 3,75359$$

$$21,40769\ G = +\ 0,18534$$

§. 110. Hinc prodeunt sequentes valores correcti pro F et G,

$F = -0,58360 \quad . \quad . \quad . \quad l\text{-}F = 9,766112$

$G = +0,00866 \quad . \quad . \quad . \quad l\,G = 7,937400$

 Ex

Ex formula autem ſexta hinc leui calculo colligitur fore:

$$\gamma - f = 1,58161 \quad \text{et} \quad \gamma = 2,67537$$

Valores autem ex F et G deriuati erunt

$$F' = -0,49919 \quad \text{et} \quad G' = 0,01107$$

$$\frac{2\varkappa F + \mathfrak{F}}{nn} = -0,00772 \quad l \frac{-(2\varkappa F + \mathfrak{F})}{nn} = 7,887828$$

$$\frac{2\varkappa G + \mathfrak{G}}{nn} = 0,00017 \quad l \frac{2\varkappa G + \mathfrak{G}}{nn} = 6,232305$$

§. 113. Nunc procedamus ad valores litterarum $\mathfrak{a}$ et $\mathfrak{b}$ qui erunt

$$1,867676\,\mathfrak{a} = -3,75000 - 0,68827 - 0,13148 - 0,03764\,\mathfrak{b} + 0,02776$$

$$3,735352\,\mathfrak{b} = -0,57467 - 0,04913 - 0,39807 - 0,01884\,\mathfrak{a} + 0,04611$$

vnde reperitur:

$$\mathfrak{a} = -2,42686 \quad \ldots \quad l-\mathfrak{a} = 0,385044$$

$$\mathfrak{b} = -0,24899 \quad \ldots \quad l-\mathfrak{b} = 9,396182$$

hincque porro

$$a' = 2\,\mathfrak{a}a + 0,03768\,b - 4,86420 + 0,16048$$

$$b' = 4\,\mathfrak{a}b + 0,01884\,a + 0,16887 + 0,64373 + 0,01450\,a - 0,01744$$

ſeu

$$a' = 2\,\mathfrak{a}a + 0,03768\,b - 4,70372$$

$$b' = 4\,\mathfrak{a}b + 0,03334\,a + 0,79516$$

§. 114. Aequationes IV et V hinc induent ſequentes formas:

IV.

IV. $+3{,}75000-1{,}01591\,a+50{,}32200-0{,}36363=-4aaa$
$+\underline{4{,}89730)}$
$-0{,}07034\,b+8{,}78034+4{,}10500-0{,}36551-0{,}00125\,a$
$-0{,}14067\,b \qquad -0{,}02996$

V. $+0{,}50246-1{,}01591\,b-0{,}87350+0{,}28239-0{,}95732$
$-0{,}02155\,a$
$=-16aab-0{,}12447\,a-2{,}96860-0{,}00142\,b$
$-0{,}03517\,a+0{,}17723$
$-0{,}14354$
$-0{,}91659$

Hinc fit

$$2{,}47355\,a=-0{,}21101\,b-46{,}11580$$
$$12{,}93836\,b=-0{,}13809\,a-2{,}80553$$

et $a=-18{,}64200 \;\ldots\; l\text{-}a=1{,}270493$
$b=-0{,}01794 \;\ldots\; l\text{-}b=8{,}253822$

ex quibus oriuntur:

$a'=-39{,}52164 \;\ldots\; b'=+0{,}10663$

et $\frac{2\varkappa a+\mathfrak{a}}{nn}=-0{,}22790 \quad l\text{-}\frac{(2\varkappa a+\mathfrak{a})}{nn}=9{,}357744$

valor autem ipſius $\frac{2\varkappa b+\mathfrak{b}}{nn}$ nullius plane erit momenti, vnde eum praetermittimus.

§. 115. Ex prima autem aequatione §. 106. colligitur

$$\tfrac{1}{2}\,\delta=\gamma-f+0{,}02285$$

ſupra autem inuenimus eſſe $\gamma-f=1{,}58161$, ſicque erit $\frac{1}{2}\,\delta=1{,}60446$ atque

$\delta=3{,}20892 \;\ldots\; l\,\delta=0{,}506358$

Nunc cum ſit proxime: $\mathfrak{H}=-0{,}123$; $H=-1{,}033$ ideoque $\frac{2\varkappa H+\mathfrak{H}}{nn}=-0{,}0126$; ob $\mathfrak{L}=-1{,}453$ et $L=+6{,}252$; habebimus $-0{,}$

$$-0,132324\,\mathfrak{J} = -3,75000 + 0,00882 - 0,09088$$
$$+ 0,05336 - 0,01012$$
$$- 0,52839 + 0,05474$$
$$+ 3,867676\,\mathfrak{K} = - 3,75000 + 0,00882 - 0,09088$$
$$+ 0,01012$$
$$- 0,15987 + 0,00917$$

Hinc reperitur

$$\mathfrak{J} = 32,05945 \quad . \quad . \quad . \quad l\,\mathfrak{J} = 1,505956$$
$$\mathfrak{K} = - 1,02714 \quad . \quad . \quad . \quad l\text{-}\mathfrak{K} = 0,011629$$

§. 116. Hinc vlterius progrediendo habebimus.

$$J' = 2(\alpha-1)J + 0,28571 - 4,94924 + 0,23502 =$$
$$- 0,01591 \qquad\qquad - 0,08015$$
$$2(\alpha-1)J - 4,52457$$
$$K' = 2(\alpha+1)K + 0,28571 + 0,08507 - 0,00317 =$$
$$- 0,01591$$
$$2(\alpha+1)K + 0,35170$$

vnde aequationes XII et XIII fiunt

$$+ 3,75000 - 64,69550 - 1,01591 J + 51,28180$$
$$- 0,94292 + 0,00321 \qquad - 0,36999 =$$
$$- 0,00441)$$
$$- 4(\alpha-1)^2 J - 0,59871 - 0,26690 + 4,32164$$
$$+ 0,02972 - 0,47004$$

$$+ 3,75000 + 2,07275 - 1,01591 K - 0,88006$$
$$- 0,94292 + 0,00321 \qquad + 0,00636 =$$
$$- 0,00441)$$
$$- 4(\alpha+1)^2 K - 1,36026 - 0,26690 - 0,21665$$
$$+ 0,02972 + 0,00810$$

ex quibus colligitur fore

$$J = - 14,09600 \quad . \quad . \quad . \quad l\text{-}J = 1,149096$$
$$K = - 0,41676 \quad . \quad . \quad . \quad l\text{-}K = 9,619888$$

Hinc

Hinc $J' = -2{,}65933$ . . $K' = -1{,}26020$

atque $\frac{2\varkappa J + \mathfrak{J}}{nn} = +0{,}02057$. $l\,\frac{2\varkappa J + \mathfrak{J}}{nn} = 8{,}313172$

$\frac{2\varkappa K + \mathfrak{K}}{nn} = -0{,}01063$. $l-\frac{2\varkappa K + \mathfrak{K}}{nn} = 8{,}026598$

§. 117. Quaeramus iam valorem ipſius $\mathfrak{H}$, ex aequatione

$$2\mathfrak{H} = -0{,}45434 - 0{,}39771 - 0{,}01652 + 0{,}62330$$

erit $\mathfrak{H} = -0{,}12264$ . . . $l-\mathfrak{H} = 9{,}088632$

hincque reperitur: $H' = 2H + 0{,}08011$

vnde aequatio XI praebet:

$$\begin{array}{l} 2{,}04688 + 0{,}24748 - 1{,}01591\,H + 0{,}27805 - 3{,}06194 \\ + 0{,}36275 + 0{,}00118 - 0{,}00623 \quad + 0{,}02224 + 0{,}03552 \\ - 0{,}62485 - 0{,}33247 - 0{,}83753 \quad + 0{,}49710 = \\ - 4\,H - 0{,}16022 - 0{,}04851 \quad - 0{,}53944 - 0{,}37802 \\ \qquad\qquad\qquad\qquad\qquad\qquad + 0{,}07384 \end{array}$$

ſeu $2{,}98409\,H = -2{,}68053$

Ergo $H = -0{,}89829$ . . . $l-H = 9{,}953417$

$H' = -1{,}71647$; $\frac{2\varkappa H + \mathfrak{H}}{nn} = -0{,}01102$

§. 118. Tandem ſuperſunt litterae $\mathfrak{L}$ et $\mathfrak{M}$

$$\begin{array}{l} 2(2\alpha-1)\,\mathfrak{L} = -0{,}45434 - 0{,}05280 - 0{,}01652 - 1{,}31570 \\ \qquad + 0{,}00158 \qquad\qquad\qquad - 0{,}60396 \\ \qquad - 0{,}00015 \end{array}$$

$$\begin{array}{l} 2(2\alpha+1)\,\mathfrak{M} = +0{,}00158 + 0{,}00368 + 0{,}01935 \\ \qquad - 0{,}00015 \end{array}$$

Hinc $\mathfrak{L} = +1{,}40715$ . . $l-\mathfrak{L} = 0{,}148340$

$\mathfrak{M} = +0{,}00426$ . . $l\mathfrak{M} = 7{,}629896$

O Deinde

Deinde vero habebitur:

$$L' = 2(2\alpha-1)\,L - 0{,}00213 + 0{,}17162 - 12{,}31170 - 0{,}02596$$
$$+0{,}00013 \qquad\qquad -0{,}26555$$

$$M' = 2(2\alpha+1)\,M - 0{,}00213 - 000254 - 0{,}00742$$
$$+0{,}00013$$

seu
$$L' = 2\,(2\alpha-1)\,L - 12{,}43359$$
$$M' = 2\,(2\alpha+1)\,M - 0{,}01196$$

§. 119. Nunc denique aggrediamur aequationes XIV et XV

$$\text{XIV.}\; -2{,}83960 - 1{,}01591\,L - 0{,}88774 + 0{,}00702 + 0{,}36275$$
$$+0{,}28733 \qquad -0{,}06016 + 0{,}03675 + 7{,}60650 =$$
$$-3{,}01144\,L + 21{,}57666 + 0{,}00255 - 0{,}14680 + 10{,}75272$$

$$\text{XV.}\; +0{,}00860 - 1{,}01591\,M + 0{,}01317 + 0{,}00702 - 0{,}00623$$
$$-0{,}00494 \qquad -0{,}00176 + 0{,}00336 + 0{,}01360 =$$
$$-32{,}89415\,M + 0{,}06859 + 0{,}00255 + 0{,}00325$$

ex quibus eruitur

$$L = +\;13{,}86720 \;\cdots\; l\,L = 1{,}141988$$
$$M = +\;0{,}00131 \;\cdots\; l\,M = 7{,}117165$$

hincque $L' = 11{,}3090$ et $M' = -\,0{,}00445$

$$\frac{2\varkappa L + \mathfrak{L}}{nn} = 0{,}15125 \;\cdots\; l\frac{2\varkappa L + \mathfrak{L}}{nn} = 9{,}179684$$

$$\frac{2\varkappa M + \mathfrak{M}}{nn} = 0{,}00004 \qquad l\frac{2\varkappa M + \mathfrak{M}}{nn} = 5{,}592770$$

Ex his valoribus nouae correctiones inueniri possent, sed differentiae prodirent tam exiguae, vt operae pretium non sit eas inuestigare.

§. 120.

§. 120. His igitur valoribus inuentis, denotante iam a distantiam Lunae mediam a Terra, et eius distantia curtata $= x$, cum sit $x = \frac{(1 - kk)a}{1 - k \cos r} u$, erit:

		log. coefficient:
$u = 1 - 0{,}0074991$	$\cos 2\eta$	7,875009
$+ 0{,}0000532$	$\cos 4\eta$	5,725912
$+ 0{,}191557k$	$\cos(2\eta - r)$	9,282297
$- 0{,}003293k$	$\cos(2\eta + r)$	7,517525
$- 0{,}003321k$	$\cos(4\eta - r)$	7,521296
$+ 0{,}000049k$	$\cos(4\eta + r)$	5,692584
$- 0{,}00511kk$	$\cos 2r$	7,708601
$- 0{,}08022kk$	$\cos(2\eta - 2r)$	8,904280
$- 0{,}00237kk$	$\cos(2\eta + 2r)$	7,375072
$+ 0{,}07892kk$	$\cos(4\eta - 2r)$	8,897172
$+ 0{,}00001kk$	$\cos(4\eta + 2r)$	4,872349

vbi quidem in duobus primis terminis simul eos, qui per kk erant affecti, sumus complexi, posito $k = 0{,}05445$. Etiamsi enim hic valor non omnino esset iustus, tamen inde in his terminis minimis nullus error nasci poterit.

§. 121. Porro quoque hinc ex §. 116. valorem ipſius $\frac{d\Phi}{dr}$ determinabimus, quatenus a ſola excentricitate orbitae lunaris pendet.

			log. coeff.
$\frac{d\Phi}{dr} =$	$1,009276$		0,004010
	$+\ 0,0195144$	$\cos 2\eta$	8,290355
	$-\ 0,0000322$	$\cos 4\eta$	5,507856
	$-\ 0,001231k$	$\cos r$	7,090258
	$-\ 0,366103k$	$\cos(2\eta - r)$	9,563604
	$+\ 0,012832k$	$\cos(2\eta + r)$	8,108292
	$+\ 0,002829k$	$\cos(4\eta - r)$	7,451633
	$-\ 0,000171k$	$\cos(4\eta + r)$	6,232305
	$+\ 0,01182kk$	$\cos 2r$	8,072618
	$-\ 0,02057kk$	$\cos(2\eta - 2r)$	8,313172
	$+\ 0,01063kk$	$\cos(2\eta + 2r)$	8,026598
	$-\ 0,09883kk$	$\cos(4\eta - 2r)$	8,994889
	$-\ 0,00004kk$	$\cos(4\eta + 2r)$	5,592770

§. 122.

§. 122. Cum nunc sit $\frac{d\theta}{a\,r} = \frac{d\,s}{d\,r} = \frac{1+2ee}{n} + \frac{2}{n} k \operatorname{cof} r$ $+ \frac{3}{2n} kk \operatorname{cof} 2\,r$, erit

		log. coeff.
$\frac{d\eta}{d\,r} =$	$0,933838$	9,970272
	$+\ 0,0195144 \operatorname{cof} 2\,\eta$	8,290355
	$-\ 0,0000322 \operatorname{cof} 4\,\eta$	5,507856
	$-\ 0,152101\,k \operatorname{cof} r$	9,182132
	$-\ 0,366103\,k \operatorname{cof}(2\eta - r)$	9,563604
	$+\ 0,012829\,k \operatorname{cof}(2\eta + r)$	8,108292
	$+\ 0,002829\,k \operatorname{cof}(4\eta - r)$	7,451633
	$-\ 0,000171\,k \operatorname{cof}(4\eta + r)$	6,232305
	$-\ 0,10133\,kk \operatorname{cof} 2\,r$	9,005738
	$-\ 0,02057\,kk \operatorname{cof}(2\eta - 2r)$	8,313172
	$+\ 0,01063\,kk \operatorname{cof}(2\eta + 2r)$	8,026598
	$-\ 0,09883\,kk \operatorname{cof}(4\eta - 2r)$	8,994889
	$-\ 0,00004\,kk \operatorname{cof}(4\eta + 2r)$	5,592770

quae formulae ad motum Lunae horarium tam abſolutum quam a ſole adhiberi poſſunt, quemadmodum illa diſtantiam definiens diametro apparenti et parallaxi horizontali inueſtigandae inſervit.

§. 23. Quaeramus nunc valorem integralem pro longitudine Lunae Φ, quatenus a sola excentricitate orbitae lunaris pendet, ac ponamus.

$$\Phi = 0r + \mathfrak{A}'\sin 2\eta + \mathfrak{a}'kk\sin 2\eta + \mathfrak{B}'\sin 4\eta + \mathfrak{b}'kk\sin 4\eta$$

$$+ \mathfrak{C}'k\sin r + \mathfrak{D}'k\sin(2\eta - r) + \mathfrak{F}'k\sin(4\eta - r)$$

$$+ \mathfrak{E}'k\sin(2\eta + r) + \mathfrak{G}'k\sin(4\eta + r)$$

$$+ \mathfrak{H}'kk\sin 2r + \mathfrak{J}'kk\sin(2\eta - 2r) + \mathfrak{L}'kk\sin(4\eta - 2r)$$

$$+ \mathfrak{K}'kk\sin(2\eta + 2r) + \mathfrak{M}'kk\sin(4\eta + 2r)$$

atque sequentes obtinebimus formulas:

$$+0,0188387 = 2\alpha\mathfrak{A}' - \frac{\mathfrak{A}'(2\varkappa B + \mathfrak{B})}{nn} - \frac{2\mathfrak{B}'(2\varkappa A + \mathfrak{A})}{nn}$$

$$-0,0000370 = 4\alpha\mathfrak{B}' - \frac{\mathfrak{A}'(2\varkappa A + \mathfrak{A})}{nn}$$

$$-0,001231 = \mathfrak{C}' - \frac{\mathfrak{A}'(2\varkappa D + \mathfrak{D})}{nn} + \frac{\mathfrak{A}'(2\varkappa E + \mathfrak{E})}{nn}$$

$$- \frac{(\mathfrak{D}' + \mathfrak{E}')(2\varkappa A + \mathfrak{A})}{nn}$$

$$-0,366103 = (2\alpha - 1)\mathfrak{D}' - \frac{\mathfrak{A}'(2n + \mathfrak{C})}{nn}$$

$$+0,012832 = (2\alpha + 1)\mathfrak{E}' - \frac{\mathfrak{A}'(2n + \mathfrak{C})}{nn}$$

$$+0,002829 = (4\alpha - 1)\mathfrak{F}' - \frac{4\mathfrak{B}'}{n} - \frac{\mathfrak{A}'(2\varkappa D + \mathfrak{D})}{nn} - \frac{\mathfrak{D}'(2\varkappa A + \mathfrak{A})}{nn}$$

$$-0,000171 = (4\alpha + 1)\mathfrak{G}' - \frac{4\mathfrak{B}'}{n} - \frac{\mathfrak{A}'(2\varkappa E + \mathfrak{E})}{nn} - \frac{\mathfrak{E}'(2\varkappa A + \mathfrak{A})}{nn}$$

+

$$+0{,}22790 = 2\,\alpha\,\mathfrak{a}' - \frac{(\mathfrak{D}'+\mathfrak{E}')(2n+\mathfrak{C})}{nn} - \frac{2\mathfrak{F}'(2\kappa D+\mathfrak{D})}{nn} - \frac{2\,\mathfrak{b}'(2\kappa A+\mathfrak{A})}{nn}$$

$$+0{,}00163 = 4\,\alpha\,\mathfrak{b}' - \frac{\mathfrak{a}'(2\kappa A+\mathfrak{A})}{nn} - \frac{\mathfrak{E}'(2\kappa D+\mathfrak{D})}{nn} - \frac{2(\mathfrak{F}'+\mathfrak{G}')(2n+\mathfrak{C})}{nn}$$

$$+0{,}01182 = 2\,\mathfrak{H}' - \frac{\mathfrak{E}'(2\kappa D+\mathfrak{D})}{nn} - \frac{\mathfrak{A}'(2\kappa J+\mathfrak{I})}{nn} - \frac{(\mathfrak{I}'+\mathfrak{K}')(2\kappa A+\mathfrak{A})}{nn} - \frac{\mathfrak{D}'(2\kappa E+\mathfrak{E})}{nn}$$

$$-0{,}02057 = 2(\alpha-1)\mathfrak{I}' - \frac{3\mathfrak{A}'}{2n} - \frac{\mathfrak{D}'(2n+\mathfrak{C})}{nn} - \frac{\mathfrak{A}'(2\kappa H+\mathfrak{H})}{nn} - \frac{2\,\mathfrak{L}'(2\kappa A+\mathfrak{A})}{nn}$$

$$+0{,}01063 = 2(\alpha+1)\mathfrak{K}' - \frac{3\mathfrak{A}'}{2n} - \frac{\mathfrak{E}'(2n+\mathfrak{C})}{nn} - \frac{\mathfrak{A}'(2\kappa H+\mathfrak{H})}{nn} - \frac{2\mathfrak{G}'(2\kappa D+\mathfrak{D})}{nn}$$

$$-0{,}09883 = 2(2\alpha-1)\mathfrak{L}' - \frac{3\mathfrak{B}'}{n} + \frac{2\mathfrak{F}'(2n+\mathfrak{C})}{nn} + \frac{\mathfrak{A}'(2\kappa J+\mathfrak{I})}{nn} - \frac{\mathfrak{I}'(2\kappa A+\mathfrak{A})}{nn} - \frac{\mathfrak{D}'(2\kappa D+\mathfrak{D})}{nn}$$

$$-0{,}00004 = 2(2\alpha+1)\mathfrak{M}' - \frac{3\mathfrak{B}'}{n} - \frac{2\,\mathfrak{G}'(2n+\mathfrak{C})}{nn}$$

§. 124.

§. 124. Ex his eliciuntur valores sequentes:

$\mathfrak{A}' = +0{,}0100887$	$l\,\mathfrak{A}' = 8{,}003837$	$\mathfrak{a}' = 0{,}09140$
$\mathfrak{B}' = -0{,}0000409$	$l-\mathfrak{B}' = 5{,}611723$	$l\,\mathfrak{a}' = 8{,}960934$
$\mathfrak{C}' = +0{,}010146$	$l\,\mathfrak{C}' = 8{,}006295$	$\mathfrak{b}' = 0{,}00089$
$\mathfrak{D}' = -0{,}420226$	$l-\mathfrak{D}' = 9{,}623483$	$l\,\mathfrak{b}' = 6{,}949340$
$\mathfrak{E}' = +0{,}004992$	$l\,\mathfrak{E}' = 7{,}698261$	$\mathfrak{A}' + \mathfrak{a}'kk = 0{,}0103597$
$\mathfrak{F}' = +0{,}005286$	$l\,\mathfrak{F}' = 7{,}723163$	$\mathfrak{B}' + \mathfrak{b}'kk = -0{,}0000382$
$\mathfrak{G}' = -0{,}000086$	$l-\mathfrak{G}' = 5{,}935307$	$l(\mathfrak{A}' + \mathfrak{a}'kk) = 8{,}015347$
$\mathfrak{H}' = +0{,}00420$	$l\,\mathfrak{H}' = 7{,}623250$	$l-(\mathfrak{B}' + \mathfrak{b}'kk) = 5{,}582063$
$\mathfrak{I}' = +0{,}57328$	$l\,\mathfrak{I}' = 9{,}758367$	
$\mathfrak{K}' = +0{,}00318$	$l\,\mathfrak{K}' = 7{,}502427$	
$\mathfrak{L}' = -0{,}15083$	$l-\mathfrak{L}' = 9{,}178488$	
$\mathfrak{M}' = -0{,}00002$	$l-\mathfrak{M}' = 5{,}301030$	

§. 125. Pro longitudine ergo Lunae habemus hactenus hanc formulam

		log. coeff.
$\Phi = \text{Const.}$	$+\ 1{,}0085272$	$0{,}003687$
	$+\ 0{,}0103597 \sin 2\eta$	$8{,}015347$
	$-\ 0{,}0000382 \sin 4\eta$	$5{,}582063$
	$+\ 0{,}010146k \sin r$	$8{,}006295$
	$-\ 0{,}420226k \sin(2\eta - r)$	$9{,}623483$
	$+\ 0{,}004992k \sin(2\eta + r)$	$7{,}698261$
	$+\ 0{,}005286k \sin(4\eta - r)$	$7{,}723163$
	$-\ 0{,}000086k \sin(4\eta + r)$	$5{,}935307$
	$+\ 0{,}00420kk \sin 2r$	$7{,}623250$
	$+\ 0{,}57328kk \sin(2\eta - 2r)$	$9{,}758367$
	$+\ 0{,}00318kk \sin(2\eta + 2r)$	$7{,}402427$
	$-\ 0{,}15083kk \sin(4\eta - 2r)$	$9{,}178488$
	$-\ 0{,}00002kk \sin(4\eta + 2r)$	$5{,}301030$

§. 126.

§. 126. Quodsi iam ponamus $k = 0{,}05445$, et hos coefficientes ad minuta secunda cum partibus decimalibus reducamus, longitudo Φ ita exprimetur vt sit:

				log. coeff.
$\Phi =$ Const.	$+$	$1{,}0085272$	r	
	$+$	$2136'',8$	$\sin 2\eta$	3,329772
	$-$	7, 8	$\sin 4\eta$	0,895488
	$+$	113, 9	$\sin r$	2,056718
	$-$	4719, 6	$\sin(2\eta - r)$	3,673906
	$+$	56, 1	$\sin(2\eta + r)$	1,748684
	$+$	59, 4	$\sin(4\eta - r)$	1,773586
	$-$	1, 0	$\sin(4\eta + r)$	9,985730
	$+$	2, 5	$\sin 2r$	0,409671
	$+$	350, 6	$\sin(2\eta - 2r)$	2,544788
	$+$	1, 5	$\sin(2\eta + 2r)$	0,188848
	$-$	92, 2	$\sin(4\eta - 2r)$	1,064909
	$-$	0, 0	$\sin(4\eta + 2r)$	8,087451

Hisque formulis praecipuae inaequalitates, quibus motus Lunae perturbatur, continentur.

CAPUT VIII.

DE MOTU APOGEI LUNAE.

§. 127.

His inuentis iam arduam illam de motu apogei Lunae quaestionem examinare, atque adeo decidere licebit. Quanquam enim in praecedentibus calculis vbique verum apogei motum, quem obseruationes ostendunt, introduxi, ita vt id ipsum, quod in controversia est, assumsisse videar; tamen quoniam in hunc ipsum finem terrae vim, qua luna vrgetur, indefinitam sum contemplatus, dum rationi distantiarum reciprocae duplicatae terminum indefinitum adiunxi, vnde littera μ in calculum est ingressa, iudicium de eo apogei motu, qui Theoriae Neutonianae esset consentaneus, non erit difficile. Quodsi enim valor litterae μ nihilo aequalis reperiatur, hinc concludendum erit Theoriam Neutoni cum phaenomenis perfecte consentire; sin autem pro littera μ notabilis prodeat valor, Theoria ista insufficiens erit censenda.

§. 128. Motus autem apogei, quoniam huius rei in calculo nusquam mentio est facta, in ea continetur proportione, quam motus lunae medius ad motum anomaliae tenere est positus. Cum enim remotis lunae inaequalitatibus, quae regulae Keplerianae aduersantur, longitudo lunae vera obtineatur, si eius anomalia vera r ad longitudinem apogei addatur: denotet ϖ longitudinem apogei, eritque longitudo vera $\phi = \varpi + r$, vnde

vnde fit $\varpi = \Phi - r$. Ex quo intelligitur, ſi $\Phi - r$ quantitatem deſignet conſtantem, apogeum in quiete relinqui, ſin autem $\Phi - r$ valorem variabilem obtineat, tum apogeum quoque lunae motum eſſe habiturum.

§. 129. Cum autem terminos illos omnes, qui ſinus angulorum implicant, ideoque inaequalitates periodicas continent, quibus apogei motus non afficitur, omittimus, per integrationem deducimur ad huiusmodi formulam $\Phi =$ Conſt. $+ Or$, vnde propterea habetur longitudo apogei $\varpi =$ Conſt. $+ (O-1)\, r$. Hinc conſequimur ſequentes proportiones:

I. Vt 1 ad $O-1$, ita motus anomaliae lunae ad motum apogei.

II. Vt O ad 1, ita motus lunae medius ad motum anomaliae.

III. Vt O ad $O-1$, ita motus lunae medius ad motum apogei.

§. 130. Si obſeruationes conſulamus, valor litterae O reperitur $= 1,0085272$, quem etiam in calculo vbique adhibui; propterea quod propoſitum erat non tam in iſtum valorem a priori inquirere, quam ipſam potius Theoriam ita inſtituere, atque ſi opus fuerit, emendare, vt motus inde apogei experientiae conſentaneus reſultaret. Viciſſim autem Theoria ſtabilita, ſiue Neutoniana ſiue alia, quae ex determinato pro μ ſubſtituto valore oriatur, facile erit valorem ipſius O a priori eruere, quem deinceps cum valore vero 1,0085272 conferre licebit. Vel inuento valore ipſius O, apogeum

 lunae

lunae interuallo menſis apogiſtici progredietur per ſpatium $(O-1)\,360°$, interuallo autem menſis periodici per ſpatium $(1-\frac{1}{O})\,360°$. Secundum obſeruationes autem apogeum promouetur
vno menſe apogiſtico per ſpatium 3°, 4′, 11″
vno menſe periodico per ſpatium 3, 2, 38

§. 131. Ex calculo autem §. 107. expoſito valor litterae O ex elementis ante aſſumtis ita definitur, vt ſit $O + 0,000649 = \varkappa + 0,000285$ ſiue $O = \varkappa - 0,000364$ Etſi enim haec exigua particula 0,000364 iam ex valore ipſius α veritati conſentanee aſſumto eſt orta, tamen perſpicuum eſt, leuem differentiam nullius hic momenti futuram fuiſſe. Verum littera $\varkappa$ per Theoriam ita erat aſſumta, vt eſſet

$$\varkappa = \sqrt{\left(1 + \frac{3+4\mu+\delta}{2nn}\right)}$$

vbi quidem valor ipſius nn ex motu medio lunae ad motum ſolis relato habetur, ita vt ſit ſine reſpectu ad motum apogei habito, $nn = 175,71795$. Ergo pro Theoria Neutoniana eſt

$$\varkappa = \sqrt{\left(1 + \frac{3+\delta}{2nn}\right)} \quad \text{et} \quad O = \sqrt{\left(1 + \frac{3+\delta}{2nn}\right)} - 0,000364.$$

§. 132. Hic igitur patet totam hanc inueſtigationem ad inuentionem litterae δ reduci, cuius valor, vti ex ſuperiori calculo manifeſtum eſt, a pluribus litteris et coefficientibus terminorum, quos ante eruere oportebat, pendet, ita vt neglecta hac littera δ motus apogei nullo modo recte definiri queat. Initio quidem vbi hanc litteram

teram in calculum induximus, quod factum est §. 44. haec res leuis momenti est visa; cum enim pro CC, quae erat constans per integrationem in calculum ingressa, valorem vero proximum inuenissemus $1 + \frac{3+4\mu}{2nn}$, quoniam facile erat praeuidere, reliquis adhibitis elementis ad motum lunae pertinentibus, hunc valorem aliquantum immutari posse, pro vero valore ipsius $\frac{CC}{1-kk}$ posuimus $1 + \frac{3+4\mu+\delta}{2nn}$. Deinde autem valor ipsius δ potissimum pendet a valore litterae γ, qua vsi sumus ad verum valorem constantis $\frac{m}{nn} = 1 + \frac{2+3\mu+\gamma}{nn}$ obtinendum, cum proxime verus esset inuentus $= 1 + \frac{2+3\mu}{nn}$.

§. 133. Ab his ergo litteris γ et δ, quae initio nullius fere vsus esse videbantur, determinatio motus apogei potissimum pendet, quae cum ex pluribus atque adeo omnibus inaequalitatibus lunae ab excentricitate ortis determinari debeant, mirum sane non est, quod legitima motus apogei designatio, cum tantis implicata sit difficultatibus, tam dudum fuerit abscondita. Plerique enim, qui motum apogei ex sola Theoria concludere sunt annisi, ad omnes has inaequalitates non respexerunt, atque calculum perinde administrauerunt, ac si hic litteras γ et δ neglexissemus. Ac si non defuere, qui sibi persuaserunt, motum apogei cum Theoria Neutoniana consentire, ii plerumque per errorem calculi seducti ad veritatem peruenisse sibi sunt visi. Quin etiam Ipse Neutonus

tonus Theoriae ſuae in motu apogei determinando parum tribuiſſe videtur.

§. 134. Hinc ex neglectu harum litterarum γ et δ, ſeu ex alia omiſſione eodem recidente, factum eſt, vt Theoria Neutoni obſeruationibus circa motum apogei lunae inſtitutis plane non ſatisfacere ſit putata; quae opinio etiam ita inualuit, vt perſpicaciſſimus quisque hanc Theoriam inſufficientem pronunciaret. Atque ſagaciſſimus Clairaltius huic opinioni vehementiſſime erat addictus, antequam publice in contrarias partes diſceſſerat. Eadem ſcilicet ratione ob neglectum minutarum illarum particularum erat deceptus, qua et ego fateri cogor, me per complures annos conſtanter eſſe opinatum, ex Theoria Neutoni pro motu apogei Lunae non vltra ſemiſſem prodire, ita vt error vltra ſemiſſem exſurgens committeretur.

§. 135. Fons itaque huius erroris, qui niſi ſumma circumſpectio adhibeatur, vix euitatur, in eo latet, quod in calculo debita illa conſtantium determinatio, pro qua equidem hic litteras γ et δ adhibui, negligatur. Quemadmodum per hanc omiſſionem dimidius tantum apogei motus eliciatur, oſtendiſſe iuuabit. Sit igitur $\delta = o$, atque littera illius O ſecundum Theoriam Neutonianam, qua eſt $\mu = o$, valor erit $O = \sqrt{(1 + \frac{3}{2nn})} - 0,000364$; qui euolutus fit: $O = 1,0042592 - 0,000364$. Quare etiamſi particula 0,000364 vtpote ex profundiori indagine nata praetermittatur, tamen iſte valor pro $O = 1,0042592$, ſi cum vero per obſeruationes cognito $O = 1,0085272$ comparetur, exacte fere dimidium motum apogei praebet;

bet; atque adeo haec tam accurata medietas non parum digna videtur.

§. 136. Jam videamus, quam prope valorem litterae δ adhibendo ad veritatem perducamur. Inuenimus autem (115) $\delta = 3,20892$, vnde prodit

$$V\left(1 + \frac{3+\delta}{2nn}\right) = 1,0087947$$

qui valor iam maior eſt quam verus 1,0085272, ſed recordandum eſt inde ſubtrahi debere 0,000364, ſicque relinquetur O = 1,0084307, ex quo motus progreſſiuus apogei pro interuallo menſis apogiſtici prodibit = 3° 2′ 9″ et pro interuallo menſis periodici = 3° 0′ 37″, qui numeri duobus tantum minutis a vero deficiunt. Ad hunc defectum ſupplendum litterae μ tribui poterit valor conueniens ex formula $\mu = \frac{1}{2}(\varkappa\varkappa - 1)nn - \frac{3}{4} - \frac{1}{4}\delta$, vnde reperitur $\mu = 0,03782$, qui valor tantillus eſt, ut niſi de motu apogei ſit quaeſtio, ſemper pro nihilo haberi poſſit.

§. 137. Verum nullo modo affirmare poſſumus, valores illos pro γ et δ inuentos ita eſſe abſolutos, vt nulla amplius correctione indigeant. Quin potius, ſi formulas ſupra exhibitas attentius perpendamus, tantum abeſt vt eas pro completis habere poſſimus, vt potius manifeſtum ſit, omnes reliquas inaequalitates motus lunae perinde ac eas quas iam definiuimus, terminos quoque in eas ſuppeditare. Qui etſi admodum erunt parvi, tamen omnino ſufficere poterunt ad exiguum iſtud ſupplementum, quo adhuc a vero diſtamus, conficiendum.

Cum

Cum enim ſola fere inaequalitas ab angulo $2\eta - r$ pendens motum apogei a dimidio tantopere auxiſſet, vt valor ipſius O ab 1,0042592 vsque ad 1,0084307 increviſſet, nullum fere eſt dubium, quin leuis defectus huius numeri a vero valore 1,0085272 a reliquis inaequalitatibus proficiſcatur.

§. 138. Hinc igitur concludere debemus, Theoriam Neutonianam cum motu apogei obſeruato tam exacte conuenire, vt aberratio, ſi quidem vlla locum habeat, tam ſit exigua, vt merito pro nihilo reputari posſit: neque etiam calculi ope ob ſummam paruitatem eam certo definire licebit. Cum itaque hoc pacto Theoria Neutoniana a fortiſſima obiectione ſit vindicata, gloria huius inſignis inuenti cum induſtriae tum candori excellentiſſimi Clairalti debetur, qui primus egregium hunc Theoriae conſenſum cum veritate detexit et publice eſt profeſſus: cui ea re eo maiores debemus gratias, quod ſine eius ſtudio ſummo, quod in hac inveſtigatione conſumſit, Theoria Neutoniana fortaſſe vix vnquam ab hac ſuſpicione inſufficientiae eſſet liberata. Atque nunc demum pleno lumine veritas iſtius Theoriae, cui vni Aſtronomiae Theoria vniuerſa innititur, fulgere eſt cenſenda, cum antea non mediocribus tenebris fuiſſet inuoluta.

CAPUT IX.

INUESTIGATIO INAEQUALITATUM LUNAE A SOLA EXCENTRICITATE ORBITAE SOLIS PENDENTIUM.

§. 139.

Quoniam in hac inuestigatione excentricitas orbitae lunaris non in censum venit, inaequalitates quas scrutamur partim ab anomalia vera solis s partim ab angulo 2η pendebunt. Cum igitur sit

$$\frac{ds}{dr} = \frac{d\theta}{dr} = \frac{1+2ee}{n} + \frac{2}{n}k\cos r - \frac{2}{n}e\cos s - \frac{2}{n}ek\cos(r-s)$$
$$+ \frac{3}{2n}kk\cos 2r + \frac{1}{2n}ee\cos 2s - \frac{2}{n}ek\cos(r+s)$$

hinc differentiale ds ad differentiale dr reducitur. Atque hoc quidem capite, quia ad excentricitatem Lunae non attendimus, erit

$$\frac{ds}{dr} = \frac{d\theta}{dr} = \frac{1+2ee}{n} - \frac{2}{n}e\cos s + \frac{1}{2n}ee\cos 2s$$

§. 140. Incipiamus ergo a formulis $\int R\,dr$ et v, quas omissis terminis ab angulo r pendentibus ponamus

$$\int R\,dr = \mathfrak{A}\cos 2\eta + \mathfrak{P}e\cos s + \mathfrak{Q}e\cos(2\eta-s) + \mathfrak{R}e\cos(2\eta+s)$$
$$+ \mathfrak{S}ee\cos 2s + \mathfrak{T}ee\cos(2\eta-2s) + \mathfrak{V}ee\cos(2\eta+2s)$$
$$v = A\cos 2\eta + Pe\cos s + Qe\cos(2\eta-s) + Re\cos(2\eta+s)$$
$$+ See\cos 2s + Tee\cos(2\eta-2s) + Vee\cos(2\eta+2s)$$

vbi quidem pro $\mathfrak{A}$ et A valores ſupra inuentos completos accipi oportet, ita vt in iis termini akk et αkk ſint comprehenſi; erit ergo

$$\mathfrak{A} = -0,81033 \qquad l-\mathfrak{A} = 9,908662$$
$$A = -1,31773 \qquad l-A = 0,119826$$

Valores autem hinc deriuati erunt:

$$\frac{2\kappa A + \mathfrak{A}}{nn} = -0,019744, \quad l\frac{-(2\kappa A + \mathfrak{A})}{nn} = 8,295442$$
$$A' = -2,47576 \qquad l-A' = 0,393708$$
$$\mathfrak{A}' = +0,01036 \qquad l\,\mathfrak{A}' = 8,015347$$

Terminos autem angulum quadruplum 4η inuoluentes hic ob ſummam paruitatem omiſi, quoniam in combinatione cum angulo s plane fierent imperceptibiles.

§. 141. Hinc iam primo colligitur:

$$\frac{d\Phi}{dr} = \kappa - \frac{(2\kappa A + \mathfrak{A})}{nn}\cos 2\eta - \frac{(2\kappa P + \mathfrak{P})}{nn} e\cos s$$
$$- \frac{(2\kappa Q + \mathfrak{Q})}{nn} e\cos(2\eta - s) - \frac{(2\kappa R + \mathfrak{R})}{nn} e\cos(2\eta + s)$$
$$- \frac{(2\kappa S + \mathfrak{S})}{nn} ee\cos 2s$$
$$- \frac{(2\kappa T + \mathfrak{T})}{nn} ee\cos(2\eta - 2s) - \frac{(2\kappa V + \mathfrak{V})}{nn} ee\cos(2\eta + 2s)$$

atque porro

$$\frac{d\eta}{dr} = \alpha - \frac{(2\kappa A + \mathfrak{A})}{nn}\cos 2\eta - \left(\frac{2\kappa P + \mathfrak{P}}{nn} - \frac{2}{n}\right) e\cos s$$
$$- \frac{(2\kappa Q + \mathfrak{Q})}{nn} e\cos(2\eta - s) + \frac{(2\kappa R + \mathfrak{R})}{nn} e\cos(2\eta + s)$$
$$- \left(\frac{(2\kappa S + \mathfrak{S})}{nn} - \frac{1}{2n}\right) ee\cos 2s$$

Deinde

Deinde quia eſt proxime $kk = 9ee$, erit

$$R = \tfrac{3}{2}(1 + \tfrac{27}{2}ee)\sin 2\eta + \left(\frac{3Q}{2nn} - \frac{3R}{2nn}\right)e\sin s$$

$$- \left(\tfrac{9}{4} - \frac{3P}{2nn}\right)e\sin(2\eta - s) - \left(\tfrac{9}{4} - \frac{3P}{2nn}\right)e\sin(2\eta + s)$$

$$+ \left(\frac{3T}{2nn} - \frac{3V}{2nn}\right)ee\sin 2s$$

$$+ \left(\tfrac{9}{8} + \frac{3S}{2nn}\right)ee\sin(2\eta - 2s) + \left(\tfrac{9}{8} + \frac{3S}{2nn}\right)ee\sin(2\eta + 2s)$$

atque omiſſis terminis, quibus non eſt opus

$$\frac{ddv}{dr^2} = e\cos s\left\{\begin{aligned} & -\tfrac{3}{2} - 2u\mathfrak{P} - \mathfrak{C}P - \frac{9A}{4nn} + \frac{\mathfrak{A}\mathfrak{Q}}{nn} + \frac{\mathfrak{A}\mathfrak{R}}{nn} \\ & + \frac{3AQ}{nn} + \frac{3AR}{nn} + \frac{3\mathfrak{A}(Q+R)}{nn} + \frac{3A(\mathfrak{Q}+\mathfrak{R})}{nn} \end{aligned}\right.$$

$$+ e\cos(2\eta - s)\left\{\begin{aligned} & -\tfrac{9}{4} - 2u\mathfrak{Q} - \mathfrak{C}Q - \frac{3A}{4nn} + \frac{3P}{4nn} \\ & + \frac{\mathfrak{A}\mathfrak{P}}{nn} + \frac{3AP}{nn} + \frac{3\mathfrak{A}P}{nn} + \frac{3A\mathfrak{P}}{nn} \end{aligned}\right.$$

$$+ e\cos(2\eta + s)\left\{\begin{aligned} & -\tfrac{9}{4} - 2u\mathfrak{R} - \mathfrak{C}R - \frac{3A}{4nn} + \frac{3P}{4nn} \\ & + \frac{\mathfrak{A}\mathfrak{P}}{nn} + \frac{3AP}{nn} + \frac{3\mathfrak{A}P}{nn} + \frac{3A\mathfrak{P}}{nn} \end{aligned}\right.$$

$$+ ee\cos 2s\left\{\begin{aligned} & +\tfrac{3}{4} - 2u\mathfrak{S} - \mathfrak{C}S - \frac{3P}{4nn} + \frac{\mathfrak{P}\mathfrak{P}}{2nn} \\ & + \frac{3PP}{2nn} + \frac{3P\mathfrak{P}}{nn} \end{aligned}\right.$$

$$+ee\cos(2\eta-2s)\left\{\begin{array}{l}+\frac{9}{8}-2\varkappa\mathfrak{T}-\mathfrak{E}T-\frac{9P}{8nn}+\frac{\mathfrak{A}\mathfrak{S}}{nn}\\ +\frac{3AS}{nn}+\frac{3\mathfrak{A}S}{nn}+\frac{3A\mathfrak{S}}{nn}\end{array}\right.$$

$$+ee\cos(2\eta+2s)\left\{\begin{array}{l}+\frac{9}{8}-2\varkappa\mathfrak{V}-\mathfrak{E}V-\frac{9P}{8nn}+\frac{\mathfrak{A}\mathfrak{S}}{nn}\\ +\frac{3AS}{nn}+\frac{3\mathfrak{A}S}{nn}+\frac{3A\mathfrak{S}}{nn}\end{array}\right.$$

§. 142. Quodsi iam forma pro $\int R\,dr$ assumta differentietur, orietur:

$$\begin{aligned}
R = &-2\alpha\mathfrak{A}\sin 2\eta\\
&+e\sin s\left(-\frac{1}{n}\mathfrak{P}-\frac{(\mathfrak{Q}-\mathfrak{R})(2\varkappa A+\mathfrak{A})}{nn}\right)\\
&+e\sin(2\eta-s)\left(-\frac{2\mathfrak{A}}{n}\pm\frac{\mathfrak{A}(2\varkappa P+\mathfrak{P})}{nn}-(2\alpha-\frac{1}{n})\mathfrak{Q}\right)\\
&+e\sin(2\eta+s)\left(-\frac{2\mathfrak{A}}{n}+\frac{\mathfrak{A}(2\varkappa P+\mathfrak{P})}{nn}-(2\alpha+\frac{1}{n})\mathfrak{R}\right)\\
&+ee\sin 2s\left(\frac{1}{n}\mathfrak{P}-\frac{2}{n}\mathfrak{S}-\frac{(\mathfrak{T}-\mathfrak{V})(2\varkappa A+\mathfrak{A})}{nn}\right)\\
&+ee\sin(2\eta-2s)\left(\frac{1}{2n}\mathfrak{A}-\frac{3}{n}\mathfrak{Q}-(2\alpha-\frac{2}{n})\mathfrak{T}\right)\\
&+ee\sin(2\eta+2s)\left(\frac{1}{2n}\mathfrak{A}-\frac{1}{n}\mathfrak{R}-(2\alpha+\frac{2}{n})\mathfrak{V}\right)
\end{aligned}$$

§. 143. Comparatione ergo instituta habebitur

$$-\frac{1}{n}\mathfrak{P}-\frac{(\mathfrak{Q}-\mathfrak{R})(2\varkappa A+\mathfrak{A})}{nn}=\frac{3(Q-R)}{2nn}$$

$$-\frac{2}{n}\mathfrak{A}+\frac{\mathfrak{A}(2\varkappa P+\mathfrak{P})}{nn}-\left(2\alpha-\frac{1}{n}\right)\mathfrak{Q}=-\tfrac{9}{4}+\frac{3P}{2nn}$$

$$-\frac{2}{n}\mathfrak{A}+\frac{\mathfrak{A}(2\varkappa P+\mathfrak{P})}{nn}-\left(2\alpha+\frac{1}{n}\right)\mathfrak{R}=-\tfrac{9}{4}+\frac{3P}{2nn}$$

$$\frac{1}{n}\mathfrak{P}-\frac{2}{n}\mathfrak{S}-\frac{(\mathfrak{T}-\mathfrak{V})(2\varkappa A+\mathfrak{A})}{nn}=\frac{3(T-V)}{2nn}$$

$$\frac{1}{2n}\mathfrak{A}-\frac{3}{n}\mathfrak{Q}-\left(2\alpha-\frac{2}{n}\right)\mathfrak{T}=\tfrac{9}{8}+\frac{3S}{2nn}$$

$$\frac{1}{2n}\mathfrak{A}-\frac{1}{n}R-\left(2\alpha+\frac{2}{n}\right)\mathfrak{V}=\tfrac{9}{8}+\frac{3S}{2nn}$$

vnde deinceps valores litterarum germanicarum $\mathfrak{P}$, $\mathfrak{Q}$, $\mathfrak{R}$, $\mathfrak{S}$, $\mathfrak{T}$, $\mathfrak{V}$ ſumus inueſtigaturi.

§. 144. Differentietur ſimili modo quantitas v, ac ponatur:

$$\frac{dv}{dr}=-A'\operatorname{ſn}2\eta-P'e\operatorname{ſn}s-Q'e\operatorname{ſn}(2\eta-s)-S'ee\operatorname{ſn}2s-T'ee\operatorname{ſn}(2\eta-2s)$$
$$-R'e\operatorname{ſn}(2\eta+s)\qquad\qquad -V'ee\operatorname{ſn}(2\eta+2s)$$

eritque

$A'=2\alpha\mathfrak{A}$, cuius quidem valor iam ſupra habetur

$$P'=\frac{1}{n}P+\frac{(Q-R)(2\varkappa A+\mathfrak{A})}{nn}$$

$$Q'=\left(2\alpha-\frac{1}{n}\right)Q+\frac{2}{n}A-\frac{A(2\varkappa P+\mathfrak{P})}{nn}$$

$$R'=\left(2\alpha+\frac{1}{n}\right)R+\frac{2}{n}A-\frac{A(2\varkappa P+\mathfrak{P})}{nn}$$

$$S'=\frac{2}{n}S-\frac{1}{n}P+\frac{(T-V)(2\varkappa A+\mathfrak{A})}{nn}$$

$$T' = (2\alpha - \frac{2}{n})T + \frac{3}{n}Q - \frac{1}{2n}A$$

$$V' = (2\alpha + \frac{2}{n})V + \frac{1}{n}R - \frac{1}{2n}A$$

vnde denuo differentiando eruitur.

$$\frac{ddv}{dr^2} = e \operatorname{cof} s \left(-\frac{1}{n}P' + \frac{(Q'+R')(2\varkappa A + \mathfrak{A})}{nn}\right.$$

$$e \operatorname{cof}(2\eta - s)\left(-(2\alpha - \frac{1}{n})Q' - \frac{2}{n}A' + \frac{A'(2\varkappa P + \mathfrak{P})}{nn}\right.$$

$$e \operatorname{cof}(2\eta + s)\left(-(2\alpha + \frac{1}{n})R' - \frac{2}{n}A' + \frac{A'(2\varkappa P + \mathfrak{P})}{nn}\right.$$

$$ee \operatorname{cof} 2s \left(-\frac{2}{n}S' + \frac{1}{n}P' + \frac{(T'+V')(2\varkappa A + \mathfrak{A})}{nn}\right.$$

$$ee \operatorname{cof}(2\eta - 2s)\left(-(2\alpha - \frac{2}{n})T' + \frac{1}{2n}A' - \frac{3}{n}Q'\right.$$

$$ee \operatorname{cof}(2\eta + 2s)\left(-(2\alpha + \frac{2}{n})V' + \frac{1}{2n}A' - \frac{1}{n}R'\right.$$

§. 145. Sequentes ergo aequationes resoluendae occurrent

$$-\tfrac{3}{2} - 2\varkappa\mathfrak{P} - \mathfrak{G}P - \frac{9A}{4nn} + \frac{(\mathfrak{A}+3A)(Q+R)}{nn} + \frac{(3\mathfrak{A}+3A)(Q+R)}{nn} =$$

$$-\frac{1}{n}P' + \frac{(Q'+R')(2\varkappa A + \mathfrak{A})}{nn}$$

$$-\tfrac{9}{4} - 2\varkappa\mathfrak{Q} - \mathfrak{G}Q - \frac{3A}{4nn} + \frac{3P}{4nn} + \frac{(\mathfrak{A}+3A)\mathfrak{P}}{nn} + \frac{(3\mathfrak{A}+3A)P}{nn} =$$

$$-(2\alpha - \frac{1}{n})Q' - \frac{2}{n}A' + \frac{A'(2\varkappa P + \mathfrak{P})}{nn}$$

$$-\tfrac{9}{4}-2\varkappa\mathfrak{R}-\beta R-\frac{3A}{4nn}+\frac{3P}{4nn}+\frac{(\mathfrak{A}+3A)\mathfrak{P}}{nn}+\frac{(3\mathfrak{A}+3A)P}{nn}=$$

$$-\left(2\alpha+\frac{1}{n}\right)R'-\frac{2}{n}A'+\frac{A'(2\varkappa P+\mathfrak{P})}{nn}$$

$$+\tfrac{3}{4}-2\varkappa\mathfrak{S}-\beta S-\frac{3P}{4nn}+\frac{\mathfrak{P}\mathfrak{P}+6P\mathfrak{P}+3PP}{2nn}=$$

$$-\frac{2}{n}S'+\frac{1}{n}P'+\frac{(T'+V')(2\varkappa A+\mathfrak{A})}{nn}$$

$$+\tfrac{9}{8}-2\varkappa\mathfrak{T}-\beta T-\frac{9P}{8nn}+\frac{(\mathfrak{A}+3A)\mathfrak{S}}{nn}+\frac{(3\mathfrak{A}+3A)S}{nn}=$$

$$-\left(2\alpha-\frac{2}{n}\right)T'+\frac{1}{2n}A'-\frac{3}{n}Q'$$

$$+\tfrac{9}{8}-2\varkappa\mathfrak{V}-\beta V-\frac{9P}{8nn}+\frac{(\mathfrak{A}+3A)\mathfrak{S}}{nn}+\frac{(3\mathfrak{A}+3A)S}{nn}=$$

$$-\left(2\alpha+\frac{2}{n}\right)V'+\frac{1}{2n}A'-\frac{1}{n}R'$$

Neglectis primo terminis minimis, qui adhuc ſunt incogniti, reperitur:

$\mathfrak{Q}=+1{,}3238$	$Q=+2{,}5714$	$Q'=4{,}40924$
$\mathfrak{R}=+1{,}2210$	$R=+2{,}0571$	$R'=3{,}79793$
$\mathfrak{P}=-0{,}0313$	$P=-1{,}4807$	$P'=-0{,}12185$

§. 146. Ex his autem accuratius ita definientur vt ſit:

$\mathfrak{Q}=+1{,}33859$ . . . $l\mathfrak{Q}=0{,}126649$

$\mathfrak{R}=+1{,}23468$ . . . $l\mathfrak{R}=0{,}091545$

$Q=+2{,}60087$ . . . $lQ=0{,}415119$

$R=+2{,}00590$ . . . $lR=0{,}302308$

$Q'=4{,}44801$; $R'=3{,}67581$

et

et $\mathfrak{P} = -0,04010$ . . . $l\text{-}\mathfrak{P} = 8,603133$
$P = -1,46488$ . . . $l\text{-}P = 0,165801$
$P' = -0,12222$

Deinde reperitur

$\mathfrak{S} = +0,03911$ . . . $l\mathfrak{S} = 8,592230$
$S = +0,60882$ . . . $lS = 9,784486$
$\mathfrak{T} = -0,85267$ . . . $l\text{-}\mathfrak{T} = 9,930827$
$\mathfrak{V} = -0,62125$ . . . $l\text{-}\mathfrak{V} = 9,793266$
$T = -2,60380$ . . . $l\text{-}T = 0,465615$
$V = -1,02720$ . . . $l\text{-}V = 0,011672$

Pro ſequentibus vero calculis eſt

$\frac{2\varkappa P+\mathfrak{P}}{nn} = -0,017051$ . . . $l\text{-}\frac{(2\varkappa P+\mathfrak{P})}{nn} = 8,231755$

$\frac{2\varkappa Q+\mathfrak{Q}}{nn} = +0,037487$ . . . $l+\frac{2\varkappa Q+\mathfrak{Q}}{nn} = 8,573878$

$\frac{2\varkappa R+\mathfrak{R}}{nn} = +0,030062$ . . . $l+\frac{2\varkappa R+\mathfrak{R}}{nn} = 8,478023$

§. 147. Hinc igitur pro diſtantia lunae a terra curtata $x = \frac{(1-kk)au}{1-k\cos r}$, pars quantitatis u ab excentricitate orbitae ſolaris tantum pendens erit

			log. coeff.
$u =$ Praeced.	$-\ 0,008336e$	$\cos s$	7,920985
	$+\ 0,014801e$	$\cos(2\eta - s)$	8,170303
	$+\ 0,011415e$	$\cos(2\eta + s)$	8,057492
	$+\ 0,00364ee$	$\cos 2s$	7,539670
	$-\ 0,01482ee$	$\cos(2\eta - 2s)$	8,170799
	$-\ 0,00584ee$	$\cos(2\eta + 2s)$	7,766856

Deinde

Deinde vero erit

$$\frac{d\Phi}{dr} = \text{Praec.}$$

	log. coeff.
$+0{,}017041\,e\cos s$	8,231755
$-0{,}037487\,e\cos(2\eta - s)$	8,573878
$-0{,}030062\,e\cos(2\eta + s)$	8,478023
$-0{,}00722\,ee\cos 2s$	7,858166
$+0{,}03470\,ee\cos(2\eta - 2s)$	8,540319
$+0{,}01533\,ee\cos(2\eta + 2s)$	8,185614

§. 148. Ponatur nunc integrale

$$\Phi = \text{Praec.} + \mathfrak{A}'\sin 2\eta + \mathfrak{P}'e\sin s + \mathfrak{Q}'e\sin(2\eta - s) + \mathfrak{R}'e\sin(2\eta + r) + \mathfrak{S}'ee\sin 2s + \mathfrak{T}'ee\sin(2\eta - 2s) + \mathfrak{V}'ee\sin(2\eta + 2s)$$

erit differentiatione peracta:

$$+0{,}017051 = \frac{1}{n}\mathfrak{P}' - \frac{(\mathfrak{Q}' + \mathfrak{R}')(2\varkappa A + \mathfrak{A})}{nn}$$

$$-0{,}037489 = \left(2\alpha - \frac{1}{n}\right)\mathfrak{Q}' + \frac{2}{n}\mathfrak{A}' - \frac{\mathfrak{A}'(2\varkappa P + \mathfrak{P})}{nn}$$

$$-0{,}030062 = \left(2\alpha + \frac{1}{n}\right)\mathfrak{R}' + \frac{2}{n}\mathfrak{A}' - \frac{\mathfrak{A}'(2\varkappa P + \mathfrak{P})}{nn}$$

$$-0{,}00722 = \frac{2}{n}\mathfrak{S}' - \frac{1}{n}\mathfrak{P}' - \frac{(\mathfrak{T}' + \mathfrak{V}')(2\varkappa A + \mathfrak{A})}{nn}$$

$$+0{,}03470 = \left(2\alpha - \frac{2}{n}\right)\mathfrak{T}' - \frac{1}{2n}\mathfrak{A}' + \frac{3}{n}\mathfrak{Q}'$$

$$+0{,}01533 = \left(2\alpha + \frac{2}{n}\right)\mathfrak{V}' - \frac{1}{2n}\mathfrak{A}' + \frac{1}{n}\mathfrak{R}'$$

 fietque

fietque his valoribus determinatis

				log. coeff.
$\phi =$ Praec.	$+$	$0,236034\,e$	$\sin s$	9,372974
	$-$	$0,021889\,e$	$\sin(2\eta - s)$	8,340237
	$-$	$0,016368\,e$	$\sin(2\eta + s)$	8,214002
	$+$	$0,06615\,ee$	$\sin 2s$	8,820508
	$+$	$0,02332\,ee$	$\sin(2\eta - 2s)$	8,367825
	$+$	$0,00840\,ee$	$\sin(2\eta + 2s)$	7,924429

§. 149. Reducamus has inaequalitates etiam ad minuta secunda, ponendo excentricitatem orbitae solaris $e = 0,01680$, atque habebimus

				log. coeff.
$\phi =$ Praec.	$+$	$817'',9$	$\sin s$	2,912708
	$-$	$75,\ 8$	$\sin(2\eta - s)$	1,879971
	$-$	$56,\ 7$	$\sin(2\eta + s)$	1,753736
	$+$	$3,\ 8$	$\sin 2s$	0,585551
	$+$	$1,\ 4$	$\sin(2\eta - 2s)$	0,132868
	$+$	$0,\ 5$	$\sin(2\eta + 2s)$	9,689472

Denotat hic s anomaliam veram solis; vnde patet eam Lunae inaequalitatem, quae sinui huius anomaliae est proportionalis, admodum esse notabilem, dum ad 13′, 38″ exsurgit. Tabulae autem Astronomicae, vbi haec inaequalitas aequatio solaris nominatur, eam multo minorem faciunt, cuius rei causam inuestigari adhuc conveniet.

§. 150.

§. 150. Quodſi enim litteram $\mathfrak{P}'$ accuratius definire velimus, habebimus has formulas reſoluendas:

$$-\frac{1}{n}\mathfrak{P} + \frac{\mathfrak{A}(2\varkappa Q + \mathfrak{Q})}{nn} - \frac{\mathfrak{A}(2\varkappa R + \mathfrak{R})}{nn} - \frac{(\mathfrak{Q}-\mathfrak{R})(\varkappa A + \mathfrak{A})}{nn} = \frac{3(Q-R)}{nn}$$

$$P' = \frac{1}{n}P - \frac{A(2\varkappa Q + \mathfrak{Q})}{nn} + \frac{A(2\varkappa R + \mathfrak{R})}{nn} + \frac{(Q-R)(2\varkappa A + \mathfrak{A})}{nn}$$

$$-\tfrac{3}{2} - 2\varkappa\mathfrak{P} - \mathcal{E}P - \frac{9A}{4nn} + \frac{(\mathfrak{A}+3A)(\mathfrak{Q}+\mathfrak{R})}{nn} + \frac{(3\mathfrak{A}+3A)(Q+R)}{nn} =$$

$$-\frac{1}{n}P' + \frac{A'(2\varkappa Q + \mathfrak{Q})}{nn} + \frac{A'(2\varkappa R + \mathfrak{R})}{nn} + \frac{(Q'+R')(2\varkappa A + \mathfrak{A})}{nn}$$

vnde elicimus:

$$\mathfrak{P} = -0,1183;\quad P = -1,1356;\quad \frac{P}{nn} = -0,0064$$

atque $\frac{2\varkappa P + \mathfrak{P}}{nn} = -0,01376$, fierique iam oportet

$$+0,01376 = \frac{1}{n}\mathfrak{P}' - \frac{\mathfrak{A}'(2\varkappa Q + \mathfrak{Q})}{nn} - \frac{\mathfrak{A}'(2\varkappa R + \mathfrak{R})}{nn} - \frac{(\mathfrak{Q}' + \mathfrak{R}')(2\varkappa A + \mathfrak{A})}{nn}$$

vnde oritur $\mathfrak{P}' = +0,201385$. Quare accuratius habemus

u = Praec.	—	0,006400	e cos s	7,806180
$\frac{d\Phi}{dr}$ = Praec.	+	0,013760	e cos s	8,138618
Φ = Praec.	+	0,201385	e sin s	9,304026
		ſeu		
Φ = Praec.	+	701″, 1	sin s	2,845780

Ergo aequatio ſinui Anguli s proportionalis tantum eſt 11′, 41″.

CAPUT X.

INUESTIGATIO INAEQUALITATVM LUNAE AB VTRIUSQUE ORBITAE EXCENTRICITATE SIMUL PENDENTIUM.

§. 151.

Quoniam praeuidemus inaequalitates huius generis, quae altiores litterarum k et e poteſtates ſimul complectuntur, minimas eſſe futuras, alios terminos non ſcrutabimur, niſi qui producto ſimplici ek ſint affecti. Habebimus ergo

$$\frac{ds}{dr} = \frac{d\theta}{dr} = \frac{1}{n} + \frac{2}{n} k \operatorname{cof} r - \frac{2}{n} e \operatorname{cof} s - \frac{2}{n} ek \operatorname{cof}(r-s)$$
$$- \frac{2}{n} ek \operatorname{cof}(r+s)$$

Cum igitur ad hanc inueſtigationem opus non ſit illis terminis ex praecedentibus, qui vel per k^2 vel per e^2 erant affecti, quia litterae alphabethi deficere incipiunt, litteris S, T et ſequentibus denuo utemur; quare cavendum, ne iſtae litterae cum ante adhibitis confundantur.

§. 152. Aſſumtis ergo ex terminis iam ante definitis, iis qui in eos, quos iam inueſtigamus, vim exſerunt, ponamus

$$\int R dr = \mathfrak{A} \operatorname{cf} 2\eta + \mathfrak{C} k \operatorname{cf} r + \mathfrak{D} k \operatorname{cf}(2\eta - r) + \mathfrak{P} e \operatorname{cf} s + \mathfrak{Q} e \operatorname{cf}(2\eta - s)$$
$$+ \mathfrak{E} k \operatorname{cf}(2\eta + r) \qquad + \mathfrak{R} e \operatorname{cf}(2\eta + s)$$
$$+ \mathfrak{S} ek \operatorname{cof}(r-s) + \mathfrak{V} ek \operatorname{cof}(2\eta - r + s) + \mathfrak{Y} ek \operatorname{cof}(2\eta - r - s)$$
$$+ \mathfrak{T} ek \operatorname{cof}(r+s) + \mathfrak{X} ek \operatorname{cof}(2\eta + r + s) + \mathfrak{Z} ek \operatorname{cof}(2\eta + r + s)$$

$v =$

$$
\begin{aligned}
v = A\cos 2\eta \;.\;.\; &+ Dk\cos(2r-r) + Pe\cos s + Qe\cos(2\eta-s) \\
&+ Ek\cos(2\eta+r) \qquad\qquad + Re\cos(2\eta+s) \\
+ Sek\cos(r-s) &+ Vek\cos(2\eta-r+s) + Yek\cos(2\eta-r-s) \\
+ Tek\cos(r+s) &+ Xek\cos(2\eta+r-s) + Zek\cos(2\eta+r+s)
\end{aligned}
$$

eritque ex praecedentibus

$\mathfrak{A} = -0,81033$	;	$l\text{-}\mathfrak{A} = 9,908662$
$\mathfrak{C} = -0,64383$	;	$l\text{-}\mathfrak{C} = 9,808771$
$\mathfrak{D} = -3,59362$	;	$l\text{-}\mathfrak{D} = 0,555531$
$\mathfrak{E} = -1,08732$	;	$l\text{-}\mathfrak{E} = 0,036358$
$\mathfrak{P} = -0,11830$	;	$l\text{-}\mathfrak{P} = 9,072985$
$\mathfrak{Q} = +1,33859$	;	$l\,\mathfrak{Q} = 0,126649$
$\mathfrak{R} = +1,23468$	;	$l\,\mathfrak{R} = 0,091545$
$A = -1,31773$	;	$l\text{-}A = 0,119826$
. .	.	. .
$D = +33,6600$	;	$l\,D = 1,527113$
$E = -0,5785$	;	$l\text{-}E = 9,762341$
$P = -1,1356$	;	$l\text{-}P = 0,055225$
$Q = +2,60087$	;	$l\text{-}Q = 0,415119$
$R = +2,00590$	;	$l\,R = 0,302308$

§. 153. Reliqui vero valores hinc deriuati, quibus opus habemus, sunt:

$A' = -2,47576$	;	$l\text{-}A' = 0,393708$
$C' = -0,13847$	;	$l\text{-}C' = 9,141356$
$D' = 29,39153$	;	$l\,D' = 1,468222$
$E' = -1,47347$	;	$l\text{-}E' = 0,168341$
$P' = -0,0260$	;	$l\text{-}P' = 8,414973$
$Q' = 4,40924$	;	$l\,Q' = 0,644363$
$R' = 3,79793$	;	$l\,R' = 0,579548$

$\mathfrak{A}' = +0,01036$; $l\,\mathfrak{A}' = 8,015347$

$\mathfrak{C}' = +0,01015$; $l\,\mathfrak{C}' = 8,006295$

$\mathfrak{D}' = -0,42023$; $l-\mathfrak{D}' = 9,623483$

$\mathfrak{E}' = +0,00499$; $l-\mathfrak{E}' = 7,698261$

$\mathfrak{P}' = +0,20138$; $l\,\mathfrak{P}' = 9,304016$

$\mathfrak{Q}' = -0,02189$; $l-\mathfrak{Q}' = 8,340237$

$\mathfrak{R}' = -0,01637$; $l-\mathfrak{R}' = 8,214002$

Sit breuitatis gratia

$$a' = \frac{2\varkappa A + \mathfrak{A}}{nn} = -0,019744 \;;\quad l-\frac{(2\varkappa A + \mathfrak{A})}{nn} = 8,295442$$

$$d' = \frac{2\varkappa D + \mathfrak{D}}{nn} = +0,36611 \;;\quad l\,\frac{2\varkappa D + \mathfrak{D}}{nn} = 9,563604$$

$$e' = \frac{2\varkappa E + \mathfrak{E}}{nn} = -0,01283 \;;\quad l-\frac{(2\varkappa E + \mathfrak{E})}{nn} = 8,108292$$

$$p' = \frac{2\varkappa P + \mathfrak{P}}{nn} = -0,01376 \;;\quad l-\frac{(2\varkappa P + \mathfrak{P})}{nn} = 8,138618$$

$$q' = \frac{2\varkappa Q + \mathfrak{Q}}{nn} = +0,03749 \;;\quad l\,\frac{2\varkappa Q + \mathfrak{Q}}{nn} = 8,573878$$

$$r' = \frac{2\varkappa R + \mathfrak{R}}{nn} = +0,03006 \;;\quad l\,\frac{2\varkappa R + \mathfrak{R}}{nn} = 8,478023$$

§. 154. Si ſimili modo vlterius ponatur:

$$s' = \frac{2\varkappa S + \mathfrak{S}}{nn};\quad t' = \frac{2\varkappa T + \mathfrak{T}}{nn};\quad v' = \frac{2\varkappa V + \mathfrak{V}}{nn};$$

$$x' = \frac{2\varkappa X + \mathfrak{X}}{nn};\quad y' = \frac{2\varkappa Y + \mathfrak{Y}}{nn};\quad z' = \frac{2\varkappa Z + \mathfrak{Z}}{nn}$$

habe-

habebimus :

$$\frac{d\Phi}{dr} = \text{Praec.} - a'\,\text{cſ}\,2\eta - \frac{\mathfrak{C}}{nn}k\,\text{cſ}\,r - d'k\,\text{cſ}(2\eta - r) - p'e\,\text{cſ}\,s - q'e\,\text{cſ}(2\eta - s)$$
$$- e'k\,\text{cſ}(2\eta + r) \qquad - r'e\,\text{cſ}(2\eta + s)$$
$$- s'ek\,\text{coſ}(r - s) - v'ek\,\text{coſ}(2\eta - r + s) - y'ek\,\text{coſ}(2\eta - r - s)$$
$$- t'ek\,\text{coſ}(r + s) - x'ek\,\text{coſ}(2\eta + r - s) - z'ek\,\text{coſ}(2\eta + r + s)$$

atque poſito $\frac{2}{n} + \frac{\mathfrak{C}}{nn} = c' = 0,147197$; $l\,c' = 9,167900$

$$\frac{d\eta}{dr} = \alpha - a'\,\text{cſ}\,2\eta - c'k\,\text{cſ}\,r - d'k\,\text{cſ}(2\eta - r) + \left(\frac{2}{n} - p'\right)e\,\text{cſ}\,s - q'e\,\text{cſ}(2\eta - s)$$
$$- e'k\,\text{cſ}(2\eta + r) \qquad - r'e\,\text{cſ}\,2\eta + s)$$
$$+ \left(\frac{2}{n} - s'\right)ek\,\text{cſ}(r - s) - v'ek\,\text{cſ}(2\eta - r + s) - y'ek\,\text{cſ}(2\eta - r - s)$$
$$+ \left(\frac{2}{n} - t'\right)ek\,\text{cſ}(r + s) - x'ek\,\text{cſ}(2\eta + r - s) - z'ek\,\text{cſ}(2\eta + r + s)$$

vbi cum ſit $\frac{2}{n} = 0,150876$, erit $\frac{2}{n} - p' = 0,16464$

§. 155. Nunc termini coefficiente $e\,k$ affecti, qui in formis R = et $\frac{ddv}{dr^2}$ inſunt, colligantur : eritque

$$\text{R} = ek\,\text{ſin}\,(r - s)\left(+\frac{3}{2nn}\text{V} - \frac{3}{2nn}\text{X} - \frac{3\text{Q}}{nn} + \frac{3\text{R}}{nn} - \frac{9\,\text{D}}{4nn} + \frac{9\,\text{E}}{4nn}\right)$$
$$ek\,\text{ſin}\,(r + s)\left(+\frac{3}{2nn}\text{Y} - \frac{3}{2nn}\text{Z} - \frac{3\text{R}}{nn} + \frac{3\text{Q}}{nn} + \frac{9\,\text{E}}{4nn} - \frac{9\,\text{D}}{4nn}\right)$$
$$ek\,\text{ſin}\,(2\eta - r + s)\left(-\frac{9}{2} + \frac{3}{2nn}\text{S} + \frac{3\text{P}}{nn}\right)$$
$$ek\,\text{ſin}\,(2\eta + r - s)\left(-\frac{9}{2} + \frac{3}{2nn}\text{S} + \frac{3\text{P}}{nn}\right)$$

ek

$$ek\sin(2\eta-r-s)\left(-\tfrac{\varrho}{2}+\frac{3}{2nn}\mathrm{T}+\frac{3\mathrm{P}}{nn}\right)$$

$$ek\sin(2\eta+r+s)\left(-\tfrac{\varrho}{2}+\frac{3}{2nn}\mathrm{T}+\frac{3\mathrm{P}}{nn}\right)$$

et $$\frac{ddv}{dr^2}=$$

$$ek\cos(r-s)\left\{\begin{array}{l}-3-2\kappa\mathfrak{S}-\beta\mathrm{S}+\tfrac{1}{2}b\mathrm{P}+\frac{3\mathrm{V}}{4nn}+\frac{3\mathrm{X}}{4nn}+\frac{3\mathrm{Q}}{2nn}+\frac{3\mathrm{R}}{2nn}\\ -\frac{9\mathrm{D}}{8nn}-\frac{9\mathrm{E}}{8nn}+\frac{\mathfrak{A}\mathfrak{V}}{nn}+\frac{\mathfrak{A}\mathfrak{Y}}{nn}+\frac{\mathfrak{C}\mathfrak{P}}{nn}+\frac{\mathfrak{D}\mathfrak{Q}}{nn}+\frac{\mathfrak{E}\mathfrak{R}}{nn}\\ +\frac{3\mathrm{AV}}{nn}+\frac{3\mathrm{AX}}{nn}+\frac{3\mathrm{DQ}}{nn}+\frac{3\mathrm{ER}}{nn}-\frac{3\mathrm{AQ}}{2nn}-\frac{3\mathrm{AR}}{2nn}\\ +\frac{3\mathfrak{A}\mathrm{V}}{nn}+\frac{3\mathrm{A}\mathfrak{V}}{nn}+\frac{3\mathfrak{A}\mathrm{X}}{nn}+\frac{3\mathrm{A}\mathfrak{Y}}{nn}+\frac{3\mathfrak{C}\mathrm{P}}{nn}\\ +\frac{3\mathfrak{D}\mathrm{Q}}{nn}+\frac{3\mathrm{D}\mathfrak{Q}}{nn}+\frac{3\mathfrak{E}\mathrm{R}}{nn}+\frac{3\mathrm{E}\mathfrak{R}}{nn}\end{array}\right.$$

$$ek\cos(r+s)\left\{\begin{array}{l}-3-2\kappa\mathfrak{T}-\beta\mathrm{T}+\tfrac{1}{2}b\mathrm{P}+\frac{3\mathrm{Y}}{4nn}-\frac{3\mathrm{Z}}{4nn}+\frac{3\mathrm{Q}}{2nn}+\frac{3\mathrm{R}}{2nn}\\ -\frac{9\mathrm{D}}{8nn}-\frac{9\mathrm{E}}{8nn}+\frac{\mathfrak{A}\mathfrak{Y}}{nn}+\frac{\mathfrak{A}\mathfrak{Z}}{nn}+\frac{\mathfrak{C}\mathfrak{P}}{nn}+\frac{\mathfrak{D}\mathfrak{R}}{nn}+\frac{\mathfrak{E}\mathfrak{Q}}{nn}\\ +\frac{3\mathrm{AY}}{nn}+\frac{3\mathrm{AZ}}{nn}+\frac{3\mathrm{DR}}{nn}+\frac{3\mathrm{EQ}}{nn}-\frac{3\mathrm{AQ}}{2nn}-\frac{3\mathrm{AR}}{2nn}\\ +\frac{3\mathfrak{A}\mathrm{Y}}{nn}+\frac{3\mathrm{A}\mathfrak{Y}}{nn}+\frac{3\mathfrak{A}\mathrm{Z}}{nn}+\frac{3\mathrm{A}\mathfrak{Z}}{nn}+\frac{3\mathfrak{C}\mathrm{P}}{nn}\\ +\frac{3\mathfrak{C}\mathrm{Q}}{nn}+\frac{3\mathrm{E}\mathfrak{Q}}{nn}+\frac{3\mathfrak{D}\mathrm{R}}{nn}+\frac{3\mathrm{D}\mathfrak{R}}{nn}\end{array}\right.$$

ek

$$ek\cos(2\eta-r+s)\begin{cases} -\frac{\rho}{2}-2\kappa\mathfrak{V}-\beta V+\frac{1}{2}bR+\frac{3S}{4nn}-\frac{3D}{4nn}+\frac{3P}{2nn} \\ +\frac{\mathfrak{A}\mathfrak{S}}{nn}+\frac{\mathfrak{C}\mathfrak{R}}{nn}+\frac{\mathfrak{D}\mathfrak{P}}{nn}+\frac{3AS}{nn}+\frac{3DP}{nn}-\frac{3AP}{2nn} \\ +\frac{3\mathfrak{A}S}{nn}+\frac{3A\mathfrak{S}}{nn}+\frac{3\mathfrak{C}R}{nn}+\frac{3\mathfrak{D}P}{nn}+\frac{3D\mathfrak{P}}{nn} \end{cases}$$

$$ek\cos(2\eta+r-s)\begin{cases} -\frac{\rho}{2}-2\kappa\mathfrak{X}-\beta X+\frac{1}{2}bQ+\frac{3S}{4nn}-\frac{3E}{4nn}+\frac{3P}{2nn} \\ +\frac{\mathfrak{A}\mathfrak{S}}{nn}+\frac{\mathfrak{C}\mathfrak{Q}}{nn}+\frac{\mathfrak{E}\mathfrak{P}}{nn}+\frac{3AS}{nn}+\frac{3EP}{nn}-\frac{3AP}{2nn} \\ +\frac{3\mathfrak{A}S}{nn}+\frac{3A\mathfrak{S}}{nn}+\frac{3\mathfrak{C}Q}{nn}+\frac{3\mathfrak{E}P}{nn}+\frac{3E\mathfrak{P}}{nn} \end{cases}$$

$$ek\cos(2\eta-r-s)\begin{cases} -\frac{\rho}{2}-2\kappa\mathfrak{Y}-\beta Y+\frac{1}{2}hQ+\frac{3T}{4nn}-\frac{3D}{4nn}+\frac{3P}{2nn} \\ +\frac{\mathfrak{A}\mathfrak{C}}{nn}+\frac{\mathfrak{C}\mathfrak{Q}}{nn}+\frac{\mathfrak{D}\mathfrak{P}}{nn}+\frac{3AT}{nn}+\frac{3DP}{nn}-\frac{3AP}{2nn} \\ +\frac{3\mathfrak{A}T}{nn}+\frac{3A\mathfrak{T}}{nn}+\frac{3\mathfrak{C}Q}{nn}+\frac{3\mathfrak{D}P}{nn}+\frac{3D\mathfrak{P}}{nn} \end{cases}$$

$$ek\cos(2\eta+r+s)\begin{cases} -\frac{\rho}{2}-2\kappa\mathfrak{Z}-\beta Z+\frac{1}{2}bR+\frac{3T}{4nn}-\frac{3E}{4nn}+\frac{3P}{2nn} \\ +\frac{\mathfrak{A}\mathfrak{T}}{nn}+\frac{\mathfrak{C}\mathfrak{R}}{nn}+\frac{\mathfrak{E}\mathfrak{P}}{nn}+\frac{3AT}{nn}+\frac{3EP}{nn}-\frac{3AP}{2nn} \\ +\frac{3\mathfrak{A}T}{nn}+\frac{3A\mathfrak{T}}{nn}+\frac{3\mathfrak{C}R}{nn}+\frac{3\mathfrak{E}P}{nn}+\frac{3E\mathfrak{P}}{nn} \end{cases}$$

§. 156. Quaeramus ergo quoque ex formula assumta $\int R\,dr$ differentiale, quod erit

$$R =$$

$$ek\sin(r-s)\left(+\mathfrak{A}v'-\mathfrak{A}x'-\mathfrak{D}q'+\mathfrak{E}r'+\frac{1}{n}\mathfrak{P}+\mathfrak{Q}d'-\mathfrak{R}e'-\left(1-\frac{1}{n}\right)\mathfrak{S}-\mathfrak{V}a'+\mathfrak{X}a'\right)$$

$$ek\sin(r+s)\left(+\mathfrak{A}y'-\mathfrak{A}z'-\mathfrak{D}r'+\mathfrak{E}q'-\frac{1}{n}\mathfrak{P}-\mathfrak{Q}e'+\mathfrak{R}d'-\left(1+\frac{1}{n}\right)\mathfrak{T}-\mathfrak{Y}a'+\mathfrak{Z}a'\right)$$

$$ek\sin(2\eta-r+s)\left(-\mathfrak{A}\left(\frac{2}{n}-s'\right)-\mathfrak{D}\left(\frac{2}{n}-p'\right)+\mathfrak{R}c'-\frac{1}{n}\mathfrak{R}-\left(2\alpha-1+\frac{1}{n}\right)\mathfrak{V}\right)$$

$$ek\sin(2\eta+r-s)\left(-\mathfrak{A}\left(\frac{2}{n}-s'\right)-\mathfrak{E}\left(\frac{2}{n}-p'\right)+\mathfrak{Q}c'+\frac{1}{n}\mathfrak{Q}-\left(2\alpha+1-\frac{1}{n}\right)\mathfrak{X}\right)$$

$$ek\sin(2\eta-r-s)\left(-\mathfrak{A}\left(\frac{2}{n}-t'\right)-\mathfrak{D}\left(\frac{2}{n}-p'\right)+\mathfrak{Q}c'+\frac{1}{n}\mathfrak{Q}-\left(2\alpha-1-\frac{1}{n}\right)\mathfrak{Y}\right)$$

$$ek\sin(2\eta+r+s)\left(-\mathfrak{A}\left(\frac{2}{n}-t'\right)-\mathfrak{E}\left(\frac{2}{n}-p'\right)+\mathfrak{R}c'-\frac{1}{n}\mathfrak{R}-\left(2\alpha+1+\frac{1}{n}\right)\mathfrak{Z}\right)$$

§. 157. Ponatur ex differentiatione formae v;

$$S' = \left(1-\frac{1}{n}\right)S-A(v'-x')+Dq'-Er'-\frac{1}{n}P-Qd'+Re'+(V-X)a'$$

$$T' = \left(1+\frac{1}{n}\right)T-A(y'-z')+Dr'-Eq'+\frac{1}{n}P+Qe'-Rd'+(Y-Z)a'$$

$$V' = \left(2\alpha-1+\frac{1}{n}\right)V+A\left(\frac{2}{n}-s'\right)+D\left(\frac{2}{n}-p'\right)-Rc'+\frac{1}{n}R$$

$$X' = \left(2\alpha+1-\frac{1}{n}\right)X+A\left(\frac{2}{n}-s'\right)+E\left(\frac{2}{n}-p'\right)-Qc'-\frac{1}{n}Q$$

$$Y' = \left(2\alpha-1-\frac{1}{n}\right)Y+A\left(\frac{2}{n}-t'\right)+D\left(\frac{2}{n}-p'\right)-Qc'-\frac{1}{n}Q$$

$$Z' = \left(2\alpha+1+\frac{1}{n}\right)Z+A\left(\frac{2}{n}-t'\right)+E\left(\frac{2}{n}-p'\right)-Rc'+\frac{1}{n}R$$

vt

vt habeatur

$$\frac{dv}{dr} = -A'\sin 2\eta - C'k\sin r - D'k\sin(2\eta-r) - E'k\sin(2\eta+r)$$
$$- P'e\sin s - Q'e\sin(2\eta-s) - R'e\sin(2\eta+s)$$
$$- S'ek\sin(r-s) - V'ek\sin(2\eta-r+s) - Y'ek\sin(2\eta-r-s)$$
$$- T'ek\sin(r+s) - X'ek\sin(2\eta+r-s) - Z'ek\sin(2\eta+r+s)$$

§. 158. Haec iam forma denuo differentiata dabit

$$\frac{ddv}{dr^2} = \text{Praec.}$$

$$+ek\cos(r-s)(+A'(v'+x')+D'q'+E'r'-\frac{1}{n}P'+Q'd'+R'e'-(1-\frac{1}{n})S'+(V'+X')a'$$
$$+ek\cos(r+s)(+A'(y'+z')+D'r'+E'q'-\frac{1}{n}P'+Q'e'+R'd'-(1+\frac{1}{n})T'+(Y+Z')a'$$
$$+ek\cos(2\eta-r+s)(-A'(\frac{2}{n}-s')-D'(\frac{2}{n}-p')+R'c'-\frac{1}{n}R'-(2\alpha-1+\frac{1}{n})V')$$
$$+ek\cos(2\eta+r-s)(-A'(\frac{2}{n}-s')-E'(\frac{2}{n}-p')+Q'c'+\frac{1}{n}Q'-(2\alpha+1-\frac{1}{n})X')$$
$$+ek\cos(2\eta-r-s)(-A'(\frac{2}{n}-t')-D'(\frac{2}{n}-p')+Q'c'+\frac{1}{n}Q'-(2\alpha-1-\frac{1}{n})Y')$$
$$+ek\cos(2\eta+r+s)(-A'(\frac{2}{n}-t')-E'(\frac{2}{n}-p')+R'c'-\frac{1}{n}R'-(2\alpha+1+\frac{1}{n})Z')$$

§. 159. Priores autem expressiones, si litterarum cognitarum valores substituantur, sequenti modo prodibunt.

$$\begin{aligned}
R = \; & ek\sin(r-s)\,(-0{,}44856 + 0{,}00854(V-X))\\
& ek\sin(r+s)\,(-0{,}42826 + 0{,}00854\,(Y-Z))\\
& ek\sin(2\eta-r+s)\,(-4{,}51938 + 9{,}00854\,S)\\
& ek\sin(2\eta+r-s)\,(-4{,}51938 + 0{,}00854\,S)\\
& ek\sin(2\eta-r-s)\,(-4{,}51939 + 0{,}00854\,T)\\
& ek\sin(2\eta+r+s)\,(-4{,}51938 + 0{,}00854\,T)
\end{aligned}$$

§. 160.

§. 160. Altera vero forma pro $\frac{ddv}{dr^2}$ fit

$$\frac{ddv}{dr^2} =$$

$$ek\,\mathrm{cf}(r-s)(-2{,}83505-2k\mathfrak{S}-\mathfrak{E}S-0{,}02711(\mathfrak{V}\dagger\mathfrak{X})-0{,}03207(V\dagger X))$$
$$ek\,\mathrm{cf}(r+s)(-3{,}21669-2\varkappa\mathfrak{T}-\mathfrak{E}T-2{,}02711(\mathfrak{Y}\dagger\mathfrak{Z})-0{,}03207(Y\dagger Z))$$
$$ek\,\mathrm{cf}(2\eta-r+s)(-2{,}26927-2\varkappa\mathfrak{V}-\mathfrak{E}V-0{,}02711\,\mathfrak{S}-0{,}03207\,S)$$
$$ek\,\mathrm{cf}(2\eta+r-s)(-0{,}53441-2\varkappa\mathfrak{X}-\mathfrak{E}X-0{,}02711\,\mathfrak{S}-0{,}03207\,S)$$
$$ek\,\mathrm{cf}(2\eta-r-s)(-1{,}36456-2\varkappa\mathfrak{Y}-\mathfrak{E}Y-0{,}02711\,\mathfrak{T}-0{,}03207\,T)$$
$$ek\,\mathrm{cf}(2\eta+r+s)(-1{,}43912-2\varkappa\mathfrak{Z}-\mathfrak{E}Z-0{,}02711\,\mathfrak{T}-0{,}03207\,T)$$

§. 161. Deinde ſimili modo alterae formulae per differentiationem erutae, ſubſtitutis valoribus cognitis ita ſe habebunt.

$$R =$$

$$ek\,\mathrm{fin}(r-s)(+0{,}59883+\mathfrak{A}(v'-x')\cdot(1-\tfrac{1}{n})\mathfrak{S})+0{,}01974(\mathfrak{V}-\mathfrak{X})$$
$$ek\,\mathrm{fin}(r+s)(+0{,}54556+\mathfrak{A}(y'-z')-(1+\tfrac{1}{n})\mathfrak{T})+0{,}01974(\mathfrak{Y}-\mathfrak{Z})$$
$$ek\,\mathrm{fin}(2\eta-r+s)(+0{,}80251+\mathfrak{A}s'-(2\alpha-1+\tfrac{1}{n})\,\mathfrak{V})$$
$$ek\,\mathrm{fin}(2\eta+r-s)(+0{,}59936+\mathfrak{A}s'-(2\alpha+1-\tfrac{1}{n})\,\mathfrak{X})$$
$$ek\,\mathrm{fin}(2\eta-r-s)(+1{,}01199+\mathfrak{A}t'-(2\alpha-1-\tfrac{1}{n})\,\mathfrak{Y})$$
$$ek\,\mathrm{fin}(2\eta+r+s)(+0{,}38988+\mathfrak{A}t'-(\alpha+1+\tfrac{1}{n})\,\mathfrak{Z})$$

Porro

Porro reperiemus sequentes valores

$$S' = (1-\frac{1}{n}) S - A(v'-x') + 0,38693 - 0,01974(V'-X')$$

$$T' = (1+\frac{1}{n}) T - A(y'-z') + 0,18018 - 0,01974(Y'-Z')$$

$$V' = (2\alpha-1+\frac{1}{n}) V - A s' + 5,19902$$

$$X' = (2\alpha+1-\frac{1}{n}) X - A s' - 0,87311$$

$$Y' = (2\alpha-1-\frac{1}{n}) Y - A t' + 4,76391$$

$$Z' = (2\alpha+1+\frac{1}{n}) Z - A t' - 0,43800$$

ac denique $\frac{ddv}{dr^2} =$ Praec.

$$+ek\cos(r-s)(-(1-\frac{1}{n})S' + A'(v'+x') + 2,62592 - 0,01974(V'+X'))$$

$$+ek\cos(r+s)(-(1+\frac{1}{n})T' + A'(y'+z') + 2,16417 - 0,01974(Y'+Z'))$$

$$+ek\cos(2\eta-r+s)(-(2\alpha-1+\frac{1}{n}) V' + A's' - 4,19296)$$

$$+ek\cos(2\eta+r-s)(-(2\alpha+1-\frac{1}{n}) X' + A's' + 1,59777)$$

$$+ek\cos(2\eta-r-s)(-(2\alpha-1-\frac{1}{n}) Y' + A't' - 3,48384)$$

$$+ek\cos(2\eta+r+s)(-(2\alpha+1+\frac{1}{n}) Z' + A't' + 0,88865)$$

 §. 162.

§. 162. Hinc ergo pro determinandis coefficientibus ſequentes obtinemus aequationes

$$(1-\frac{1}{n})\mathfrak{S} = 1{,}04739 - 0{,}00854(V-X) + \mathfrak{A}(v'-x') + 0{,}01974(\mathfrak{V}-\mathfrak{X})$$

$$(1+\frac{1}{n})\mathfrak{T} = 0{,}97382 - 0{,}00858(Y-Z) + \mathfrak{A}(y'-z') + 0{,}01974(\mathfrak{Y}-\mathfrak{Z})$$

$$(2\alpha-1+\frac{1}{n})\,\mathfrak{V} = 5{,}32189 - 0{,}00854\,S + \mathfrak{A}\,s'$$

$$(2\alpha+1-\frac{1}{n})\,\mathfrak{X} = 5{,}11874 - 0{,}00854\,S + \mathfrak{A}\,s'$$

$$(2\alpha-1-\frac{1}{n})\,\mathfrak{Y} = 5{,}53137 - 0{,}00854\,T + \mathfrak{A}\,t'$$

$$(2\alpha+1+\frac{1}{n})\,\mathfrak{Z} = 4{,}90926 - 0{,}00854\,T + \mathfrak{A}\,t'$$

Deinde

$$+5{,}46097 = (1-\frac{1}{n})S' - 2\kappa\mathfrak{S} - \beta S - 0{,}02711(\mathfrak{V}+\mathfrak{X}) - 0{,}03207(V+X)$$
$$- A'(v'+x') + 0{,}01974\,(V'+X')$$

$$+5{,}38086 = (1+\frac{1}{n})T' - 2\kappa\mathfrak{T} - \beta T - 0{,}02711(\mathfrak{Y}+\mathfrak{Z}) - 0{,}03207(Y+Z)$$
$$- A'\,(y'+z') + 0{,}01974\,(Y'+Z')$$

$$-1{,}92371 = (2\alpha-1+\frac{1}{n})V' - 2\kappa\mathfrak{V} - \beta V - 0{,}02711\mathfrak{S} - 0{,}03207\,S - A's'$$

$$+2{,}13218 = (2\alpha+1-\frac{1}{n})X' - 2\kappa\mathfrak{X} - \beta X - 0{,}02711\,\mathfrak{S} - 0{,}03207\,S - A's'$$

$$-2{,}11928 = (2\alpha-1-\frac{1}{n})\,Y' - 2\kappa\mathfrak{Y} - \beta Y - 0{,}02711\,\mathfrak{T} - 0{,}03207\,T - A't'$$

$$+2{,}32777 = (2\alpha+1+\frac{1}{n})\,Z' - 2\kappa\,\mathfrak{Z} - \beta Z - 0{,}02711\,\mathfrak{T} - 0{,}03207\,T - A't'$$

§. 163.

§. 163. Pro vlteriori calculo est

$1-\frac{1}{n}=0,924562$ . . . . . $l(1-\frac{1}{n})=9,965935$

$1+\frac{1}{n}=1,075438$ . . . . . $l(1+\frac{1}{n})=0,031570$

$2\alpha-1+\frac{1}{n}=0,942914$ . . . $l(2\alpha-1+\frac{1}{n})=9,965935$

$2\alpha+1-\frac{1}{n}=2,792038$ . . . $l(2\alpha+1-\frac{1}{n})=0,445915$

$2\alpha-1-\frac{1}{n}=0,792038$ . . . $l(2\alpha-1-\frac{1}{n})=9,898747$

$2\alpha+1+\frac{1}{n}=2,942914$ . . . $l(2\alpha+1+\frac{1}{n})=0,468775$

Hinc in aequationibus posterioribus valores litterarum S′, T′, V′ substituantur, et ob $\mathfrak{E}=1,01591$, erit

$$0,16110S=-5,10323-2\varkappa\mathfrak{S}-A'(v'+x')-0,02711(\mathfrak{V}+\mathfrak{X})$$
$$+0,01974(V'+X')$$
$$+1,21835(v'-x')-0,03207(V+X)$$
$$-0,01825(V-X)$$

$$0,14059T=+5,18709+2\varkappa\mathfrak{T}+A'(y'+z')+0,02711(\mathfrak{Y}+\mathfrak{Z})$$
$$-0,01974(Y'+Z')$$
$$-1,41710(y'-z')+0,03207(Y+Z)$$
$$+0,02124(Y-Z)$$

$$0,12683V=+6,82591-2\varkappa\mathfrak{V}+3,718s'-0,02711\mathfrak{S}$$
$$-0,03207S$$

$$6,77934X=+4,56988+2\varkappa\mathfrak{X}-6,1548s'+0,02711\mathfrak{S}$$
$$+0,03207S$$

$$0,38858Y=+5,89253-2\varkappa\mathfrak{Y}+3,5194t'-0,02711\mathfrak{T}$$
$$-0,03207T$$

$$7,64474Z=+3,61676+2\varkappa\mathfrak{Z}-6,3536t'+0,02711\mathfrak{T}$$
$$+0,03207T$$

§. 164.

§. 164. Commodissime hi coefficientes inueniri videntur, si primo $\mathfrak{V}$, $\mathfrak{X}$, $\mathfrak{Y}$, $\mathfrak{Z}$ et V, X, Y, Z proxime quaerantur, quod fiet terminos minimos negligendo:

$\mathfrak{V} = +5,7560$ . . . $l\,\mathfrak{V} = 0,760125$
$\mathfrak{X} = +1,8334$ . . . $l\,\mathfrak{X} = 0,263245$
$\mathfrak{Y} = +6,9837$ . . . $l\,\mathfrak{Y} = 0,844088$
$\mathfrak{Z} = +1,6643$ . . . $l\,\mathfrak{Z} = 0,221240$
$V = -37,7650$ . . . $l{-}V = 1,577086$
$X = +1,2198$ . . . $l\,X = 0,086293$
$Y = -21,1040$ . . . $l{-}Y = 1,324360$
$Z = +0,9125$ . . . $l\,Z = 9,960209$
$V' = -29,7170$ . . . $v' = -0,398$
$X' = +2,5326$ . . . $x' = +0,024$
$Y' = -11,9510$ . . . $y' = -0,201$
$Z' = +2,2472$ . . . $z' = +0,020$

§. 165. Hic autem valores pro V' et Y' tam fiunt magni, vt vicissim post inuentas litteras S, T nimium valores modo erutos afficiant, vnde necesse erit resolutionem harum aequationum ordinario modo instruere. Reperitur ergo

$\mathfrak{V} = 5,7560 - 0,0193\,S - 0,0050\,\mathfrak{S}$
$\mathfrak{X} = 1,8333 - 0,0064\,S - 0,0016\,\mathfrak{S}$
$\mathfrak{Y} = 6,9837 - 0,0225\,T - 0,0058\,\mathfrak{T}$
$\mathfrak{Z} = 1,6643 - 0,0061\,T - 0,0016\,\mathfrak{T}$
$2\kappa\mathfrak{V} = 11,6155 - 0,0390\,S - 0,0100\,\mathfrak{S}$
$2\kappa\mathfrak{X} = 3,6996 - 0,0129\,S - 0,0033\,\mathfrak{S}$
$2\kappa\mathfrak{Y} = 14,0930 - 0,0455\,T - 0,0118\,\mathfrak{T}$
$2\kappa\mathfrak{Z} = 3,3586 - 0,0122\,T - 0,0032\,\mathfrak{T}$

qui

qui valores ſubſtituti dant:

$$V = -37,7647 + 0,3912\,S + 0,0031\,\mathfrak{S}$$
$$X = +\ 1,2198 - 0,0076\,S - 0,0016\,\mathfrak{S}$$
$$Y = -21,1038 + 0,1385\,T + 0,0121\,\mathfrak{T}$$
$$Z = +\ 0,9125 - 0,0069\,T - 0,0016\,\mathfrak{T}$$

$$2\varkappa V = -76,2085 + 0,7893\,S + 0,0064\,\mathfrak{S}$$
$$2\varkappa X = +\ 2,4616 - 0,0153\,S - 0,0033\,\mathfrak{S}$$
$$2\varkappa Y = -\ 42,5870 + 0,2794\,T + 0,0244\,\mathfrak{T}$$
$$2\varkappa Z = +\ 1,8413 - 0,0140\,T - 0,0033\,\mathfrak{T}$$

§. 166. Hinc porro valores deriuati erunt

$$V' = -\ 29,7167 + 0,3767\,S + 0,0094\,\mathfrak{S}$$
$$X' = +\ 2,5326 - 0,0061\,S + 0,0029\,\mathfrak{S}$$
$$Y' = -\ 11,9511 + 0,1248\,T + 0,0161\,\mathfrak{T}$$
$$Z' = +\ 2,2472 - 0,0054\,T + 0,0028\,\mathfrak{T}$$

$$v' = -\ 0,4009 + 0,0044\,S + 0,0001\,\mathfrak{S}$$
$$x' = +\,0,0244$$
$$y' = -\ 0,2026 + 0,0015\,T + 0,0001\,\mathfrak{T}$$
$$z' = +\,0,0200$$

ac porro

$$\mathfrak{V} - \mathfrak{X} = 3,9227 - 0,0129\,S - 0,0034\,\mathfrak{S}$$
$$\mathfrak{Y} - \mathfrak{Z} = 5,3194 - 0,0164\,T - 0,0042\,\mathfrak{T}$$
$$V - X = -38,9845 + 0,3988\,S + 0,0047\,\mathfrak{S}$$
$$Y - Z = -22,0163 + 0,1454\,T + 0,0137\,\mathfrak{T}$$

$$\mathfrak{V} + \mathfrak{X} = 7,5893 - 0,0257\,S - 0,0066\,\mathfrak{S}$$
$$\mathfrak{Y} + \mathfrak{Z} = 8,6480 - 0,0286\,T - 0,0074\,\mathfrak{T}$$
$$V + X = -36,5449 + 0,3836\,S + 0,0015\,\mathfrak{S}$$
$$Y + Z = -20,1913 + 0,1316\,T + 0,0105\,\mathfrak{T}$$

$$V'+X' = -27,1841 + 0,3706\,S + 0,0123\,\mathfrak{S}$$
$$Y'+Z' = -9,7039 + 0,1194\,T + 0,0189\,\mathfrak{T}$$
$$v'-x' = -0,4253 + 0,0044\,S + 0,0001\,\mathfrak{S}$$
$$y'-z' = -0,2226 + 0,0015\,T + 0,0001\,\mathfrak{T}$$
$$v'+x' = -0,3765 + 0,0044\,S + 0,0001\,\mathfrak{S}$$
$$y'+z' = -0,1826 + 0,0015\,T + 0,0001\,\mathfrak{T}$$

§. 167. His valoribus ſubſtitutis reperitur

$$\left(1-\frac{1}{n}\right)\mathfrak{S} = +1,8024 - 0,0070\,S$$
$$\left(1+\frac{1}{n}\right)\mathfrak{T} = +1,4453 - 0,0027\,T$$

vnde concluditur

$\mathfrak{S} = 1,9495 - 0,0075\,S$	$2n\mathfrak{S} = 3,9340 - 0,0160\,S$
$\mathfrak{T} = 1,3440 - 0,0025\,T$	$2n\mathfrak{T} = 2,7121 - 0,0053\,T$
$0,1401\,S = -9,2444$	$0,1479\,T = +7,9767$

§. 168. Nunc igitur habebimus

$S = -66,6980$	. . .	$l-S = 1,824113$
$T = +53,9330$	. . .	$l\,T = 1,731855$
$\mathfrak{S} = +2,4497$	. . .	$l\,\mathfrak{S} = 0,389113$
$\mathfrak{T} = +1,2092$	. . .	$l\,\mathfrak{T} = 0,082498$
$s' = -0,75204$	. . .	$l-s' = 9,876241$
$t' = +0,62626$	. . .	$l\,t' = 9,796755$
$v' = -0,6942$	. . .	$l-v' = 9,841484$
$x' = +0,0244$	. . .	$l\,x' = 8,387390$
$y' = -0,1216$	. . .	$l-y' = 9,084933$
$z' = +0,0200$	. . .	$l\,z' = 9,301030$

$\mathfrak{V} =$

$\mathfrak{V} = +7{,}0311$	. . .	$l\,\mathfrak{V} = 0{,}847029$
$\mathfrak{X} = +2{,}2561$	. . .	$l\,\mathfrak{X} = 0{,}353358$
$\mathfrak{Y} = +5{,}7659$	. . .	$l\,\mathfrak{Y} = 0{,}760867$
$\mathfrak{Z} = +1{,}3339$	. . .	$l\,\mathfrak{Z} = 0{,}125123$
$V = -63{,}8498$	. . .	$l{-}V = 1{,}805160$
$X = +1{,}7451$	. . .	$l\,X = 0{,}241820$
$Y = -13{,}6222$	. . .	$l{-}Y = 1{,}134241$
$Z = +0{,}5356$	. . .	$l\,Z = 9{,}728840$

§. 169. His iam valoribus inuentis pro diſtantia lunae $x = \frac{(1-kk)\,au}{1-k\cos r}$ erit valoris ipſius u portio ab his terminis pendens:

		Log. coeff.
$u =$ Praec.	$-\ 0{,}3796\ ek \cos(r-s)$	9,579297
	$+\ 0{,}3069\ ek \cos(r+s)$	9,487093
	$-\ 0{,}3634\ ek \cos(2\eta-r+s)$	9,560344
	$+\ 0{,}0099\ ek \cos(2\eta+r-s)$	7,997004
	$-\ 0{,}0775\ ek \cos(2\eta-r-s)$	8,889425
	$+\ 0{,}0030\ ek \cos(2\eta+r+s)$	7,484024

et pro longitudine lunae

$$\frac{d\Phi}{dr} = \text{Praec.} + 0{,}7520\ ek \cos(r-s)$$
$$-\ 0{,}6263\ ek \cos(r+s)$$
$$+\ 0{,}6942\ ek \cos(2\eta-r+s)$$
$$-\ 0{,}0244\ ek \cos(2\eta+r-s)$$
$$+\ 0{,}1216\ ek \cos(2\eta-r-s)$$
$$-\ 0{,}0200\ ek \cos(2\eta+r+s)$$

 cuius

cuius integrale si ponatur:

$$\varphi = \text{Praec.} + \mathfrak{S}'ek\,\text{sn}(r-s) + \mathfrak{B}'ek\,\text{sn}(2\eta-r+s) + \mathfrak{Y}'ek\,\text{sn}(2\eta-r-s)$$
$$+ \mathfrak{T}'ek\,\text{sn}(r+s) + \mathfrak{X}'ek\,\text{sn}(2\eta+r-s) + \mathfrak{Z}ek\,\text{sn}(2\eta+r+s)$$

erit

$$+0{,}7520 = (1-\tfrac{1}{n})\mathfrak{S}' - \mathfrak{A}'(v'+x') - \mathfrak{D}'q' - \mathfrak{E}'r' + \tfrac{1}{n}\mathfrak{P}' - \mathfrak{Q}'d' - \mathfrak{N}'e' - (\mathfrak{B}'+\mathfrak{X}')a'$$

$$-0{,}6263 = (1+\tfrac{1}{n})\mathfrak{T}' - \mathfrak{A}'(y'+z') - \mathfrak{D}'r' - \mathfrak{E}'q' + \tfrac{1}{n}\mathfrak{P}' - \mathfrak{Q}'e' - \mathfrak{N}'d' - (\mathfrak{Y}'+\mathfrak{Z}')a'$$

$$+0{,}6942 = (2\alpha-1+\tfrac{1}{n})\mathfrak{B}' + \mathfrak{A}'(\tfrac{2}{n}-s') + \mathfrak{D}'(\tfrac{2}{n}-p') - \mathfrak{N}'(c'-\tfrac{1}{n})$$

$$-0{,}0244 = (2\alpha+1-\tfrac{1}{n})\mathfrak{X}' + \mathfrak{A}'(\tfrac{2}{n}-s') + \mathfrak{E}'(\tfrac{2}{n}-p') - \mathfrak{Q}'(c'+\tfrac{1}{n})$$

$$+0{,}1216 = (2\alpha-1-\tfrac{1}{n})\mathfrak{Y} + \mathfrak{A}'(\tfrac{2}{n}-t') + \mathfrak{D}'(\tfrac{2}{n}-p') - \mathfrak{Q}'(c'+\tfrac{1}{n})$$

$$-0{,}0200 = (2\alpha+1+\tfrac{1}{n})\mathfrak{Z} + \mathfrak{A}'(\tfrac{2}{n}-t') + \mathfrak{E}'(\tfrac{2}{n}-p') - \mathfrak{N}'(c'-\tfrac{1}{n})$$

§. 170. Hinc autem reperitur

$\mathfrak{S}' = +0{,}7467$	. . .	$l\,\mathfrak{S}' = 9{,}873165$
$\mathfrak{T}' = -0{,}6185$	. . .	$l-\mathfrak{T}' = 9{,}791317$
$\mathfrak{B}' = +0{,}8143$	. . .	$l\,\mathfrak{B}' = 9{,}910800$
$\mathfrak{X}' = -0{,}0142$	. . .	$l-\mathfrak{X}' = 8{,}150690$
$\mathfrak{Y}' = +0{,}2396$	. . .	$l\,\mathfrak{Y}' = 9{,}379550$
$\mathfrak{Z}' = -0{,}0061$	. . .	$l-\mathfrak{Z}' = 7{,}788910$

§. 171.

§. 171. Quatenus ergo longitudo Lunae ab excentricitate orbitae solis pendet, erit

				log. coeff.
$\varphi =$ Praec.	$+ 0,201385\,e$	$\sin s$		9,304026
	$- 0,021889\,e$	$\sin(2\eta - s)$		8,340237
	$- 0,016368\,e$	$\sin(2\eta + s)$		8,214002
	$+ 0,06615\,ee$	$\sin 2s$		8,820508
	$+ 0,02332\,ee$	$\sin(2\eta - 2s)$		8,367825
	$+ 0,00840\,ee$	$\sin(2\eta + 2s)$		7,924429
	$+ 0,7476\,e\,k$	$\sin(r - s)$		9,873165
	$- 0,6185\,e\,k$	$\sin(r + s)$		9,791317
	$+ 0,8143\,e\,k$	$\sin(2\eta - r + s)$		9,910800
	$- 0,0142\,e\,k$	$\sin(2\eta + r - s)$		8,150690
	$+ 0,2396\,e\,k$	$\sin(2\eta - r - s)$		9,379550
	$- 0,0061\,e\,k$	$\sin(2\eta + r + s)$		7,788910

§. 172. Hae autem ſingulae inaequalitates ad numerum minutorum ſecundorum reductae dabunt :

			log. coeff.
$\Phi =$ Praec.	$+ 701'', 1$	$\sin s$	2,845780
	$- 75, 8$	$\sin (2\eta - s)$	1,879971
	$- 56, 7$	$\sin (2\eta + s)$	1,753736
	$+ 3, 8$	$\sin 2s$	0,585551
	$+ 1, 4$	$\sin (2\eta - 2s)$	0,132862
	$+ 0, 5$	$\sin (2\eta + 2s)$	9,689472
	$+ 140, 9$	$\sin (r - s)$	2,148800
	$- 116, 7$	$\sin (r + s)$	2,067000
	$+ 153, 7$	$\sin (2\eta - r + s)$	2,186530
	$- 2, 7$	$\sin (2\eta + r - s)$	0,426300
	$+ 45, 2$	$\sin (2\eta - r - s)$	1,655200
	$+ 1, 2$	$\sin (2\eta + r + s)$	0,064600

Hic ſcilicet et inaequalitates, quas in capite praecedente inuenimus, et iſtas in hoc capite erutas ſimul ſum complexus, vt coniunctim conſpectui exponerentur.

CAPUT

CAPUT XI.

INUESTIGATIO INAEQUALITATUM LUNAE A PARALLAXI SOLIS PENDENTIUM.

§ 173.

Jam in formulis nostris primariis ad eos quoque terminos progrediamur, qui littera ν sunt affecti, et quoniam est $1:\nu$ vt distantia Solis media ad distantiam Lunae mediam a Terra, erit $1:\nu$ vt parallaxis Lunae media ad parallaxin solis: ex quo inaequalitates Lunae, quae hinc oriuntur, a parallaxi solis pendere dicuntur. Quoniam vero valor ipsius ν est valde paruus, quippe $\frac{1}{280}$ propemodum, alios terminos non contemplabimur, nisi qui per ν ac per νk et νe sunt multiplicati, propterea quod magis compositi fiant minimi.

§. 174. Ex terminis ergo iam inuentis hic retineamus eos, qui sunt alicuius momenti, et cum iis nouos determinandos coniungamus; sit ergo:

$$\begin{aligned} \int R\,dr = {} & \mathfrak{A} \cos 2\eta + \mathfrak{C} k \cos r + \mathfrak{D} k \cos(2\eta-r) + \mathfrak{P} e \cos s + \mathfrak{Q} e \cos(2\eta-s) \\ & \qquad\qquad + \mathfrak{E} k \cos(2\eta+r) \qquad\qquad + \mathfrak{R} e \cos(2\eta+s) \\ & + \mathfrak{F} \nu \cos \nu \quad + \mathfrak{H} \nu k \cos(\eta-r) \quad + \mathfrak{K} \nu e \cos(\eta-s) \\ & + \mathfrak{G} \nu \cos 3\eta \quad + \mathfrak{J} \nu k \cos(\eta+r) \quad + \mathfrak{L} \nu e \cos(\eta+s) \end{aligned}$$

$$\begin{aligned} v = {} & A \cos 2\eta \;.\;.\; + D k \cos(2\eta-r) + P e \cos s + Q e \cos(2\eta-s) \\ & \qquad\qquad + E k \cos(2\eta+r) \qquad\qquad + R e \cos(2\eta+s) \\ & + F \nu \cos \eta \quad + H \nu k \cos(\eta-r) \quad + K \nu e \cos(\eta-s) \\ & + G \nu \cos 3\eta \quad + J \nu k \cos(\eta+r) \quad + L \nu e \cos(\eta+s) \end{aligned}$$

Non

Non difficulter enim praeuidere licet, terminos, qui angulos r et s cum angulo 3η habeant coniunctos, fore tam exiguos, vt sine errore praetermitti queant.

§. 175. Quodsi iam retentis litterarum §. 153. inductarum valoribus, praeterea ponamus:

$$f' = \frac{2\varkappa F + \mathfrak{F}}{nn}\;;\quad g' = \frac{2\varkappa G + \mathfrak{G}}{nn}\;;\quad h' = \frac{2\varkappa H + \mathfrak{H}}{nn}$$

$$i' = \frac{2\varkappa J + \mathfrak{J}}{nn}\;;\quad k' = \frac{2\varkappa K + \mathfrak{K}}{nn}\;;\quad l' = \frac{2\varkappa L + \mathfrak{L}}{nn}$$

habebimus:

$$\begin{aligned}\frac{d\Phi}{dr} = \text{Praec.} &- a'\cos 2\eta - \frac{\mathfrak{C}}{nn}k\cos r - d'k\cos(2\eta - r) - p'e\cos s - q'e\cos(2\eta - s)\\ &- e'k\cos(2\eta + r) \qquad\qquad - r'e\cos(2\eta + s)\\ &- f'v\cos\eta - h'vk\cos(\eta - r) - k've\cos(\eta - s)\\ &- g'v\cos 3\eta - i'vk\cos(\eta + r) - l've\cos(\eta + s)\end{aligned}$$

atque

$$\begin{aligned}\frac{d\eta}{dr} = \alpha &- a'\cos 2\eta - c'k\cos r - d'k\cos(2\eta - r) + \left(\frac{2}{n} - p'\right)e\cos s - q'e\cos(2\eta - s)\\ &- e'k\cos(2\eta + r) \qquad\qquad - r'e\cos(2\eta + s)\\ &- f'v\cos\eta - h'vk\cos(\eta - r) - k've\cos(\eta - s)\\ &- g'v\cos\eta - i'vk\cos(\eta + s) - l've\cos(\eta + s)\end{aligned}$$

§. 176. Jam vero pro his terminis ab v pendentibus sequentes colligemus aequationes.

$$R = v\sin\eta\left(\tfrac{3}{8} + \frac{3F - 3G}{2nn}\right)$$

$$v\sin 3\eta\left(\tfrac{15}{8} + \frac{3F}{2nn}\right)$$

$v\,k$

$$v k \sin(\eta - r) \left(\tfrac{15}{16} + \frac{3J}{2nn} + \frac{3F}{nn} - \frac{3G}{nn} \right)$$

$$v k \sin(\eta + r) \left(\tfrac{15}{16} + \frac{3H}{2nn} - \frac{3G}{nn} + \frac{3F}{nn} \right)$$

$$v e \sin(\eta - s) \left(-\tfrac{3}{4} + \frac{3L}{2nn} - \frac{9F}{4nn} + \frac{9G}{4nn} \right)$$

$$v e \sin(\eta + s) \left(-\tfrac{3}{4} + \frac{3K}{2nn} + \frac{9G}{4nn} - \frac{9F}{4nn} \right)$$

$$\frac{ddv}{dr^2} =$$

$$v \cos\eta \quad \left\{ \tfrac{9}{8} - \varepsilon F + \frac{3F}{4nn} + \frac{3G}{4nn} - 2\kappa\mathfrak{F} + \frac{\mathfrak{A}\mathfrak{F}}{nn} + \frac{\mathfrak{A}\mathfrak{G}}{nn} \right.$$

$$v \cos 3\eta \quad \left\{ \tfrac{15}{8} - \varepsilon G + \frac{3F}{4nn} - 2\kappa\mathfrak{G} + \frac{\mathfrak{A}\mathfrak{F}}{nn} \right.$$

$$k \cos(\eta - r) \left\{ \begin{array}{l} \tfrac{45}{16} - \varepsilon H + \tfrac{1}{2} b F + \frac{3J}{4nn} + \frac{3F}{2nn} + \frac{3G}{2nn} - 2\kappa\mathfrak{H} \\ + \frac{\mathfrak{A}\mathfrak{J}}{nn} + \frac{\mathfrak{C}\mathfrak{F}}{nn} + \frac{\mathfrak{D}\mathfrak{F}}{nn} + \frac{\mathfrak{E}\mathfrak{G}}{nn} \end{array} \right.$$

$$k \cos(\eta + r) \left\{ \begin{array}{l} \tfrac{45}{16} - \varepsilon J + \tfrac{1}{2} b F + \frac{3H}{4nn} + \frac{3G}{2nn} + \frac{3F}{2nn} - 2\kappa\mathfrak{J} \\ + \frac{\mathfrak{A}\mathfrak{H}}{nn} + \frac{\mathfrak{C}\mathfrak{F}}{nn} + \frac{\mathfrak{D}\mathfrak{G}}{nn} + \frac{\mathfrak{E}\mathfrak{F}}{nn} \end{array} \right.$$

$$v\,e\cos(\eta - s)\begin{cases} -\frac{9}{4}-\mathcal{E}K+\frac{3L}{4nn}-\frac{3F}{4nn}-\frac{9F}{8nn}-\frac{9G}{8nn}-2\,\kappa\,\mathfrak{K} \\ +\frac{\mathfrak{A}\mathfrak{L}}{nn}+\frac{\mathfrak{F}\mathfrak{P}}{nn}+\frac{\mathfrak{F}\mathfrak{Q}}{nn}+\frac{\mathfrak{G}\mathfrak{R}}{nn} \end{cases}$$

$$v\,e\cos(\eta + s)\begin{cases} -\frac{9}{4}-\mathcal{E}L+\frac{3K}{4nn}-\frac{3F}{4nn}-\frac{9F}{8nn}-\frac{9G}{8nn}-2\,\kappa\,\mathfrak{L} \\ +\frac{\mathfrak{A}\mathfrak{K}}{nn}+\frac{\mathfrak{F}\mathfrak{P}}{nn}+\frac{\mathfrak{F}\mathfrak{R}}{nn}+\frac{\mathfrak{G}\mathfrak{Q}}{nn} \end{cases}$$

ſequentes partes ſeorſim exponamus:

$$v\cos\eta\begin{cases} +\frac{3\mathfrak{A}F}{nn}+\frac{3\mathfrak{A}G}{nn}+\frac{3A\mathfrak{F}}{nn}+\frac{3A\mathfrak{G}}{nn}+\frac{3AF}{nn}+\frac{3AG}{nn} \\ +\frac{9A}{8nn}+\frac{15A}{8nn} \end{cases}$$

$$v\cos 3\eta\ \left\{ +\frac{3\mathfrak{A}F}{nn}+\frac{3\mathfrak{A}\mathfrak{F}}{nn}+\frac{3AF}{nn}+\frac{9A}{8nn} \right.$$

$$v\,k\cos(\eta - r)\begin{cases} \frac{3\mathfrak{A}J}{nn}+\frac{3\mathfrak{C}F}{nn}+\frac{3\mathfrak{D}F}{nn}+\frac{3\mathfrak{E}G}{nn}+\frac{3A\mathfrak{J}}{nn}+\frac{3D\mathfrak{F}}{nn} \\ +\frac{3E\mathfrak{G}}{nn}+\frac{3AJ}{nn}+\frac{3DF}{nn}+\frac{3EG}{nn}-\frac{3AF}{nn}-\frac{3AG}{nn} \\ +\frac{9D}{8nn}+\frac{15E}{8nn} \end{cases}$$

$$v\,k\cos(\eta + r)\begin{cases} \frac{3\mathfrak{A}H}{nn}+\frac{3\mathfrak{C}F}{nn}+\frac{3\mathfrak{D}\mathfrak{G}}{nn}+\frac{3\mathfrak{E}F}{nn}+\frac{3A\mathfrak{H}}{nn} \\ +\frac{3D\mathfrak{G}}{nn}+\frac{3E\mathfrak{F}}{nn}+\frac{3AH}{nn}+\frac{3DG}{nn}+\frac{3EF}{nn} \\ -\frac{3AF}{2nn}-\frac{3AG}{2nn}+\frac{9E}{8nn}+\frac{15D}{8nn} \end{cases}$$

ve coſ

$$ve\cos(\eta - s)\begin{cases} \dfrac{3\mathfrak{A}L}{nn} + \dfrac{3\mathfrak{P}F}{nn} + \dfrac{3\mathfrak{Q}F}{nn} + \dfrac{3\mathfrak{R}G}{nn} + \dfrac{3A\mathfrak{L}}{nn} \\ + \dfrac{3P\mathfrak{F}}{nn} + \dfrac{3Q\mathfrak{F}}{nn} + \dfrac{3R\mathfrak{G}}{nn} + \dfrac{3AL}{nn} + \dfrac{3PF}{nn} + \dfrac{3QF}{nn} \\ + \dfrac{3RG}{nn} + \dfrac{9P}{8nn} + \dfrac{9Q}{8nn} + \dfrac{15R}{8nn} \end{cases}$$

$$ve\cos(\eta + s)\begin{cases} \dfrac{3\mathfrak{A}K}{nn} + \dfrac{3\mathfrak{P}F}{nn} + \dfrac{3\mathfrak{Q}G}{nn} + \dfrac{3\mathfrak{R}F}{nn} + \dfrac{3A\mathfrak{K}}{nn} + \dfrac{3PF}{nn} \\ + \dfrac{3Q\mathfrak{G}}{nn} + \dfrac{3R\mathfrak{F}}{nn} + \dfrac{3AK}{nn} + \dfrac{3PF}{nn} + \dfrac{3QF}{nn} + \dfrac{3QG}{nn} \\ + \dfrac{9P}{8nn} + \dfrac{9R}{8nn} + \dfrac{15Q}{8nn} \end{cases}$$

§. 177. Verum differentiando nanciſcemur

$$R = \!=\!=\!=$$

$$v\sin\eta \quad \{\mathfrak{A}f' - \mathfrak{A}g' - \alpha\mathfrak{F} - \tfrac{1}{2}\mathfrak{F}e' + \tfrac{3}{2}\mathfrak{G}a'$$

$$v\sin 3\eta \quad \{\mathfrak{A}f' + \tfrac{1}{2}\mathfrak{F}a' - 3\alpha\mathfrak{G}$$

$$vk\sin(\eta - r)\ \{\mathfrak{A}c' + \mathfrak{D}f' - \mathfrak{E}g' + \tfrac{1}{2}\mathfrak{F}c' - \tfrac{1}{2}\mathfrak{F}d + \tfrac{3}{2}\mathfrak{G}e' - (\alpha - 1)\mathfrak{H} - \tfrac{1}{2}\mathfrak{J}a'$$

$$vk\sin(\eta + r)\begin{cases} \mathfrak{A}h' - \mathfrak{D}g' + \mathfrak{E}f' + \tfrac{1}{2}\mathfrak{F}c' - \tfrac{1}{2}\mathfrak{F}e' + \tfrac{3}{2}\mathfrak{G}d' - \tfrac{1}{2}\mathfrak{H}a', \\ \qquad (\alpha + 1)\mathfrak{J} \end{cases}$$

$$ve\sin(\eta - s)\begin{cases} + \mathfrak{A}l' + \mathfrak{Q}f' - \mathfrak{R}g' - \tfrac{1}{2}\left(\dfrac{2}{n} - p'\right)\mathfrak{F} - \tfrac{1}{2}\mathfrak{F}q' + \tfrac{3}{2}\mathfrak{G}r' \\ \qquad - \left(\alpha - \dfrac{1}{n}\right)\mathfrak{K} - \tfrac{1}{2}\mathfrak{L}a' \end{cases}$$

$$ve\sin(\eta + s)\begin{cases} + \mathfrak{A}k' - \mathfrak{Q}g' + \mathfrak{R}f' - \tfrac{1}{2}\left(\dfrac{2}{n} - p'\right)\mathfrak{F} - \tfrac{1}{2}\mathfrak{F}r' + \tfrac{3}{2}\mathfrak{G}q' \\ \qquad - \left(\alpha + \dfrac{1}{n}\right)\mathfrak{L} - \tfrac{1}{2}\mathfrak{K}a' \end{cases}$$

Deinde posito

$$F' = \alpha\ F - A(f'-g') + \tfrac{1}{2}Fa' - \tfrac{3}{2}Ga'$$
$$G' = 3\alpha\ G - Af' - \tfrac{1}{2}Fa'$$
$$H' = (\alpha-1)H - Ai' - Df' + Eg' - \tfrac{1}{2}Fc' + \tfrac{1}{2}Fd' - \tfrac{3}{2}Ge' + \tfrac{1}{2}Ja'$$
$$J' = (\alpha+1)J - Ab' + Dg' - Ef' - \tfrac{1}{2}Fc' + \tfrac{1}{2}Fe' - \tfrac{3}{2}Gd' + \tfrac{1}{2}Ha'$$
$$K' = (\alpha-1)K - Al' - Qf' + Rg' + \tfrac{1}{2}F(\tfrac{2}{n}-p') + \tfrac{1}{2}Fq' - \tfrac{3}{2}Gr' + \tfrac{1}{2}La'$$
$$L' = (\alpha+1)L - Ak' + Qg' - Rf' + \tfrac{1}{2}F(\tfrac{2}{n}-p') + \tfrac{1}{2}Fr' - \tfrac{3}{2}Gq' + \tfrac{1}{2}Ka'$$

erit

$$\begin{aligned}\frac{dv}{dr} = &- A'\sin 2\eta - D'k\sin(2\eta-r) - P'e\sin s - Q'e\sin(2\eta-s)\\ &\qquad - E'k\sin(2\eta+r) \qquad\qquad - R'e\sin(2\eta+s)\\ &- F'v\sin\eta - H'vk\sin(\eta-r) - K've\sin(\eta-s)\\ &- G'v\sin 3\eta - J'vk\sin(\eta+r) - L've\sin(\eta+s)\end{aligned}$$

§. 178. Hinc iam denuo differentiando consequemur:

$$\frac{ddv}{dr^2} = \text{Praec.}$$

$$\begin{aligned}&+ v\cos\eta\ \left[+A'f' + A'g' - \alpha F' + \tfrac{1}{2}F'a' + \tfrac{3}{2}G'a'\right.\\
&+ v\cos 3\eta\ \left[+A'f' + \tfrac{1}{2}F'a' - 3\alpha G'\right.\\
&+ vk\cos(\eta-r)\left\{\begin{aligned}&+A'i' + D'f' + E'g' + \tfrac{1}{2}F'c' + \tfrac{1}{2}F'd' + \tfrac{3}{2}G'e'\\ &\qquad - (\alpha-1)H' + \tfrac{1}{2}J'a'\end{aligned}\right.\\
&+ vk\cos(\eta+r)\left\{\begin{aligned}&+A'b' + E'f' + D'g' + \tfrac{1}{2}F'c' + \tfrac{1}{2}F'e' + \tfrac{3}{2}G'd'\\ &\qquad + \tfrac{1}{2}H'a' - (\alpha+1)J'\end{aligned}\right.\\
&+ ve\cos(\eta-s)\left\{\begin{aligned}&+A'l' + Q'f' + R'g' - \tfrac{1}{2}(\tfrac{2}{n}-p')F' + \tfrac{1}{2}F'g' + \tfrac{2}{3}G'r'\\ &\qquad - (\alpha-\tfrac{1}{n})K' + \tfrac{1}{2}L'a'\end{aligned}\right.\end{aligned}$$

+

$$+\nu e \cos(\eta+s)\left\{\begin{array}{r} +A'k'+R'f'+Q'g'-\frac{1}{2}\left(\frac{2}{n}-p'\right)F'+\frac{1}{2}F'r'+\frac{3}{2}G'q' \\ +\frac{1}{2}K'a'-\left(\alpha+\frac{1}{n}\right)L' \end{array}\right.$$

qui valores cum antecedentibus comparari debent, vt inde valores coefficientium eliciantur.

§. 179. Sumamus primo duos valores ab initio pofitos, quoniam hi a fequentibus non pendent, atque habebimus,

$$o = \alpha\mathfrak{F} - \mathfrak{A}f' + \mathfrak{A}g' + \tfrac{1}{2}\mathfrak{F}a' - \tfrac{3}{2}\mathfrak{G}a' + \tfrac{3}{8} + \frac{3F-3G}{2nn}$$

$$o = 3\alpha\mathfrak{G} - \mathfrak{A}f' - \tfrac{1}{2}\mathfrak{F}a' + \tfrac{15}{8} + \frac{3F}{2nn}$$

$$o = \alpha F' - A'f' - A'g' - \tfrac{1}{2}F'a' - \tfrac{3}{2}G'a' + \tfrac{9}{8} - \beta F - 2\kappa\mathfrak{F}$$
$$+\frac{3(F+G)}{4nn} + \frac{(\mathfrak{A}+3A)}{nn}(\mathfrak{F}+\mathfrak{G}) + \frac{(3A+3A)}{nn}(F+G) + \frac{3A}{nn}$$

$$o = 3\alpha G' - A'f' - \tfrac{1}{2}F'a' + \tfrac{15}{8} - \beta G - 2\kappa G$$
$$+\frac{3F}{4nn} + \frac{(\mathfrak{A}+3A)}{nn}\mathfrak{F} + \frac{(3\mathfrak{A}+3A)}{nn}F + \frac{9A}{8nn}$$

et $F' = \alpha F - A(f'-g') + \tfrac{1}{2}Fa' - \tfrac{3}{2}Ga'$

$G' = 3\alpha G - Af' - \tfrac{1}{2}Fa'$

at eft $f' = \dfrac{2\kappa F+\mathfrak{F}}{nn}$ et $g' = \dfrac{2\kappa G+\mathfrak{G}}{nn}$.

Hic igitur primum litterarum, quae funt cognitae, valores in numeris fubftituantur, eritque

$F' = 0,93905\,F + 0,00753\,\mathfrak{F} + 0,01443\,G - 0,00753\,\mathfrak{G}$

$G' = 2,80121\,G + 0,02505\,F + 0,00753\,\mathfrak{F}$

$0 = 0,92847\,\mathfrak{F} + 0,01776\,F - 0,01776\,G - 0,02501\,\mathfrak{G} + 0,37500$

$0 = 2,80121\,\mathfrak{G} + 0,01447\,\mathfrak{F} + 0,01776\,F + 1,87500$

hincque

$\mathfrak{F} = -0,01930\,F + 0,01913\,G - 0,42145$

$\mathfrak{G} = -0,00623\,F - 0,00010\,G - 0,66717$

§. 180. Inde porro colligemus

$F' = 0,93895\,F + 0,01457\,G + 0,00185$

$G' = 0,02491\,F + 2,80135\,G - 0,00317$

$f' = 0,01138\,F + 0,00011\,G - 0,00240$

$g' = -0,00004\,F + 0,01148\,G - 0,00380$

quibus valoribus substitutis peruenimus ad has aequationes:

$0,09337\,F = +0,05421\,G + 1,96867$

$6,83135\,G = -0,08830\,F - 3,20944$

vnde fit:

$F = 20,65700$ . . . $l\,F = 1,315067$

$G = -0,73681$ . . . $l{-}G = 9,867356$

$\mathfrak{F} = -0,83418$ . . . $l{-}\mathfrak{F} = 9,921260$

$\mathfrak{G} = -0,79580$ . . . $l{-}\mathfrak{G} = 9,900804$

$F' = +19,38712$ . . . $l\,F' = 1,287512$

$G' = -1,55266$ . . . $l{-}G' = 0,191075$

$f' = +0,23259$ . . . $l\,f' = 9,366501$

$g' = -0,01309$ . . . $l{-}g' = 8,116940$

§. 181.

§. 181. His valoribus, qui ad inaequalitates absolutas pertinent, expeditis, progrediamur ad eos, qui ab excentricitate orbitae lunaris pendent, ac his aequationibus continentur:

$$(\alpha-1)\mathfrak{H} - \mathfrak{A}i' + \tfrac{1}{2}\mathfrak{J}a' - \mathfrak{D}f' + \mathfrak{E}g' - \tfrac{1}{2}\mathfrak{F}(c'-d') - \tfrac{3}{2}\mathfrak{G}e'$$

$$+ \tfrac{15}{16} + \frac{3J}{2nn} + \frac{3(F-G)}{nn} = 0$$

$$(\alpha+1)\mathfrak{J} - \mathfrak{A}b' + \tfrac{1}{2}\mathfrak{H}a' + \mathfrak{D}g' - \mathfrak{E}f' - \tfrac{1}{2}\mathfrak{F}(c'-e') - \tfrac{3}{2}\mathfrak{G}d'$$

$$+ \tfrac{15}{16} + \frac{3H}{2nn} + \frac{3(F-G)}{nn} = 0$$

$$H' = (\alpha-1)H - Ai' + \tfrac{1}{2}Ja' - Df' + Eg' - \tfrac{1}{2}F(c'-d') - \tfrac{3}{2}Ge'$$

$$J' = (\alpha+1)J - Ab' + \tfrac{1}{2}Ha' + Dg' - Ef' - \tfrac{1}{2}F(c'-e') - \tfrac{3}{2}Gd'$$

$$(\alpha-1)H' - A'i' - \tfrac{1}{2}J'a' - D'f' - E'g' - \tfrac{1}{2}F'(c'+d') - \tfrac{3}{2}G'e'$$

$$+ \tfrac{45}{16} - \beta H - 2u\mathfrak{H} + \tfrac{1}{2}bF + \frac{3J}{4nn} + \frac{3(F+G)}{2nn} + \frac{\mathfrak{E}\mathfrak{F}}{nn} + \frac{3\mathfrak{E}F}{nn}$$

$$+ \frac{(\mathfrak{A}+3A)}{nn}\mathfrak{J} + \frac{(3\mathfrak{A}+3A)}{nn}J + \frac{(\mathfrak{D}+3D)}{nn}\mathfrak{F} + \frac{(3\mathfrak{D}+3D)}{nn}F$$

$$+ \frac{(\mathfrak{E}+3E)}{nn}\mathfrak{G} + \frac{(3\mathfrak{E}+3E)}{nn}G - \frac{3A(F+G)}{2nn} + \frac{9D+15E}{8nn} = 0$$

$$(\alpha+1)J' - A'b' - \tfrac{1}{2}H'a' - E'f' - D'g' - \tfrac{1}{2}F'(c'+e') - \tfrac{3}{2}G'd'$$

$$+ \tfrac{45}{16} - \beta J - 2uJ + \tfrac{1}{2}bF + \frac{3H}{4nn} + \frac{3(F+G)}{2nn} + \frac{\mathfrak{E}\mathfrak{F}}{nn} + \frac{3\mathfrak{E}F}{nn}$$

$$+ \frac{(\mathfrak{A}+3A)}{nn}\mathfrak{H} + \frac{(3\mathfrak{A}+3A)}{nn}H + \frac{(\mathfrak{D}+3D)}{nn}\mathfrak{G} + \frac{(3\mathfrak{D}+3D)}{nn}G$$

$$+ \frac{(\mathfrak{E}+3E)}{nn}\mathfrak{F} + \frac{(3\mathfrak{E}+3E)}{nn}F - \frac{3A(F+G)}{2nn} + \frac{9E+15D}{8nn} = 0$$

§. 182. In his aequationibus ſubſtituantur valores iam cogniti, atque obtinebimus,

$$-0,06626\,\mathfrak{H} + 0,81033\,i' - 0,00987\,\mathfrak{J} + 0,00854\,J + 2,04620 = 0$$

$$1,83374\,\mathfrak{J} + 0,81033\,b' - 0,00987\,\mathfrak{H} + 0,00854\,H + 2,10646 = 0$$

$$H' = -0,06626\,H + 1,31773\,i' - 0,00937\,J - 5,57458$$

$$J' = 1,83374\,J + 1,31773\,b' - 0,00987\,H - 1,55427$$

$$\left.\begin{array}{l} -0,06626\,H' + 2,47576\,i' + 0,00987\,J' - 11,86106 \\ -1,01591\,H + 0,00427\,J - 0,02711\,\mathfrak{J} + 2,81250 \\ -2,01798\,\mathfrak{H} - 0,03634\,J + 31,31044 \\ + 10,60834 \end{array}\right\} =$$

$$\left.\begin{array}{l} 1,83374\,J' + 2,47576\,b' + 0,00987\,H' + 0,27762 \\ -1,01591\,J + 0,00427\,H - 0,02711\,\mathfrak{H} + 2,81250 \\ -2,01798\,\mathfrak{J} - 0,03634\,H + 31,81380 \\ - 0,81380 \end{array}\right\} = 0$$

§. 183. Subſtituamus primo loco b et i' valores, atque noſtrae aequationes reducentur ad formas ſequentes,

$$-0,06626\,\mathfrak{H} + 0,01785\,J - 0,00526\,\mathfrak{J} + 2,04620 = 0$$

$$+1,83374\,\mathfrak{J} + 0,01785\,H - 0,00526\,\mathfrak{H} + 2,10646 = 0$$

$$H' = -0,06626\,H + 0,00526\,J + 0,00750\,\mathfrak{J} - 5,57458$$

$$J' = +1,83374\,J + 0,00526\,H + 0,00750\,\mathfrak{H} - 1,55427$$

qui valores in ſequentibus ſubſtituti dant

$$-1,01147\,H - 2,01791\,\mathfrak{H} + 0,01417\,J - 0,01352\,\mathfrak{J} + 33,22429 = 0$$

$$+2,34674\,J - 2,01791\,\mathfrak{J} + 0,00535\,H + 0,00073\,\mathfrak{H} + 30,68146 = 0$$

vnde elicimus:

$$\mathfrak{H} = \pm 0,00077\,H + 0,26935\,J + 30,96780$$

$$\mathfrak{J} = -0,00974\,H + 0,00077\,J - 1,05989$$

§. 184.

§. 184. Hi autem valores in posterioribus aequationibus substituti producent

$$1,01290\,H + 0,52937\,J + 29,25137 = 0$$

$$2,34539\,J + 0,02500\,H + 32,84282 = 0$$

hincque tandem concluditur:

$$
\begin{array}{lll}
H = -21,68110 & \ldots & l\text{-}H = 1,336081 \\
J = -13,77206 & \ldots & l\text{-}J = 1,138999 \\
\mathfrak{H} = +27,24155 & \ldots & l\,\mathfrak{H} = 1,435232 \\
\mathfrak{J} = -1,25933 & \ldots & l\text{-}\mathfrak{J} = 0,100140 \\
b' = -0,09396 & \ldots & l\text{-}b' = 8,972943 \\
i' = -0,16533 & \ldots & l\text{-}i' = 9,218352
\end{array}
$$

§. 185. Nunc pro excentricitate orbitae solaris hae restant aequationes,

$$(\alpha-\frac{1}{n})\mathfrak{K} - \mathfrak{A}l' + \tfrac{1}{2}\mathfrak{L}a' - \mathfrak{Q}f' + \mathfrak{R}g' + \tfrac{1}{2}(\frac{2}{n}-p')\mathfrak{F} + \tfrac{1}{2}\mathfrak{F}q' - \tfrac{3}{2}\mathfrak{G}r'$$

$$-\tfrac{3}{4} + \frac{3\mathfrak{L}}{2nn} - \frac{9F}{4nn} + \frac{9G}{4nn} = 0$$

$$(\alpha+\frac{1}{n})\mathfrak{L} - \mathfrak{A}k' + \tfrac{1}{2}\mathfrak{K}a' + \mathfrak{Q}g' - \mathfrak{R}f' + \tfrac{1}{2}(\frac{2}{n}-p')\mathfrak{F} + \tfrac{1}{2}\mathfrak{F}r' - \tfrac{3}{2}\mathfrak{G}q'$$

$$-\tfrac{3}{4} + \frac{3K}{2nn} - \frac{9F}{4nn} + \frac{9G}{4nn} = 0$$

$$K' = (\alpha-\frac{1}{n})K - Al' + \tfrac{1}{2}La' - Qf' + Rg' + \tfrac{1}{2}(\frac{2}{n}-p')F + \tfrac{1}{2}Fq' - \tfrac{3}{2}Gr'$$

$$L' = (\alpha+\frac{1}{n})L - Ak' + \tfrac{1}{2}Ka' + Qg' - Rf' + \tfrac{1}{2}(\frac{2}{n}-p')F + \tfrac{1}{2}Fr' - \tfrac{3}{2}Gq'$$

$$(\alpha-\frac{1}{n})K' - A'l' - \tfrac{1}{2}L'a' - Q'f' - R'g' + \tfrac{1}{2}(\frac{2}{n}-p')F' - \tfrac{1}{2}F'q' - \tfrac{3}{2}G'r'$$

$$-\tfrac{9}{4} - 6K - 2\varkappa\mathfrak{K} - \frac{15F}{8nn} - \frac{9G}{8nn} + \frac{3L}{4nn} + \frac{(\mathfrak{A}+3A)}{nn}\mathfrak{L} + \frac{(3\mathfrak{A}+3A)L}{nn}$$

$$+\frac{(\mathfrak{F}+3F)}{nn}(\mathfrak{P}+\mathfrak{Q})+\frac{(3\mathfrak{F}+3F)}{nn}(P+Q)+\frac{(\mathfrak{G}+3G)}{nn}\mathfrak{R}+\frac{(3\mathfrak{G}+3G)}{nn}R$$

$$+\frac{9P}{8nn}+\frac{9Q}{8nn}+\frac{15R}{8nn}=0$$

$$(\alpha+\frac{1}{n})L'-A'k'-\tfrac{1}{2}K'a'-R'f'-Q'g'+\tfrac{1}{2}(\frac{2}{n}-p')F'-\tfrac{1}{2}F'r-\tfrac{3}{2}G'q'$$

$$-\tfrac{9}{4}-6L-2n\mathfrak{L}+\frac{3K}{4nn}-\frac{15F}{8nn}-\frac{9G}{8nn}+\frac{(\mathfrak{A}+3A)}{nn}\mathfrak{K}+\frac{(3\mathfrak{A}+3A)}{nn}K$$

$$+\frac{(\mathfrak{F}+3F)}{nn}(\mathfrak{P}+\mathfrak{R})+\frac{(3\mathfrak{F}+3F)}{nn}(P+R)+\frac{(\mathfrak{G}+3G)}{nn}\mathfrak{Q}+\frac{(3\mathfrak{G}+3G)}{nn}Q$$

$$+\frac{9P}{8nn}+\frac{9R}{8nn}+\frac{15Q}{8nn}=0$$

§. 186. Hic autem obſeruo, hanc determinationem maxime eſſe lubricam, cum coefficiens litterae L, quem poſtremo eſt habitura, admodum fiat paruus; vnde is a terminis, quos omiſimus, non mediocrem mutationem perpeti poſſet. Hanc ob cauſam conſultum iudico, in calculum quoque terminos $3\eta-s$ et $3\eta+s$ introducere, quia praeuideo ab iis coefficientes terminorum, quos quaerimus, non leuiter affici. Sequenti ergo modo calculum redintegro.

§. 187. In hunc finem quoque rationem habeamus angulorum $3\eta-s$ et $3\eta+s$, ſitque

$$\int R\,dr=\mathfrak{A}\cos 2\eta+\mathfrak{P}e\cos s+\mathfrak{Q}e\cos(2\eta-s)$$
$$+\mathfrak{R}e\cos(2\eta+s)$$
$$+\mathfrak{F}v\cos\eta+\mathfrak{K}ve\cos(\eta-s)+\mathfrak{M}ve\cos(3\eta-s)$$
$$+\mathfrak{G}v\cos\eta+\mathfrak{L}ve\cos(\eta+s)+\mathfrak{N}ve\cos(3\eta+s)$$

$v=$

$$
\begin{aligned}
v = \; & A\cos 2\eta + Pe\cos s + Qe\cos(2\eta - s) \\
& \qquad\qquad\qquad\qquad + Re\cos(2\eta + s) \\
& + Fv\cos\eta + Kve\cos(\eta - s) + Mve\cos(3\eta - s) \\
& + Gv\cos 3\eta + Lve\cos(\eta + s) + Nve\cos(3\eta + s)
\end{aligned}
$$

§. 188. Quodsi iam ponamus:

$$\frac{2\varkappa K + \mathfrak{K}}{nn} = k' \quad ; \quad \frac{2\varkappa L + \mathfrak{L}}{nn} = l'$$

$$\frac{2\varkappa M + \mathfrak{M}}{nn} = m' \qquad \frac{2\varkappa N + \mathfrak{N}}{nn} = n'$$

erit

$$
\begin{aligned}
\frac{d\Phi}{dr} = \text{Praec.} & - a'\cos 2\eta - p'e\cos s - q'e\cos(2\eta - s) \\
& \qquad\qquad\qquad\qquad - r'e\cos(2\eta + s) \\
& - f'v\cos\eta - k've\cos(\eta - s) - m've\cos(3\eta - s) \\
& - g'v\cos 3\eta - l've\cos(\eta + s) - n've\cos(3\eta + s)
\end{aligned}
$$

atque ob $\frac{ds}{dr} = \frac{1}{n} - \frac{2}{n} e\cos s$ erit

$$
\begin{aligned}
\frac{d\eta}{dr} = \alpha & - a'\cos 2\eta + \left(\frac{2}{n} - p'\right)e\cos s - q'e\cos(2\eta - s) \\
& \qquad\qquad\qquad\qquad - r'e\cos(2\eta + s) \\
& - f'v\cos\eta - k've\cos(\eta - s) - m've\cos(3\eta - s) \\
& - g'v\cos 3\eta - l've\cos(\eta + s) - n've\cos(3\eta + s)
\end{aligned}
$$

§. 189. Formulas nunc assumtas differentiemus, solosque terminos, quibus opus habemus, in calculo exprimamus ac reperiemus:

$$R = \text{Praec.}$$

$$+ ve\sin(\eta - s)\left(+\mathfrak{A}l' - \mathfrak{A}m' + \mathfrak{Q}f' - \mathfrak{N}g' - \tfrac{1}{2}\mathfrak{F}\left(\frac{2}{n} - p'\right) - \tfrac{1}{2}\mathfrak{F}q' + \tfrac{3}{2}\mathfrak{G}r' - \mathfrak{K}\left(\alpha - \frac{1}{n}\right)\right.$$

$$- \tfrac{1}{2}\mathfrak{L}a' + \tfrac{3}{2}\mathfrak{M}a'$$

$$+ve\sin(\eta+s)(+\mathfrak{A}k' - \mathfrak{A}n' + \mathfrak{R}f' - \mathfrak{Q}g' - \tfrac{1}{2}\mathfrak{F}(\tfrac{2}{n} - p') - \tfrac{1}{2}\mathfrak{F}r' + \tfrac{3}{2}\mathfrak{G}q' - \mathfrak{L}(\alpha + \tfrac{1}{n})$$

$$- \tfrac{1}{2}\mathfrak{K}a' + \tfrac{3}{2}\mathfrak{N}a'$$

$$+ve\sin(3\eta-s)(+\mathfrak{A}k' + \mathfrak{Q}f' + \tfrac{1}{2}\mathfrak{F}q' - \tfrac{3}{2}\mathfrak{G}(\tfrac{2}{n} - p') + \tfrac{1}{2}\mathfrak{K}a' - \mathfrak{M}(3\alpha - \tfrac{1}{n})$$

$$+ve\sin(3\eta-s)(+\mathfrak{A}l' + \mathfrak{R}f' + \tfrac{1}{2}\mathfrak{F}r' - \tfrac{3}{2}\mathfrak{G}(\tfrac{2}{n} - p') + \tfrac{1}{2}\mathfrak{L}a' - \mathfrak{N}(3\alpha + \tfrac{1}{n})$$

Ac ſi breuitatis gratia ponamus:

$$K' = (\alpha - \tfrac{1}{n})K - A(l' - m') - Qf' + Rg' + \tfrac{1}{2}F(\tfrac{2}{n} - p') + \tfrac{1}{2}Fq' - \tfrac{3}{2}Gr'$$
$$+ \tfrac{1}{2}La' - \tfrac{3}{2}Ma'$$

$$L' = (\alpha + \tfrac{1}{n})L - A(k' - n') - Rf' + Qg' + \tfrac{1}{2}F(\tfrac{2}{n} - p') + \tfrac{1}{2}Fr' - \tfrac{3}{2}Gq'$$
$$+ \tfrac{1}{2}Ka' - \tfrac{3}{2}Na'$$

$$M' = (3\alpha - \tfrac{1}{n})M - Ak' - Qf' - \tfrac{1}{2}Fq' + \tfrac{3}{2}G(\tfrac{2}{n} - p') - \tfrac{1}{2}Ka'$$

$$N' = (3\alpha + \tfrac{1}{n})N - Al' - Rf' - \tfrac{1}{2}Fr' + \tfrac{3}{2}G(\tfrac{2}{n} - p') - \tfrac{1}{2}La'$$

erit

$$\frac{dv}{dr} = -A'\sin 2\eta - P'e\sin s - Q'e\sin(2\eta - s)$$
$$- R'e\sin(2\eta + s)$$
$$- F'v\sin\eta - K've\sin(\eta - s) - M've\sin(3\eta - s)$$
$$- G'v\sin 3\eta - L've\sin(\eta + s) - N've\sin(3\eta + s)$$

§. 190. Hinc iam denuo differentiando nanciſcemur

$$\frac{ddv}{dr^2} = \text{Praec.}$$

$$+ve\cos(\eta - s)\left\{\begin{array}{l} A'l' + A'm' + Q'f' + R'g' - \tfrac{1}{2}F'(\tfrac{2}{n} - p') + \tfrac{1}{2}F'q' \\ + \tfrac{3}{2}G'r' + \tfrac{1}{2}L'a' + \tfrac{3}{2}M'a' - (\alpha - \tfrac{1}{n})K' \end{array}\right.$$

+

$$+ve\cos(\eta+s)\left\{\begin{array}{l} A'k'+A'n'+R'f'+Q'g'-\tfrac{1}{2}F'(\tfrac{2}{n}-p')+\tfrac{1}{2}F'p' \\ +\tfrac{3}{2}G'q'+\tfrac{1}{2}K'a'+\tfrac{3}{2}N'a'-(\alpha+\tfrac{1}{n})L' \end{array}\right.$$

$$+ve\cos(3\eta-s)\left\{\begin{array}{l} A'k'+Q'f'+\tfrac{1}{2}F'q'-\tfrac{3}{2}G'(\tfrac{2}{n}-p')+\tfrac{1}{2}K'a' \\ -(3\alpha-\tfrac{1}{n})M' \end{array}\right.$$

$$+ve\cos(3\eta+s)\left\{\begin{array}{l} A'l'+R'f'+\tfrac{1}{2}F'r'-\tfrac{3}{2}G'(\tfrac{2}{n}-p')+\tfrac{1}{2}L'a' \\ -(3\alpha+\tfrac{1}{n})N' \end{array}\right.$$

§. 191. Quodsi autem valores iam inuenti substituantur, habebitur

R = Praec.

$$+ve\sin(\eta-s)\left[\begin{array}{l} -0,85830\mathfrak{K}+0,00526\mathfrak{L}-0,02500\mathfrak{M}+0,37592 \\ -0,00931L+0,00931M \end{array}\right]$$

$$+ve\sin(\eta+s)\left[\begin{array}{l} -1,00918\mathfrak{L}+0,00526\mathfrak{K}-0,02500\mathfrak{N}+0,34115 \\ -0,00931K+0,00931N \end{array}\right]$$

$$+ve\sin(3\eta-s)\left[\begin{array}{l} -2,72578\mathfrak{M}-0,01448\mathfrak{K}+0,49223 \\ -0,00931K \end{array}\right]$$

$$+ve\sin(3\eta+s)\left[\begin{array}{l} -2,87666\mathfrak{N}-0,01448\mathfrak{L}+0,47116 \\ -0,00931L \end{array}\right]$$

$$K' = 0,85830K + 0,00527L + 0,01447M + 1,48970 + 0,00750\mathfrak{L} - 0,00750\mathfrak{M}$$

$$L' = 1,00916L + 0,00527K + 0,01447N + 1,55183 + 0,00750\mathfrak{K} - 0,00750\mathfrak{N}$$

$$M' = 2,72528M + 0,02501K - 1,17408 + 0,00750\mathfrak{K}$$

$$N' = 2,87666N + 0,02501L - 0,95901 + 0,00750\mathfrak{L}$$

$$\frac{ddv}{dr^2} = \text{Praec.}$$

$$+ \nu e \cos(\eta - s)\left\{\begin{array}{l} -0,85830K' - 0,02843L - 0,02843M - 0,32674 \\ -0,00987L' - 0,01409\mathfrak{L} - 0,01409\mathfrak{M} \\ -0,02961M' \end{array}\right]$$

$$+ \nu e \cos(\eta + s)\left\{\begin{array}{l} -1,00918L' - 0,02843K - 0,02843N - 0,56620 \\ -0,00987K' - 0,01409\mathfrak{K} - 0,01409\mathfrak{N} \\ -0,02981N' \end{array}\right]$$

$$+ \nu e \cos(3\eta - s)\left\{\begin{array}{l} -2,72578M' - 0,02843K + 0,74683 \\ -0,00987K' - 0,01409\mathfrak{K} \end{array}\right]$$

$$+ \nu e \cos(3\eta + s)\left\{\begin{array}{l} -2,87661N' - 0,02853L + 0,67486 \\ -0,00987L' - 0,01409\mathfrak{L} \end{array}\right]$$

§. 192. Valores autem litterarum commate notatarum hic substitutae dabunt

$$\frac{ddv}{dr^2} =$$

$$\nu e \cos(\eta - s)\left\{\begin{array}{l} -0,73747K - 0,04264L - 0,12156M - 0,00014N \\ -0,00029\mathfrak{K} - 0,02053\mathfrak{L} - 0,00765\mathfrak{M} + 0,00008\mathfrak{N} \\ \qquad - 1,58590 \end{array}\right]$$

ve

$$ve\cos(\eta+s)\left\{\begin{array}{l} -1,01923L-0,04222K-0,12821N-0,00014M \\ -0,00029\mathfrak{L}-0,02166\mathfrak{K}-0,00642\mathfrak{N}+0,00008\mathfrak{M} \\ \qquad\qquad\qquad\qquad\qquad\qquad -2,11858 \end{array}\right\}$$

$$ve\cos(3\eta-s)\left\{\begin{array}{l} -7,43058M-0,09507K-0,00005L+3,93257 \\ +0,00008\mathfrak{M}-0,03453\mathfrak{K}-0,00007\mathfrak{L} \end{array}\right\}$$

$$ve\cos(3\eta+s)\left\{\begin{array}{l} -8,27529N-0,11338L-0,00005K+3,41830 \\ +0,00008\mathfrak{N}-0,03566\mathfrak{L}-0,00007\mathfrak{K} \end{array}\right\}$$

§. 193. His expressionibus ita euolutis atque ad calculum numericum praeparatis, quaeramus easdem expressiones ex formulis supra traditis pro R et $\frac{ddv}{dr^2}$, quae continentur in §. 52 et 54. Inde autem omittendis terminis, quos iam tractauimus, consequemur.

$$R = Pr. + ve\sin(\eta-s)\left(-\tfrac{3}{4}+\frac{3L}{2nn}-\frac{3M}{2nn}-\frac{9F}{4nn}+\frac{9G}{4nn}\right)$$

$$+ve\sin(\eta+s)\left(-\tfrac{3}{4}+\frac{3K}{2nn}-\frac{3N}{2nn}+\frac{9G}{4nn}-\frac{9F}{4nn}\right)$$

$$+ve\sin(3\eta-s)\left(-\tfrac{15}{4}+\frac{3K}{2nn}-\frac{9F}{4nn}\right)$$

$$+ve\sin(3\eta+s)\left(-\tfrac{15}{4}+\frac{3L}{2nn}-\frac{9F}{4nn}\right)$$

ddv

$$\frac{ddv}{dr^2} = \text{Praec.}$$

$+ ve \cos(\eta - s)\begin{cases}\end{cases}$

$$-\tfrac{9}{4} + \frac{9\,P}{8nn} + \frac{9\,Q}{8nn} + \frac{15\,R}{8nn} - 6K + \frac{3\,L}{4nn} + \frac{3\,M}{4nn}$$

$$-\frac{3\,F}{4nn} - \frac{9\,F}{8nn} - \frac{9\,G}{8nn} - 2\varkappa\mathfrak{R} + \frac{(\mathfrak{A}+3A)}{nn}(\mathfrak{L}+\mathfrak{M})$$

$$+ \frac{(3\mathfrak{A}+3A)}{nn}(L+M) + \frac{(\mathfrak{P}+3P)}{nn}\mathfrak{P} + \frac{(3\mathfrak{P}+3P)}{nn}F$$

$$+ \frac{(\mathfrak{Q}+3Q)}{nn}\mathfrak{P} + \frac{(3\mathfrak{Q}+3Q)}{nn}F + \frac{(\mathfrak{R}+3R)}{nn}\mathfrak{G}$$

$$+ \frac{(3\mathfrak{R}+3R)}{nn}G$$

$+ ve \cos(\eta + s)\begin{cases}\end{cases}$

$$-\tfrac{9}{4} + \frac{9\,P}{8nn} + \frac{9\,R}{8nn} + \frac{15\,Q}{8nn} - 6L + \frac{3\,K}{4nn} + \frac{3\,N}{4nn}$$

$$-\frac{3\,F}{4nn} - \frac{9\,F}{8nn} - \frac{9\,G}{8nn} - 2\varkappa\mathfrak{L} + \frac{(\mathfrak{A}+3A)}{nn}(\mathfrak{K}+\mathfrak{N})$$

$$+ \frac{(3\mathfrak{A}+3A)}{nn}(K+N) + \frac{(\mathfrak{P}+3P)}{nn}\mathfrak{F} + \frac{(3\mathfrak{P}+3P)}{nn}F$$

$$+ \frac{(\mathfrak{Q}+3Q)}{nn}\mathfrak{G} + \frac{(3\mathfrak{Q}+3Q)}{nn}G + \frac{(\mathfrak{R}+3R)}{nn}\mathfrak{F}$$

$$+ \frac{(3\mathfrak{R}+3R)}{nn}F$$

$+ ve \cos(3\eta - s)\begin{cases}\end{cases}$

$$-\tfrac{15}{4} + \frac{15\,P}{8nn} + \frac{9\,Q}{8nn} - 6M + \frac{3\,K}{4nn} - \frac{3\,G}{4nn}$$

$$-\frac{9\,F}{8nn} - 2\varkappa\mathfrak{M} + \frac{(\mathfrak{A}+3A)}{nn}\mathfrak{K} + \frac{(3\mathfrak{A}+3A)}{nn}K + \frac{(\mathfrak{P}+3P)}{nn}\mathfrak{G}$$

$$+ \frac{(3\mathfrak{P}+3P)}{nn}G + \frac{(\mathfrak{Q}+3Q)}{nn}\mathfrak{F} + \frac{(3\mathfrak{Q}+3Q)}{nn}F$$

$$+ ve$$

$$+ve\cos(3\eta+s)\left\{\begin{array}{l} -\frac{15}{4}+\frac{15\,P}{8nn}+\frac{9\,R}{8nn}-\epsilon N+\frac{3\,L}{4nn}-\frac{3\,G}{4nn}-\frac{9\,F}{8nn}-2\kappa\mathfrak{N} \\ +\frac{(\mathfrak{A}+3A)}{nn}\mathfrak{L}+\frac{(3\mathfrak{A}+3A)}{nn}L+\frac{(\mathfrak{P}+3P)}{nn}\mathfrak{G}+\frac{(3\mathfrak{P}+3P)}{nn}G \\ +\frac{(\mathfrak{R}+3R)}{nn}\mathfrak{F}+\frac{(3\mathfrak{R}+3R)}{nn}F \end{array}\right.$$

§. 194. Introducantur hic quoque valores iam cogniti, ac prodibit

$$\begin{aligned} R = Pr. &+ve\sin(\eta-s)[-1,02394+0,00854L-0,00854M] \\ &+ve\sin(\eta+s)[-1,02394+0,00854K-0,00854N] \\ &+ve\sin(3\eta-s)[-4,01450+0,00854K] \\ &+ve\sin(3\eta+s)[-4,01450+0,00854L] \end{aligned}$$

$$\frac{ddv}{dr^2} = \text{Praec.}$$

$$+ve\cos(\eta-s)\left\{\begin{array}{l} -1,01591K-0,03207L-0,03207M-1,16867 \\ -2,01798\mathfrak{K}-0,02711\mathfrak{L}-0,02711\mathfrak{M} \end{array}\right]$$

$$+ve\cos(\eta+s)\left\{\begin{array}{l} -1,01591L-0,03207K-0,03207N-1,93904 \\ -2,01798\mathfrak{L}-0,02711\mathfrak{K}-0,02711\mathfrak{N} \end{array}\right]$$

$$+ve\cos(3\eta-s)\left\{\begin{array}{l} -1,01591M-0,03207K-2,49545 \\ -2,01798\mathfrak{M}-0,02711\mathfrak{K} \end{array}\right]$$

$$+ve\cos(\eta 3+s)\left\{\begin{array}{l} -1,01591N-0,03207L-2,78450 \\ -2,01798\mathfrak{N}-0,02711\mathfrak{L} \end{array}\right]$$

§. 195. Hinc ergo octo ſequentes aequationes reſultabunt

$$\text{I.}\quad 0{,}85830\,\mathfrak{K} = +0{,}00526\,\mathfrak{L} - 0{,}02500\,\mathfrak{M} + 1{,}39986 - 0{,}01785\,L + 0{,}01785\,M$$

$$\text{II.}\quad 1{,}00918\,\mathfrak{L} = +0{,}00526\,\mathfrak{K} - 0{,}02500\,\mathfrak{N} + 1{,}36509 - 0{,}01785\,K + 0{,}01785\,N$$

$$\text{III.}\quad 2{,}72578\,\mathfrak{M} = -0{,}01448\,\mathfrak{K} + 4{,}50673 - 0{,}01785\,K$$

$$\text{IV.}\quad 2{,}87666\,\mathfrak{N} = -0{,}01448\,\mathfrak{L} + 4{,}48566 - 0{,}01785\,L$$

$$\text{V.}\quad +0{,}27844K - 0{,}01057L - 0{,}08949M - 0{,}00014N + 0{,}10081 = +2{,}01769\,\mathfrak{K} + 0{,}00658\,\mathfrak{L} - 0{,}01946\,\mathfrak{M} + 0{,}00008\,\mathfrak{N}$$

$$\text{VI.}\quad -0{,}00332L - 0{,}01015K - 0{,}09614N - 0{,}00014M - 0{,}17954 = +2{,}01769\,\mathfrak{L} + 0{,}00545\,\mathfrak{K} + 0{,}02069\,\mathfrak{N} + 0{,}00008\,\mathfrak{M}$$

$$\text{VII.}\quad -6{,}41487M - 0{,}06300K - 0{,}00005L + 6{,}42802 = +2{,}01806\,\mathfrak{M} - 0{,}00742\,\mathfrak{K} - 0{,}00007\,\mathfrak{L}$$

$$\text{VIII.}\quad -7{,}25938N - 0{,}08131L - 0{,}00005K + 6{,}20280 = +2{,}01806\,\mathfrak{N} - 0{,}00855\,\mathfrak{L} - 0{,}00007\,\mathfrak{K}$$

§. 196. Ex aequationibus III et IV ſtatim eliciuntur hi valores

$$\mathfrak{M} = -0{,}00531\,\mathfrak{K} - 0{,}00655\,K + 1{,}65336$$
$$\mathfrak{N} = -0{,}00503\,\mathfrak{L} - 0{,}00621\,L + 1{,}55933$$

qui

qui in I et II ſubſtituti praebent:

$0,85817\mathfrak{K} = 1,35853 + 0,00526\mathfrak{L} - 0,01785(L-M) + 0,00016K$

$1,00905\mathfrak{L} = 1,32611 + 0,00526\mathfrak{K} - 0,01785(K-N) + 0,00015L$

vnde obtinetur:

$\mathfrak{K} = +1,59116 - 0,02080(L-M) + 0,00008K + 0,00010N$

$\mathfrak{L} = +1,32251 - 0,01769(K-N) + 0,00005L + 0,00011M$

$\mathfrak{M} = +1,64491 - 0,00655K + 0,00010(L-M)$

$\mathfrak{N} = +1,55268 - 0,00621L + 0,00009(K-N)$

§. 197. His valoribus ſubſtitutis caeterae aequationes abibunt in formas ſequentes:

$0,27862K - 0,05252L - 0,04754M + 0,00017N + 3,35313 = 0$

$-0,00346L - 0,04584K - 0,06045N + 0,00020M + 2,53002 = 0$

$-6,41502M - 0,07622K + 0,00030L + 9,73587 = 0$

$-7,25971N - 0,09384L + 0,00028K + 9,32499 = 0$

ex quarum binis poſtremis ſtatim obtinetur:

$M = -0,01188K + 0,00005L + 1,51765$

$N = -0,01293L + 0,00004K + 1,28448$

vnde colligitur:

$+0,27918K - 0,05252L + 3,28120 = 0$

$-0,00268L - 0,04584K + 2,45267 = 0$

ac denique

$K = +40,44710 \quad \ldots \quad lK = 1,606887$

$L = +368,40200 \quad \ldots \quad lL = 2,566322$

$M = +1,05555 \quad \ldots \quad lM = 0,023478$

$N = -3,47730 \quad \ldots \quad l{-N} = 0,541242$

 §. 197.

§. 198. Litterarum germanicarum valores hinc erunt:

$\mathfrak{K} = -5,04677$ . . .	$l\text{-}\mathfrak{K} = 0,703013$
$\mathfrak{L} = +0,56302$ . . .	$l\ \mathfrak{L} = 9,750524$
$\mathfrak{M} = +1,41672$ . . .	$l\ \mathfrak{M} = 0,151283$
$\mathfrak{N} = -0,73119$ . . .	$l\ \mathfrak{N} = 9,864030$

ac litterarum hinc deriuatarum:

$k' = +0,43578$ . . .	$l\ k' = 9,639267$
$l' = +4,23401$ . . .	$l\ l' = 0,626752$
$m' = +0,02018$ . . .	$l\ m' = 8,304921$
$n' = -0,04409$ . . .	$l\text{-}n' = 8,644340$

§. 199. Nunc igitur intelligimus inaequalitates ab angulis $3\eta - s$ et $3\eta + s$ pendentes tam esse paruas, vt sine vllo errore reiici queant, etiamsi valores K et L aliquantum immutauerint. Distantia ergo lunae curtata a terra $x = \frac{(1-kk)\,au}{1-k\cos r}$ ita ab his inaequalitatibus parallacticis pendebit, vt sit

		Log. coeff.
$x =$ Praec.	$+\ 0,11756\ v\ \cos\eta$	9,070249
	$-\ 0,00419\ v\ \cos 3\eta$	7,622540
	$-\ 0,1234\ vk\ \cos(\eta - r)$	9,091265
	$-\ 0,0784\ vk\ \cos(\eta + r)$	8,894183
	$+\ 0,2302\ ve\ \cos(\eta - s)$	9,362071
	$+\ 2,0965\ ve\ \cos(r + s)$	0,321506

Motus

Motus autem momentaneus ita hinc afficietur, vt ſit

$$\frac{d\Phi}{dr} = \text{Praec.}\;\begin{array}{llll|l} - & 0,23259 & \nu & \operatorname{cof}\eta & 9,366591 \\ + & 0,01309 & \nu & \operatorname{cof}3\eta & 8,116940 \\ + & 0,0939 & \nu k & \operatorname{cof}(\eta-r) & 8,972943 \\ + & 0,1653 & \nu k & \operatorname{cof}(\eta+r) & 9,218352 \\ - & 0,4358 & \nu e & \operatorname{cof}(\eta-s) & 9,639267 \\ - & 4,2340 & \nu e & \operatorname{cof}(\eta+s) & 0,626752 \end{array}$$

§. 200. Quodſi iam ipſam longitudinem lunae, quatenus ab his inaequalitatibus parallacticis pendet, ponamus:

$$\begin{aligned}\Phi = \text{Praec.} &+ \mathfrak{F}'\nu \operatorname{fin}\eta + \mathfrak{H}'\nu k \operatorname{fin}(\eta-r) + \mathfrak{K}'\nu e \operatorname{fin}(\eta-s) \\ &+ \mathfrak{G}'\nu \operatorname{fin}3\eta + \mathfrak{I}'\nu k \operatorname{fin}(\eta+r) + \mathfrak{L}'\nu e \operatorname{fin}(\eta+s)\end{aligned}$$

ſequentes obtinebimus aequationes pro horum coefficientium determinatione:

$$-0,23259 = \alpha\mathfrak{F}' - \mathfrak{A}'f' - \mathfrak{A}'g' - \tfrac{1}{2}\mathfrak{F}'a' - \tfrac{3}{2}\mathfrak{G}'a'$$

$$+0,01303 = 3\alpha\mathfrak{G}' - \mathfrak{A}'f' - \tfrac{1}{2}\mathfrak{F}'a'$$

$$\begin{aligned}+0,0939 = {} & (\alpha-1)\mathfrak{H}' - \mathfrak{A}'i' - \tfrac{1}{2}\mathfrak{I}'a' - \mathfrak{D}'f' - \mathfrak{E}'g' \\ & - \tfrac{1}{2}\mathfrak{F}'c' - \tfrac{1}{2}\mathfrak{F}'d' - \tfrac{3}{2}\mathfrak{G}'e'\end{aligned}$$

$$\begin{aligned}+0,1653 = {} & (\alpha+1)\mathfrak{I}' - \mathfrak{A}'b' - \tfrac{1}{2}\mathfrak{H}'a' - \mathfrak{E}'f' - \mathfrak{D}'g' \\ & - \tfrac{1}{2}\mathfrak{F}'c' - \tfrac{1}{2}\mathfrak{F}'e' - \tfrac{3}{2}\mathfrak{G}'d'\end{aligned}$$

$$-0,4358 = (\alpha - \frac{1}{n})\,\mathfrak{K}' - \mathfrak{A}'\,l' - \tfrac{1}{2}\,\mathfrak{L}'a' - \mathfrak{Q}'f' - \mathfrak{N}'g'$$

$$+ \tfrac{1}{2}\,\mathfrak{F}'\,(\frac{2}{n} - p') - \tfrac{1}{2}\,\mathfrak{F}'q' - \tfrac{3}{2}\,\mathfrak{G}'r'$$

$$-4,2340 = (\alpha + \frac{1}{n})\,\mathfrak{L}' - \mathfrak{A}'\,k' - \tfrac{1}{2}\,\mathfrak{K}'a' - \mathfrak{N}'\,f' - \mathfrak{Q}'\,g'$$

$$+ \tfrac{1}{2}\,\mathfrak{F}'\,(\frac{2}{n} - p') - \tfrac{1}{2}\,\mathfrak{F}'r' - \tfrac{3}{2}\,\mathfrak{G}'q,$$

§. 201. Valoribus autem iam cognitis hic ſubſtitutis, aequationes iſtae in ſequentes abibunt formas;

$$-0,23031 = +0,94361\,\mathfrak{F}' + 0,02961\,\mathfrak{G}'$$

$$+0,01550 = +2,80122\,\mathfrak{G}' + 0,00987\,\mathfrak{F}'$$

$$-0,0056 = -0,06626\,\mathfrak{H}' + 0,00987\,\mathfrak{I}' - 0,25665\,\mathfrak{F}' + 0,01926\,\mathfrak{G}'$$

$$+0,1710 = +1,93374\,\mathfrak{I}' + 0,00987\,\mathfrak{H}' - 0,06717\,\mathfrak{F}' - 0,54918\,\mathfrak{G}'$$

$$-0,3968 = +0,85830\,\mathfrak{K}' + 0,00987\,\mathfrak{L}' + 0,06357\,\mathfrak{F}' - 0,04509\,\mathfrak{G}'$$

$$-4,2330 = +1,00918\,\mathfrak{L}' + 0,00987\,\mathfrak{K}' + 0,06729\,\mathfrak{F}' - 0,05625\,\mathfrak{G}'$$

vnde colligitur fore

$\mathfrak{F}' = -0,24427$ . . . $l\text{-}\mathfrak{F}' = 9,387868$

$\mathfrak{G}' = +0,00639$ . . . $l\,\mathfrak{G}' = 7,805991$

$\mathfrak{H}' = +1,1959$ . . . $l\,\mathfrak{H}' = 0,077694$

$\mathfrak{I}' = +0,0757$ . . . $l\,\mathfrak{I}' = 8,879096$

$\mathfrak{K}' = -0,3959$ . . . $l\text{-}\mathfrak{K}' = 9,597508$

$\mathfrak{L}' = -4,1738$ . . . $l\text{-}\mathfrak{L}' = 0,620530$

§. 201.

§. 202. Hinc ergo habebimus ſequentes partes pro longitudine Lunae, quas ſimul ope valorum proxime cognitorum pro v, k, e ad minuta ſecunda reducamus:

			Log coeff.	Val. coeff. in min ſec.
$\Phi =$ Praec.	$-0,24427$	$v \sin \eta$	9,387868	$-175''$
	$+0,00639$	$v \sin 3\eta$	7,805991	$+\ 4''$
	$+1,1959$	$vk \sin (\eta - r)$	0,077694	$+\ 59''$
	$+0,0757$	$vk \sin (\eta + r)$	8,879096	$+\ 4''$
	$-0,3959$	$ve \sin (\eta - s)$	9,597508	$-\ 5''$
	$-4,1738$	$ve \sin (\eta + s)$	0,620530	$-\ 49''$

Sicque omnes iam adepti ſumus motus lunae inaequalitates, quae quidem ab inclinatione eius orbitae ad eclipticam non pendent. Interim tamen non diffiteor, dari aliquas inſuper inaequalitates, quae alicuius forte ſint momenti, quas in hac inueſtigatione praeterimus, cuiusmodi ſunt eae, quae ab angulis $2\eta - 3r$ et $2\eta - 2r + s$ pendent, quae ad plura minuta ſecunda asſurgere poſſe videntur. Verum earum determinatio tam eſt taedioſa, vt malim eam obſeruationibus relinquere.

§. 203. Quae ergo hactenus inuenimus, in vnum colligamus ac primo pro diſtantia lunae a terra curtata $x = \frac{(1-kk)\,au}{1-k\cos r}$ erit

$x =$

	Log. coeff.	coeff. integri
$u = 1 - 0{,}0074991 \cos 2\eta$	7,875009	$-0{,}007499$
$+ 0{,}0000532 \cos 4\eta$	5,725912	$+0{,}000053$
$+ 0{,}191557 k \cos (2\eta - r)$	9,282297	$+0{,}010430$
$- 0{,}003293 k \cos (2\eta + r)$	7,517525	$-0{,}000179$
$- 0{,}003321 k \cos (4\eta - r)$	7,521296	$-0{,}000181$
$+ 0{,}000049 k \cos (4\eta + r)$	5,692584	$+0{,}000005$
$- 0{,}00511 kk \cos 2r$	7,708601	$-0{,}000015$
$- 0{,}08022 kk \cos (2\eta - 2r)$	8,904280	$-0{,}000238$
$- 0{,}00237 kk \cos (2\eta + 2r)$	7,375072	$-0{,}000007$
$+ 0{,}07892 kk \cos (4\eta - 2r)$	8,897172	$+0{,}000234$
$+ 0{,}00001 kk \cos (4\eta + 2r)$	4,872349	$+0{,}000000$
$- 0{,}006400 e \cos s$	7,806180	$-0{,}000206$
$+ 0{,}014801 e \cos (2\eta - s)$	8,170303	$+0{,}000249$
$+ 0{,}011415 e \cos (2\eta + s)$	8,057492	$+0{,}000192$
$+ 0{,}00364 ee \cos 2s$	7,539670	$+0{,}000001$
$- 0{,}01482 ee \cos (2\eta - 2s)$	8,170799	$-0{,}000004$
$- 0{,}00584 ee \cos (2\eta + 2s)$	7,766856	$-0{,}000001$
$- 0{,}37957 ek \cos (r - s)$	9,579297	$-0{,}000347$
$+ 0{,}30693 ek \cos (r + s)$	9,487039	$+0{,}000281$
$- 0{,}36337 ek \cos (2\eta - r + s)$	9,560344	$-0{,}000332$
$+ 0{,}00993 ek \cos (2\eta + r - s)$	7,997004	$+0{,}000009$
$- 0{,}07752 ek \cos (2\eta - r - s)$	8,889425	$-0{,}000071$
$+ 0{,}00305 ek \cos (2\eta + r + s)$	7,484024	$+0{,}000003$
$+ 0{,}11756 v \cos \eta$	9,070249	$+0{,}000408$
$- 0{,}00419 v \cos 3\eta$	7,622540	$-0{,}000015$
$- 0{,}1234 vk \cos (\eta - r)$	9,091265	$-0{,}000024$
$- 0{,}0784 vk \cos (\eta + r)$	8,894183	$-0{,}000015$
$+ 0{,}2302 ve \cos (\eta - s)$	9,362071	$+0{,}000013$
$+ 2{,}0965 ve \cos (\eta + s)$	0,321506	$+0{,}000122$

Hic ad latus adiunxi valores coefficientium integrorum in numeris abſolutis expreſſos, ponendo $k = 0{,}05445$, $e = 0{,}01680$ et $v = \frac{1}{288}$; quos proinde, ſi hi valores aliter per obſeruationes determinentur, facile erit emendare.

§. 204.

§. 204. Pro motu autem lunae momentaneo, ex quo eius motus horarius definiri poterit, habebimus:

	Log. coeff.	Coeff. integri
$\frac{d\Phi}{dr} = 1,009176$	0,003967	$+1,009176$
$+0,0195144 \cos 2\eta$	8,290355	$+0,019514$
$-0,0000322 \cos 4\eta$	5,507856	$-0,000032$
$-0,001231 k \cos r$	7,090258	$-0,000067$
$-0,366103 k \cos (2\eta - r)$	9,563604	$-0,019934$
$+0,012832 k \cos (2\eta + r)$	8,108292	$+0,000699$
$+0,002829 k \cos (4\eta - r)$	7,451633	$+0,000154$
$-0,000171 k \cos (4\eta + r)$	6,232305	$-0,000009$
$+0,01182 kk \cos 2r$	8,072618	$+0,000035$
$-0,02057 kk \cos (2\eta - 2r)$	8,313172	$-0,000061$
$+0,01063 kk \cos (2\eta + 2r)$	8,026598	$+0,000032$
$-0,09883 kk \cos (4\eta - 2r)$	8,994889	$-0,000293$
$-0,00004 kk \cos (4\eta + 2r)$	5,592770	$-0,000000$
$+0,013760 e \cos s$	8,138618	$+0,000231$
$-0,037487 e \cos (2\eta - s)$	8,573878	$-0,000630$
$-0,030062 e \cos (2\eta + s)$	8,478023	$-0,000505$
$-0,00722 ee \cos 2s$	7,858166	$-0,000002$
$+0,03470 ee \cos (2\eta - 2s)$	8,540319	$+0,000010$
$+0,01533 ee \cos (2\eta + 2s)$	8,185614	$+0,000005$
$+0,75204 ek \cos (r - s)$	9,876241	$+0,000688$
$-0,62626 ek \cos (r + s)$	9,796755	$-0,000573$
$+0,69420 ek \cos (2\eta - r + s)$	9,841484	$+0,000635$
$-0,02440 ek \cos (2\eta + r - s)$	8,387390	$-0,000022$
$+0,12160 ek \cos (2\eta - r - s)$	9,084933	$+0,000111$
$-0,02000 ek \cos (2\eta + r + s)$	9,301030	$-0,000018$
$-0,23259 v \cos \eta$	9,366591	$-0,000808$
$+0,01309 v \cos 3\eta$	8,116940	$+0,000045$
$+0,0939 vk \cos (\eta - r)$	8,972943	$+0,000018$
$+0,1653 vk \cos (\eta + r)$	9,218352	$+0,000031$
$-0,4358 ve \cos (\eta - s)$	9,639267	$-0,000025$
$-4,2340 ve \cos (\eta + s)$	0,626753	$-0,000247$

§. 205. Si iam longitudo Lunae per solam excentricitatem secundum regulas Keplerianas determinata ponatur $= \zeta$, ita vt posita eius anomalia vera $= r$, futurum sit $\zeta = C + 1{,}0085272\, r$, erit longitudo vera per hactenus inuentas inaequalitates.

	Log. coeff.	Val. coeff. in min. sec.
$\phi = \zeta + 0{,}0103597 \sin 2\eta$	8,015347	$+2137''$
$- 0{,}0000382 \sin 4\eta$	5,582063	$-\ 8$
$+ 0{,}010146k \sin r$	8,006295	$+114$
$- 0{,}420226k \sin(2\eta - r)$	9,623483	-4720
$+ 0{,}004992k \sin(2\eta + r)$	7,698261	$+\ 56$
$+ 0{,}005286k \sin(4\eta - r)$	7,723163	$+\ 59$
$- 0{,}000086k \sin(4\eta + r)$	5,935307	$-\ 1$
$+ 0{,}00420kk \sin 2r$	7,623250	$+\ 2\frac{1}{2}$
$+ 0{,}57328kk \sin(2\eta - 2r)$	9,758367	$+351$
$+ 0{,}00318kk \sin(2\eta + 2r)$	7,402427	$+\ 1\frac{1}{2}$
$- 0{,}15083kk \sin(4\eta - 2r)$	9,178488	$-\ 92$
$- 0{,}00002kk \sin(4\eta + 2r)$	5,301030	$-\ 0$
$+ 0{,}201385e \sin s$	9,304026	$+701$
$- 0{,}021889e \sin(2\eta - s)$	8,340237	$-\ 76$
$- 0{,}016368e \sin(2\eta + s)$	8,214002	$-\ 57$
$+ 0{,}06615ee \sin 2s$	8,820508	$+\ 4$
$+ 0{,}02332ee \sin(2\eta - 2s)$	8,367825	$+\ 1$
$+ 0{,}00840ee \sin(2\eta + 2s)$	7,924429	$+\ \frac{1}{2}$
$+ 0{,}74760ek \sin(r - s)$	9,873165	$+141$
$- 0{,}61850ek \sin(r + s)$	9,791317	-118
$+ 0{,}81430ek \sin(2\eta - r + s)$	9,910800	$+154$
$- 0{,}01420ek \sin(2\eta + r - s)$	8,150690	$-\ 3$
$+ 0{,}23960ek \sin(2\eta - r - s)$	9,379550	$+\ 45$
$- 0{,}00610ek \sin(2\eta + r + s)$	7,788910	$-\ 1$
$- 0{,}24427\nu \sin \eta$	9,387868	-175
$+ 0{,}00639\nu \sin 3\eta$	7,805991	$+\ 4$
$+ 1{,}1959\nu k \sin(\eta - r)$	0,077694	$+\ 59$
$+ 0{,}0757\nu k \sin(\eta + r)$	8,879096	$+\ 4$
$- 0{,}3959\nu e \sin(\eta - s)$	9,597508	$-\ 5$
$- 4{,}1738\nu e \sin(\eta + s)$	0,620530	$-\ 49$

CAPUT XII.

INUESTIGATIO INAEQUALITATUM MOTUM LINEAE NODORUM AFFICIENTIUM.

§. 206.

Antequam reliquas motus Lunae inaequalitates, quae ab inclinatione eius orbitae ad eclipticam pendent, definire licet, cum variationes, quae in motu lineae nodorum Lunae, tum eas, quae in ipſa inclinatione eius orbitae ad eclipticam deprehenduntur, inueſtigari oportet. Reſidua enim pars aequationis noſtrae principalis, qua omnes motus Lunae inaequalitates continentur, litteras π et ϱ implicat, quarum illa longitudinem nodi aſcendentis, haec vero ϱ inclinationem ad eclipticam deſignat. Niſi igitur vtriusque huius quantitatis incrementa vel decrementa ad differentiale dr reduxerimus, reſiduas motus Lunae inaequalitates determinare non poterimus.

207. Aequatio autem ſupra (55) pro motu lineae nodorum tradita, cum ſit $\frac{2uv + \int R\,dr}{nn} = \alpha + \frac{1+2ee}{nn} - \frac{d\Phi}{dr}$ ideoque

$$\frac{2uv+\int R\,dr}{nn} = a' \operatorname{cof} 2\eta - \left(\frac{2}{n} - c'\right) k \operatorname{cof} r + d'k \operatorname{cof}(2\eta - r)$$
$$+ e'k \operatorname{cof}(2\eta + r)$$
$$+ p'e \operatorname{cof} s + q'e \operatorname{cof}(2\eta - s)$$
$$+ r'e \operatorname{cof}(2\eta + s)$$

Si

si ponamus breuitatis gratia $\frac{3(1+2kk+\frac{9}{2}ee)}{uu\,nn}=i$, vt sit $i=0,0168918$, induet formam sequentem:

$$\frac{d\pi}{dr}=-i\left(u+a'\cos 2\eta-\left(\frac{2}{n}-c'\right)k\cos r\begin{matrix}+d'k\cos(2\eta-r)+\text{etc.}\\+e'k\cos(2\eta+r)\end{matrix}\right)$$

$$\left(\begin{matrix}1+4k\cos r+5kk\cos 2r-6ek\cos(r-s)\\-3e\cos s+\frac{3}{2}ee\cos 2s-6ek\cos(r+s)\end{matrix}\right)\left(\frac{1}{4}+\frac{1}{4}\cos 2\eta\begin{matrix}-\frac{1}{4}\cos(2\Phi-2\pi)\\-\frac{1}{4}\cos(2\theta-2\pi)\end{matrix}\right)$$

$$-\frac{uiv}{4}\left(\frac{11}{4}\cos\eta+\frac{5}{4}\cos 3\eta-\frac{3}{2}\cos(\Phi+\theta-2\pi)\begin{matrix}-\frac{5}{4}\cos(3\Phi-\theta-2\pi)\\-\frac{5}{4}\cos(3\theta-\Phi-2\pi)\end{matrix}\right)$$

vbi quidem plurimi termini tam fiunt parui, vt facile negligi queant.

§. 208. Productum autem ex duobus prioribus factoribus, quoniam id in formula pro inclinatione recurrit, seorsim exhibeamus: fiet id autem reiectis terminis, qui prae reliquis admodum sunt parui vt sequitur:

$$\left.\begin{array}{ll}
-ui+2i\left(\frac{2}{n}-c'\right)kk-\frac{3}{2}ip'ee & \\
\quad\cos 2\eta & (-ia'-2id'kk \\
k\cos r & \left(i\left(\frac{2}{n}-c'\right)-4ui\right. \\
k\cos(2\eta-r) & (-id'-2ia' \\
k\cos(2\eta+r) & (-ie'-2ia' \\
kk\cos 2r & \left(-5ui+2i\left(\frac{2}{n}-c'\right)\right) \\
e\cos s & (-ip'+3ui \\
e\cos(2\eta-s) & (iq'+\frac{3}{2}ia' \\
e\cos(2\eta+s) & (-ir'+\frac{3}{2}ia' \\
ee\cos 2s & (-\frac{3}{2}ui+\frac{3}{2}ip'
\end{array}\right\}=
\begin{array}{ll}
-0,017043 & \\
+0,000161 & \cos 2\eta \\
-0,068110 & k\cos r \\
-0,005791 & k\cos(2\eta-r) \\
+0,000828 & k\cos(2\eta+r) \\
-0,085091 & kk\cos 2r \\
+0,051362 & e\cos s \\
-0,000929 & e\cos(2\eta-s) \\
-0,000804 & e\cos(2\eta+s) \\
-0,025914 & ee\cos 2s
\end{array}$$

§. 209.

§. 209. His valoribus substitutis prodibit

$\frac{d\pi}{dr} = = -$ 0,004261 + 0,000020

cos 2η (+0,000040 − 0,004261

k cos r (−0,017043 − 0,000620

k cos $(2\eta - r)$ (−0,001448 − 0,008514) − 0,010636 kk cs $(2\eta - 2r)$

k cos $(2\eta + r)$ (+0,000207 − 0,008514) − 0,010636 kk cs $(2\eta + 2r)$

kk cos $2r$ (−0,021273

e cos s (+0,012840 − 0,000217

e cos $(2\eta - s)$ (−0,000232 + 0,006420) − 0,003239 ee cs $(2\eta - 2s)$

e cos $(2\eta + s)$ (−0,000201 + 0,006420) − 0,003239 ee cs $(2\eta + 2s)$

ee cos $2s$ (−0,006479)

cos $2(\Phi - \pi)$ (+0,003261 − 0,000020) − 0,000041 cos η
+ 0,000019 cos $(3\Phi - \theta - 2\pi)$

cos $2(\theta - \pi)$ (+0,004261 − 0,000020) − 0,000019 cos 3η
+ 0,000019 cos $(3\theta - \Phi - 2\pi)$

k cs $(2\Phi - 2\pi - r)$ (+0,008514 + 0,000724)
+ 0,000022 cos $(\Phi + \theta - 2\pi)$

k cs $(2\Phi - 2\pi + r)$ (+0,008514 − 0,000103)
+ 0,010636 kk cos $2(\Phi - v - \pi)$

k cs $(2\theta - 2\pi - r)$ (+0,008514 − 0,000103)

k cs $(2\theta - 2\pi + r)$ (+0,008514 + 0,000724)

e cs $(2\Phi - 2\pi - s)$ (−0,006420 + 0,000116)

e cs $(2\Phi - 2\pi + s)$ (−0,006420 + 0,000100)

e cs $(2\theta - 2\pi - s)$ (−0,006420 + 0,000100)
+ 0,003239 ee cos $2(\theta - s - \pi)$

e cs $(2 - \theta 2\pi + s)$ (−0,006420 + 0,000116)

§. 210. Habebimus ergo

$$
\begin{array}{ll}
\frac{d\pi}{dr} = -0{,}004241 & -0{,}000041 \cos \eta \\
\quad -0{,}004221 \cos 2\eta & -0{,}000019 \cos 3\eta \\
\quad -0{,}017663\, k \cos r & +0{,}000020 \cos 4\eta \\
\quad -0{,}009962\, k \cos(2\eta - r) & +0{,}004241 \cos(2\phi - 2\pi) \\
\quad -0{,}008307\, k \cos(2\eta + r) & +0{,}004241 \cos(2\theta - 2\pi) \\
\quad -0{,}010636\, kk \cos(2\eta - 2r) & +0{,}000022 \cos(\phi + \theta - 2\pi) \\
\quad -0{,}010636\, kk \cos(2\eta + 2r) & +0{,}000019 \cos(3\phi - \theta - 2\pi) \\
\quad -0{,}021273\, kk \cos r & +0{,}000019 \cos(3\theta - \phi - 2\pi) \\
\quad +0{,}012623\, e \cos s & \\
\quad +0{,}006188\, e \cos(2\eta - s) & \\
\quad +0{,}006219\, e \cos(2\eta + s) & \\
\quad -0{,}006479\, ee \cos 2s & \\
\quad -0{,}003239\, ee \cos(2\eta - 2s) & \\
\quad -0{,}003239\, ee \cos(2\eta + 2s) & \\
\quad +0{,}009238\, k\, \mathrm{cs}(2\phi - 2\pi - r) & -0{,}006304\, e \cos(2\phi - 2\pi - s) \\
\quad +0{,}008411\, k\, \mathrm{cs}(2\phi - 2\pi + r) & -0{,}006320\, e\, \mathrm{cs}(2\phi - 2\pi + s) \\
\quad +0{,}008411\, k\, \mathrm{cs}(2\theta - 2\pi - r) & -0{,}006320\, e \cos(2\theta - 2\pi - s) \\
\quad +0{,}009238\, k\, \mathrm{cs}(2\theta - 2\pi + r) & -0{,}006304\, e \cos(2\theta - 2\pi + s) \\
\quad +0{,}010636\, kk\, \mathrm{cs}(2\phi - 2\pi - 2r) & +0{,}003239\, ee\, \mathrm{cs}(2\theta - 2\pi - 2s)
\end{array}
$$

§. 211. Quanquam plurimi horum terminorum tam ſunt parui, vt in ſe ſpectati tuto reiici poſſent, tamen quidam per integrationem ad magnitudinem ſatis notabilem excreſcere poſſunt. Huius autem indolis ſunt illi termini, qui eiusmodi complectuntur angulos, quorum

rum differentialia ad dr admodum paruam tenent rationem, cuiusmodi sunt anguli s, $2s$, $2\theta-2\pi$, $2\theta-2\pi-s$, $2\theta-2\pi+s$, $2\Phi-2\pi-2s$ et $2\theta-2\pi-2s$; quorum natura differentialium ex sequentibus formulis colligi potest:

$$\frac{d\eta}{dr}=\alpha-a'\cos 2\eta-c'k\cos r-d'k\cos(2\eta-r)-e'k\cos(2\eta+r)$$
$$+\left(\frac{2}{n}-p'\right)e\cos s-q'e\cos(2\eta-s)-r'e\cos(2\eta+s)$$

$$\frac{d\Phi}{dr}=\alpha+\frac{1+2ee}{n}-a'\cos 2\eta+\left(\frac{2}{n}-c'\right)k\cos r$$
$$-d'k\cos(2\eta-r)-p'e\cos s-q'e\cos(2\eta-s)$$
$$-e'k\cos(2\eta+r)\qquad -r'e\cos(2\eta+s)$$

$$\frac{ds}{dr}=\frac{d\theta}{dr}=\frac{1+2ee}{n}+\frac{2}{n}k\cos r-\frac{2}{n}e\cos s$$

§. 212. Quaeramus primo inaequalitates motus nodorum, quae neque ab excentricitate orbitae lunaris neque solaris pendent, sitque:

$$\pi=\text{Const.}-\mathfrak{O}r+\mathfrak{A}\sin 2\eta+\mathfrak{B}\sin(2\Phi-2\pi)+\mathfrak{C}\sin(2\theta-2\pi)$$

reiectis reliquis terminis, quos praeuidemus fore minimos, ac differentiando obtinebimus:

$$\frac{d\pi}{dr}=-\mathfrak{O}-\mathfrak{A}a'-0{,}004241\,\mathfrak{B}-0{,}004241\,\mathfrak{C}$$
$$+\cos 2\eta\,(2\alpha\mathfrak{A}-0{,}004241\,\mathfrak{B}-0{,}004241\,\mathfrak{C}$$
$$+\mathrm{cf}(2\Phi-2\pi)\,(2(\alpha+\frac{1}{n})\mathfrak{B}+0{,}008482\,\mathfrak{B}+0{,}004221\,\mathfrak{C}$$
$$+\mathrm{cf}(2\theta-2\pi)\,(-\mathfrak{B}a'+0{,}004221\,\mathfrak{B}+\frac{2\mathfrak{C}}{n}+0{,}008482\,\mathfrak{C}$$

vnde

vnde oritur:

$O - 0{,}019744\mathfrak{A} + 0{,}004241\mathfrak{B} + 0{,}004241\mathfrak{C} = 0{,}004241$

$1{,}867476\mathfrak{A} - 0{,}004241\mathfrak{B} - 0{,}004241\mathfrak{C} = -0{,}004221$

$2{,}026834\mathfrak{B} + 0{,}004221\mathfrak{C} = 0{,}004241$

$0{,}023965\mathfrak{B} + 0{,}159358\mathfrak{C} = 0{,}004241$

§. 213. Valores hinc igitur prodibunt ſequentes:

$O = +0{,}004078 \quad \ldots \quad l\,O = 7{,}610447$

$\mathfrak{A} = -0{,}002196 \quad \ldots \quad l-\mathfrak{A} = 7{,}341634$

$\mathfrak{B} = +0{,}002037 \quad \ldots \quad l\,\mathfrak{B} = 7{,}308991$

$\mathfrak{C} = +0{,}026307 \quad \ldots \quad l\,\mathfrak{C} = 8{,}420081$

Vbi primum obſeruo valorem ipſius O iam proxime accedere ad motum medium lunae nodorum, vti per obſeruationes conſtat; inde enim eſſe deberet $O = 0{,}004053$ facile autem intelligitur, hunc exiguum defectum per reliquas inaequalitates ſuppleri poſſe. Quocirca hinc erit

	Valores in min. ſec.
$\pi = \text{Conſt.} - 0{,}004078\, r$	
$-0{,}002196 \,\text{ſin}\, 2\eta$	$-\ 453''$
$+0{,}002037 \,\text{ſin}\, (2\phi - 2\pi)$	$+\ 420$
$+0{,}026307 \,\text{ſin}\, (2\theta - 2\pi)$	$+\ 5426$

quae inaequalitates mirifice conueniunt cum obſeruationibus. His addi poteſt terminus:

$$+0{,}000336 \,\text{ſin}\, (4\theta - 4\pi)$$

cuius in minutis ſecundis valor eſt $+69''$, qui terminus cum poſtremo illo facile coniungi poteſt.

§. 214. Quaeramus iam ſeorſim inaequalitates, quae ab excentricitate orbitae lunaris pendent, ſitque

$\pi =$

$$\pi = \text{Const.} - Or + \mathfrak{A}\sin 2\eta + \mathfrak{B}\sin(2\phi-2\pi) + \mathfrak{C}\sin(2\theta-2\pi)$$
$$+ \mathfrak{D}k\sin(2\eta-r) + \mathfrak{E}k\sin(2\eta+r) + \mathfrak{F}k\sin r$$
$$+ \mathfrak{G}kk\sin(2\eta-2r) + \mathfrak{H}kk\sin 2r + \mathfrak{I}k\sin(2\phi-2\pi-r)$$
$$+ \mathfrak{K}k\sin(2\phi-2\pi+r) + \mathfrak{L}k\sin(2\theta-2\pi-r) + \mathfrak{M}k\sin(2\theta-2\pi+r)$$
$$+ \mathfrak{N}kk\sin(2\phi-2\pi-2r)$$

eritque differentiando

$$\frac{d\pi}{dr} = \text{Pr.} + k\cos(2\eta-r)(-\mathfrak{A}c' - 0{,}009238\,\mathfrak{B} - 0{,}009238\,\mathfrak{C} + (2\alpha-1)\mathfrak{D}$$
$$+ k\cos(2\eta+r)(-\mathfrak{A}c' - 0{,}008411\,\mathfrak{B} - 0{,}008411\,\mathfrak{C} + (2\alpha+1)\mathfrak{E}$$
$$+ k\cos r(-\mathfrak{A}d' - \mathfrak{A}e' - 0{,}017649\,\mathfrak{B} - 0{,}017649\,\mathfrak{C} + \mathfrak{F} - \mathfrak{D}a' - \mathfrak{E}a'$$
$$+ kk\cos 2r\quad(-0{,}010636\,\mathfrak{B} + 2\mathfrak{H} - \mathfrak{D}e' - \mathfrak{E}d' - \mathfrak{G}a'$$
$$+ kk\cos(2\eta-2r)(-0{,}010636\,\mathfrak{C} + 2(\alpha-1)\mathfrak{G} - \mathfrak{D}c'$$

$$+ k\cos(2\theta-2\pi-r)\left\{\begin{aligned}&-\mathfrak{B}e' + 0{,}008307\,\mathfrak{B} + \frac{2}{n}\mathfrak{C} + 0{,}017663\,\mathfrak{C}\\ &+ \left(\frac{2}{n}-1\right)\mathfrak{L} + 0{,}008482\,\mathfrak{L}\end{aligned}\right.$$

$$+ k\cos(2\theta-2\pi+r)\left\{\begin{aligned}&-\mathfrak{B}d' + 0{,}009962\,\mathfrak{B} + \frac{2}{n}\mathfrak{C} + 0{,}017663\,\mathfrak{C}\\ &+ \left(\frac{2}{n}+1\right)\mathfrak{M} + 0{,}008482\,\mathfrak{M}\end{aligned}\right.$$

$$+ k\cos(2\phi-2\pi-r)\left\{\begin{aligned}&+0{,}017663\,\mathfrak{B} + 0{,}009962\,\mathfrak{C} + 2\left(\alpha+\frac{1}{n}\right)\mathfrak{I}\\ &- \mathfrak{I} + 0{,}008482\,\mathfrak{I}\end{aligned}\right.$$

$$+ k\cos(2\phi-2\pi+r)\left\{\begin{aligned}&+0{,}017663\,\mathfrak{B} + 0{,}008307\,\mathfrak{C} + 2\left(\alpha+\frac{1}{n}\right)\mathfrak{K}\\ &+ \mathfrak{K} + 0{,}008482\,\mathfrak{K}\end{aligned}\right.$$

$$+ kk\cos(2\phi-2\pi-2r)\left\{\begin{aligned}&+0{,}021273\,\mathfrak{B} + 0{,}010636\,\mathfrak{C} + 2\left(\alpha+\frac{1}{n}\right)\mathfrak{N}\\ &- 2\mathfrak{N} + 0{,}008482\,\mathfrak{N}\end{aligned}\right.$$

§. 215. Superfluum foret maiorem curam in his differentialibus adhibere, quia vero proxime tantum rem determinare sufficit; erit ergo:

$$0,867476\,\mathfrak{D} = -0,009962$$
$$2,867476\,\mathfrak{E} = -0,008307$$

Hincque et in min sec.

$\mathfrak{D} = -0,011480$	$\mathfrak{D}k = -129''$
$\mathfrak{E} = -0,002900$	$\mathfrak{E}k = -33''$

quae inaequalitates in loco nodi vix alicuius sunt momenti, vnde eas exactius determinare non est opus.

§. 216. Calculo autem euoluto erit

$\pi = \text{Pr.}$	$-0,011480k$	$\sin(2\eta - r)$	8,059940	$-129''$
	$-0,002900k$	$\sin(2\eta + r)$	7,462400	-33
	$-0,017663k$	$\sin r$	8,247064	-198
	$+0,090497kk$	$\sin(2\eta - 2r)$	8,956634	$+55$
	$-0,011978kk$	$\sin 2r$	8,078384	-7
	$+0,008707k$	$\sin(2\Phi - 2\pi - r)$	7,939851	$+98$
	$+0,002701k$	$\sin(2\Phi - 2\pi + r)$	7,431516	$+30$
	$-0,004680k$	$\sin(2\theta - 2\pi - r)$	7,670224	-53
	$+0,004685k$	$\sin(2\theta - 2\pi + r)$	7,670680	$+53$
	$+0,384848kk$	$\sin(2\Phi - 2\pi - 2r)$	9,585289	$+235$

§. 217. Simili modo inuestigemus inaequalitates motus nodorum, quae pendent ab excentricitate orbitae solaris sitque:

$\pi =$

$$\pi = \text{Const.} - O r + \mathfrak{A} \sin 2\eta + \mathfrak{B} \sin(2\phi - 2\pi) + \mathfrak{C} \sin(2\theta - 2\pi)$$
$$+ \mathfrak{D} e \sin s + \mathfrak{E} e \sin(2\eta - s) + \mathfrak{F} e \sin(2\eta + s)$$
$$+ \mathfrak{G} ee \sin 2s + \mathfrak{H} e \sin(2\phi - 2\pi - s) + \mathfrak{K} e \sin(2\theta - 2\pi - s)$$
$$+ \mathfrak{I} e \sin(2\phi - 2\pi + s) + \mathfrak{L} e \sin(2\theta - 2\pi + s)$$
$$+ \mathfrak{M} ee \sin(2\theta - 2\pi - 2s)$$

vnde differentiando pro terminis quaesitis erit:

$$\frac{d\pi}{dr} = \text{Praec.}$$

$$+ e \cos s \left\{ \begin{array}{l} -\mathfrak{A}q' - \mathfrak{A}r' + 0{,}006304\mathfrak{B} + 0{,}006320\mathfrak{C} + \frac{1}{n}\mathfrak{D} - \mathfrak{E}a' - \mathfrak{F}a' \\ + 0{,}006320\mathfrak{B} + 0{,}006304\mathfrak{C} \end{array} \right.$$

$$+ e \cos(2\eta - s) \left\{ \mathfrak{A}\left(\frac{2}{n} - p'\right) + 0{,}006304\mathfrak{B} + 0{,}006304\mathfrak{C} + \left(2\alpha - \frac{1}{n}\right)\mathfrak{E} \right.$$

$$+ e \cos(2\eta + s) \left\{ \mathfrak{A}\left(\frac{2}{n} - p'\right) + 0{,}006320\mathfrak{B} + 0{,}006320\mathfrak{C} + \left(2\alpha + \frac{1}{n}\right)\mathfrak{F} \right.$$

$$+ ee \cos 2s \left\{ -0{,}003239\,\mathfrak{C} - \frac{1}{n}\mathfrak{D} - \mathfrak{E}r' - \mathfrak{F}q' + \frac{2}{n}\mathfrak{G} \right.$$

$$+ e \cos(2\phi - 2\pi - s) \left\{ \begin{array}{l} -\mathfrak{B}p' - 0{,}012623\,\mathfrak{B} - 0{,}006188\,\mathfrak{C} \\ + \left(2\alpha \pm \frac{1}{n} + 0{,}008482\right)\mathfrak{H} \end{array} \right.$$

$$+ e \cos(2\phi - 2\pi + s) \left\{ \begin{array}{l} -\mathfrak{B}p' - 0{,}012623\,\mathfrak{B} - 0{,}006219\,\mathfrak{C} \\ + \left(2\alpha + \frac{3}{n} + 0{,}008482\right)\mathfrak{I} \end{array} \right.$$

$$+ e\cos(2\theta-2\pi-s)\left\{\begin{array}{l}-\mathfrak{B}r'-0{,}006219\mathfrak{B}-\frac{2}{n}\mathfrak{C}-0{,}012623\mathfrak{E}\\ +(\frac{1}{n}+0{,}008482)\,\mathfrak{K}\end{array}\right.$$

$$+ e\cos(2\theta-2\pi+s)\left\{\begin{array}{l}-\mathfrak{B}q'-0{,}006188\mathfrak{B}-\frac{2}{n}\mathfrak{C}-0{,}012623\mathfrak{E}\\ +(\frac{3}{n}+0{,}008482)\,\mathfrak{L}\end{array}\right.$$

$$+ ee\cos(2\theta-2\pi-2s)\left\{\begin{array}{l}+0{,}003239\mathfrak{B}+\frac{1}{2n}\mathfrak{C}+0{,}006479\mathfrak{E}\\ +0{,}008482\mathfrak{M}-\frac{1}{n}\mathfrak{K}-0{,}012623\mathfrak{K}\end{array}\right.$$

§. 218. Hinc reperiuntur sequentes valores

$\mathfrak{D} = 0{,}159070$	.	$l\,\mathfrak{D} = 9{,}201585$	;	$\mathfrak{D}e =$	$551''$
$\mathfrak{E} = 0{,}003562$	.	$l\,\mathfrak{E} = 7{,}551680$	;	$\mathfrak{E}e =$	$12\frac{1}{2}$
$\mathfrak{F} = 0{,}003301$	.	$l\,\mathfrak{F} = 7{,}518677$	;	$\mathfrak{F}e =$	$11\frac{1}{2}$
$\mathfrak{G} = 0{,}031650$	.	$l\,\mathfrak{G} = 8{,}587191$	;	$\mathfrak{G}ee =$	$2''$
$\mathfrak{H} = -0{,}003153$	.	$l{-}\mathfrak{H} = 7{,}498692$	;	$\mathfrak{H}e =$	$-\ 11''$
$\mathfrak{I} = -0{,}002932$	.	$l{-}\mathfrak{I} = 7{,}467118$	;	$\mathfrak{I}e =$	$-\ 10''$
$\mathfrak{K} = -0{,}025750$	.	$l{-}\mathfrak{K} = 8{,}410784$	;	$\mathfrak{K}e =$	$-\ 90$
$\mathfrak{L} = -0{,}009076$	.	$l{-}\mathfrak{L} = 7{,}957885$	;	$\mathfrak{L}e =$	$-\ 32$

At valor ipsius $\mathfrak{M}$ tam sit paruus, vt merito pro nihilo haberi possit.

§. 219. Colligamus ergo has inaequalitates in vnam ſummam, atque obtinebimus longitudinem veram nodi aſcendentis

		Valor. in minut. ſec.
$\pi =$ Conſt.	$-0{,}004053\ r$	
	$-0{,}002196$ ſin 2η	$-\ 453''$
	$+0{,}002037$ ſin $(2\phi-2\pi)$	$+\ 420$
	$+0{,}026307$ ſin $(2\theta-2\pi)$	$+\ 5426$
	$+0{,}000370$ ſin $(4\theta-4\pi)$	$+\ 75$
	$-0{,}01766k$ ſin r	$-\ 198$
	$-0{,}01148k$ ſin $(2\eta-r)$	$-\ 129$
	$-0{,}00290k$ ſin $(2\eta+r)$	$-\ 33$
	$+0{,}0905kk$ ſin $(2\eta-2r)$	$+\ 55$
	$-0{,}0120kk$ ſin $2r$	$-\ 7$
	$+0{,}00871k$ ſin $(2\phi-2\pi-r)$	$+\ 98$
	$+0{,}00270k$ ſin $(2\phi-2\pi+r)$	$+\ 30$
	$-0{,}00468k$ ſin $(2\theta-2\pi-r)$	$-\ 53$
	$+0{,}00468k$ ſin $(2\theta-2\pi+r)$	$+\ 53$
	$+0{,}3848kk$ ſin $(2\phi\ 2\pi-2r)$	$+\ 235$
	$+0{,}15907e$ ſin s	$+\ 551$
	$-0{,}02575e$ ſin $(2\theta-2\pi-s)$	$-\ 90$
	$-0{,}00907e$ ſin $(2\theta-2\pi+s)$	$-\ 32$

omiſſis ſcilicet iis inaequalitatibus, quae non ſupra $30''$ exſurgunt.

CAPUT XIII.

INUESTIGATIO INCLINATIONIS ORBITAE
LUNARIS AD ECLIPTICAM.

§. 220.

Pro inclinatione orbitae lunaris ad eclipticam inuenienda, forma §. 208. euoluta multiplicari debet per $-\frac{1}{4}\sin 2\eta + \frac{1}{4}\sin 2(\varphi - \pi) + \frac{1}{4}\sin 2(\theta - \pi)$, ac productum erit $= \dfrac{d.\,l\tang\varrho}{dr}$: Hinc ergo habebitur:

$$\frac{d.\,l\tang\varrho}{dr} =$$

$+ 0,004261 \quad \sin 2\eta \qquad\qquad - 0,000020 \sin 4\eta$

$+ 0,008514 k \quad \sin(2\eta - r)$

$+ 0,008514 k \quad \sin(2\eta + r)$

$+ 0,000827 k \quad \sin r$

$- 0,004261 \quad \sin(2\varphi - 2\pi) \qquad$ adiice

$- 0,004261 \quad \sin(2\theta - 2\pi) \qquad$ ad coeff.

$- 0,008514 k \quad \sin(2\varphi - 2\pi - r) - 0,000724$

$- 0,008514 k \quad \sin(2\varphi - 2\pi + r) + 0,000103$

$- 0,008514 k \quad \sin(2\theta - 2\pi - r) + 0,000103$

$- 0,008514 k \quad \sin(2\theta - 2\pi + r) - 0,000724$

$- 0,010636 k k \sin(2\varphi - 2\pi - 2r)$

$+ 0,006420 e \quad \sin(2\theta - 2\pi - s) - 0,000100$

$+ 0,006420 e \quad \sin(2\theta - 2\pi + s) - 0,000116$

§. 221.

§. 221. Quaeramus primo terminos, qui a neutra excentricitate pendent, sitque

$$l\,\frac{\tang\varrho}{\tang\varepsilon} =$$

$$\mathfrak{A}\cos 2\eta + \mathfrak{a}\cos 4\eta + \mathfrak{B}\cos(2\Phi - 2\pi) + \mathfrak{C}\cos(2\theta - 2\pi) + \mathfrak{c}\cos(4\theta - 4\pi)$$

eritque differentiando:

$$\frac{d\,l\tang\varrho}{dr} = \begin{cases} \sin 2\eta\,[-2\alpha\mathfrak{A} + 0{,}004241\,\mathfrak{B} - 0{,}004241\,\mathfrak{C} \\ \sin 4\eta\,[-4\alpha\mathfrak{a} + \mathfrak{A}\,a' \\ \sin(2\Phi - 2\pi)\left\{-2(\alpha + \frac{1}{n})\mathfrak{B} - 0{,}008482\,\mathfrak{B} - 0{,}004227\,\mathfrak{C}\right. \\ \sin(2\theta - 2\pi)\left\{-\frac{2}{n}\mathfrak{C} + \mathfrak{B}a' - 0{,}004221\,\mathfrak{B} - 0{,}008482\,\mathfrak{C}\right. \\ \sin(4\theta - 4\pi)\left\{+0{,}004241\,\mathfrak{C} - \frac{4}{n}\,\mathfrak{c}\right. \end{cases}$$

§. 222. Ex his iam reperitur:

$\mathfrak{A} = -0{,}002630$	. . .	$l-\mathfrak{A} = 7{,}419914$
$\mathfrak{B} = +0{,}002037$	. . .	$l\,\mathfrak{B} = 7{,}308991$
$\mathfrak{C} = +0{,}026307$	. . .	$l\,\mathfrak{C} = 8{,}420081$
$\mathfrak{a} = +0{,}000019$	. . .	$l\,\mathfrak{a} = 5{,}278753$
$\mathfrak{c} = +0{,}000370$	. . .	$l\,\mathfrak{c} = 6{,}567931$

ita vt hinc sit:

$$l\,\frac{\tang\varrho}{\tang\varepsilon} = \begin{aligned} &-0{,}002630\,\cos 2\eta \\ &+0{,}000019\,\cos 4\eta \\ &+0{,}002037\,\cos(2\Phi - 2\pi) \\ &+0{,}026307\,\cos(2\theta - 2\pi) \\ &+0{,}000370\,\cos(4\theta - 4\pi) \end{aligned}$$

§. 223.

§. 223. Quaeramus iam ſeorſim terminos ab excentricitate Lunae pendentes: ſitque

$$l\frac{\text{tang}\,\rho}{\text{tang}\,\epsilon} = \mathfrak{A}\cos 2\eta + \mathfrak{B}\cos(2\Phi-2\pi) + \mathfrak{C}\cos(2\theta-2\pi)$$
$$+\mathfrak{D}k\cos(2\eta-r) + \mathfrak{E}k\cos(2\eta+r) + \mathfrak{F}k\cos r$$
$$+\mathfrak{G}k\cos(2\Phi-2\pi-r) \quad +\mathfrak{J}k\cos(2\theta-2\pi-r)$$
$$+\mathfrak{H}k\cos(2\Phi-2\pi+r) \quad +\mathfrak{K}k\cos(2\theta-2\pi+r)$$
$$+\mathfrak{L}k^2\cos(2\Phi-2\pi-2r)$$

vnde differentialibus ſumendis habebitur: $\frac{d.\,l\,\text{tang}\,\rho}{dr} =$

$$k\sin(2\eta-r)\begin{cases} +\mathfrak{A}c' + 0{,}09238\,\mathfrak{B} - 0{,}009238\,\mathfrak{C} + 0{,}004241\,\mathfrak{G} \\ +(2\alpha-1)\mathfrak{D} - 0{,}004241\,\mathfrak{K} \end{cases}$$

$$k\sin(2\eta+r)\begin{cases} +\mathfrak{A}c' + 0{,}008411\,\mathfrak{B} - 0{,}008411\,\mathfrak{C} + (2\alpha+1)\mathfrak{E} \\ +0{,}004241\,\mathfrak{H} - 0{,}004241\,\mathfrak{J} \end{cases}$$

$$k\sin r\begin{cases} +\mathfrak{A}d' - \mathfrak{A}e' + 0{,}000827\,\mathfrak{B} - 0{,}000827\,\mathfrak{C} - \mathfrak{F} - 0{,}004241\,\mathfrak{G} \\ +0{,}004241\,\mathfrak{H} - \mathfrak{D}a' + \mathfrak{E}a' - 0{,}004241\,\mathfrak{J} + 0{,}004241\,\mathfrak{K} \end{cases}$$

$$k\sin(2\Phi-2\pi-r)\begin{cases} -0{,}017663\,\mathfrak{B} - 0{,}009962\,\mathfrak{C} - 2(\alpha+\frac{1}{n})\,\mathfrak{G} + \mathfrak{G} \\ -0{,}008482\,\mathfrak{G} - 0{,}004221\,\mathfrak{J} \end{cases}$$

$$k\sin(2\Phi-2\pi+r)\begin{cases} -0{,}017663\,\mathfrak{B} - 0{,}008307\,\mathfrak{C} - 2(\alpha+\frac{1}{n})\mathfrak{H} - \mathfrak{H} \\ -0{,}008482\,\mathfrak{H} - 0{,}004221\,\mathfrak{K} \end{cases}$$

$$k\sin(2\theta-2\pi-r)\begin{cases} +\mathfrak{B}e' - 0{,}008307\,\mathfrak{B} - \frac{2}{n}\mathfrak{C} - 0{,}017663\,\mathfrak{C} \\ +\mathfrak{G}a' - 0{,}004221\,\mathfrak{G} - \frac{2}{n}\mathfrak{J} + \mathfrak{J} - 0{,}008482\,\mathfrak{J} \end{cases}$$

$$k\sin(2\theta-2\pi+r)\left\{\begin{array}{l}+\mathfrak{B}d'-0{,}009962\,\mathfrak{B}-\frac{2}{n}\mathfrak{C}-0{,}017663\,\mathfrak{C}\\ +\mathfrak{H}a'-0{,}004221\,\mathfrak{H}-\frac{2}{n}\mathfrak{K}-\mathfrak{K}-0{,}008482\,\mathfrak{K}\end{array}\right.$$

$$kk\sin(2\Phi-2\pi-2r)\left\{\begin{array}{l}-0{,}021273\,\mathfrak{B}-0{,}010636\,\mathfrak{C}-2(\alpha+\frac{1}{n})\,\mathfrak{L}+2\,\mathfrak{L}\\ -0{,}008482\,\mathfrak{L}\end{array}\right.$$

hincque reperitur:

$\mathfrak{D} =$	$0{,}010487$	. . .	$l\,\mathfrak{D} = 8{,}020638$
$\mathfrak{E} =$	$0{,}003166$	. . .	$l\,\mathfrak{E} = 7{,}500439$
$\mathfrak{F} =$	$-0{,}001600$	. . .	$l-\mathfrak{F} = 7{,}204120$
$\mathfrak{G} =$	$+0{,}008719$	. . .	$l\,\mathfrak{G} = 7{,}940484$
$\mathfrak{H} =$	$+0{,}002699$	. . .	$l\,\mathfrak{H} = 7{,}431136$
$\mathfrak{I} =$	$-0{,}004460$	. . .	$l-\mathfrak{I} = 7{,}649305$
$\mathfrak{K} =$	$+0{,}004717$	. . .	$l\,\mathfrak{K} = 7{,}623628$
$\mathfrak{L} =$	$+0{,}384890$	. . .	$l\,\mathfrak{L} = 9{,}585335$

§. 224. Nunc denique pro inaequalitatibus ab excentricitate orbitae solaris pendentibus ponatur.

$$l\,\frac{\tang\varrho}{\tang\varepsilon} = \mathfrak{A}\cos 2\eta + \mathfrak{B}\cos(2\Phi-2\pi) + \mathfrak{M}e\cos(2\theta-2\pi-s)$$
$$+\mathfrak{C}\cos(2\theta-2\pi) + \mathfrak{N}e\cos(2\theta-2\pi+s)$$

ac differentiando prodibit: $\frac{d.\,l\tang\varrho}{dr} =$

$$e\sin(2\theta-2\pi-s)\left\{\begin{array}{l}+\mathfrak{B}r'+0{,}006219\,\mathfrak{B}+\frac{2}{n}\mathfrak{C}+0{,}012623\,\mathfrak{C}\\ -\frac{1}{n}\mathfrak{M}-0{,}008482\,\mathfrak{M}\end{array}\right.$$

$$e\sin(2\theta-2\pi+s)\left\{\begin{array}{l}+\mathfrak{B}q'+0{,}06188\,\mathfrak{B}+\frac{2}{n}\mathfrak{C}+0{,}012623\,\mathfrak{C}\\ \quad-\frac{3}{n}\mathfrak{N}-0{,}008482\,\mathfrak{N}\end{array}\right.$$

vnde reperitur

$$\mathfrak{M}=-0{,}024034 \quad . \; . \quad l\text{-}\mathfrak{M}=8{,}380835$$

$$\mathfrak{N}=-0{,}008519 \quad . \; . \quad l\text{-}\mathfrak{N}=7{,}930332$$

§. 225. Si ergo ϵ denotet inclinationem mediam orbitae lunaris ad eclipticam, et ϱ inclinationem veram, erit

			log. coeff.
$l\frac{\text{tang}\,\varrho}{\text{tang}\,\epsilon}=$	$-0{,}002630$	$\cos 2\eta$	7,419915
	$+0{,}000019$	$\cos 4\eta$	5,278753
	$+0{,}002637$	$\cos(2\Phi-2\pi)$	7,308991
	$+0{,}026307$	$\cos(2\theta-2\pi)$	8,420081
	$+0{,}000370$	$\cos(4\theta-4\pi)$	6,567931
	$+0{,}01049k$	$\cos(2\eta-r)$	8,020638
	$+0{,}00317k$	$\cos(2\eta+r)$	7,500439
	$-0{,}00160k$	$\cos r$	7,204120
	$+0{,}00872k$	$\cos(2\Phi-2\pi-r)$	7,940484
	$+0{,}00270k$	$\cos(2\Phi-2\pi+r)$	7,431136
	$-0{,}00446k$	$\cos(2\theta-2\pi-r)$	7,649305
	$+0{,}00472k$	$\cos(2\theta-2\pi+r)$	7,673628
	$+0{,}3849kk$	$\cos(2\Phi-2\pi-2r)$	9,585335
	$-0{,}02403e$	$\cos(2\theta-2\pi-s)$	8,380835
	$-0{,}00852e$	$\cos(2\theta-2\pi+s)$	7,930332

§. 226.

§. 226. Quodsi iam ponatur $l\frac{\tang \varrho}{\tang \varepsilon} = S$, erit ad numeros ipsos procedendo $\frac{\tang \varrho}{\tang \varepsilon} = 1 + S + \frac{1}{2} SS$ Hinc igitur negligendo terminos minimos, consequemur:

$$\begin{aligned}
\frac{\tang \varrho}{\tang \varepsilon} = 1 &- 0{,}002604 \ \cos 2\eta \\
&+ 0{,}000020 \ \cos 4\eta \\
&+ 0{,}002003 \ \cos(2\Phi - 2\pi) \\
&+ 0{,}026307 \ \cos(2\theta - 2\pi) \\
&+ 0{,}000490 \ \cos(4\theta - 4\pi) \\
&- 0{,}00160k \ \cos r \\
&+ 0{,}01049k \ \cos(2\eta - r) \\
&+ 0{,}00317k \ \cos(2\eta + r) \\
&+ 0{,}00885k \ \cos(2\Phi - 2\pi - r) \\
&+ 0{,}00274k \ \cos(2\Phi - 2\pi + r) \\
&- 0{,}00448k \ \cos(2\theta - 2\pi - r) \\
&+ 0{,}00470k \ \cos(2\theta - 2\pi + r) \\
&+ 0{,}3849kk \ \cos(2\Phi - 2\pi - 2r) \\
&- 0{,}02403e \ \cos(2\theta - 2\pi - s) \\
&- 0{,}00852e \ \cos(2\theta - 2\pi + s)
\end{aligned}$$

§. 227. Cum in aequatione noſtra principali, quae motum Lunae continet, inſit terminus $\frac{\text{tang}\,\varrho^2}{\text{tang}\,\varepsilon^2}$, huiusquoque valorem euolui conueniet: erit ergo

$$\frac{\text{tang}\,\varrho^2}{\text{tang}\,\varepsilon^2} = 1$$

$$- 0{,}005156 \cos 2\eta \qquad + 0{,}000040 \cos 4\eta$$

$$+ 0{,}003938 \cos(2\Phi - 2\pi)$$

$$+ 0{,}052614 \cos(2\theta - 2\pi) + 0{,}001320 \cos(4\theta - 4\pi)$$

$$- 0{,}00290k \cos r$$

$$+ 0{,}02098k \cos(2\eta - r)$$

$$+ 0{,}00634k \cos(2\eta \mp r)$$

$$+ 0{,}01796k \cos(2\Phi - 2\pi - r)$$

$$+ 0{,}00556k \cos(2\Phi - 2\pi + r)$$

$$- 0{,}00896k \cos(2\theta - 2\pi - r)$$

$$+ 0{,}00940k \cos(2\theta - 2\pi \mp r)$$

$$+ 0{,}7698kk \cos(2\Phi - 2\pi - 2r)$$

$$+ 0{,}04806e \cos(2\theta - 2\pi - s)$$

$$+ 0{,}01704e \cos(2\theta - 2\pi + s)$$

Hicque ergo valor in ſuperiori illa aequatione ſubſtitui poterit.

§. 228.

§. 228. Celeb. autem Clairaut conclusit inclinationem mediam ε ex obseruationibus exquisitissimis $5^\circ\, 8'\, 9''$, ex qua igitur ad quoduis tempus inclinationem veram elicere licebit. Sit enim $\varrho = \varepsilon + \omega$, erit tang $\varrho = \frac{\text{tg}\, \varepsilon + \omega}{1 - \omega\, \text{tg}\, \varepsilon}$ $= \text{tang}\, \varepsilon + \frac{\omega}{\text{cos}\, \varepsilon^2} = V\, \text{tang}\, \varepsilon$, ponendo V pro expressione ipsius $\frac{\text{tang}\, \varrho}{\text{tang}\, \varepsilon}$. Hinc erit $\omega = (V-1)\, \text{sin}\, \varepsilon\, \text{cos}\, \varepsilon =$ $\frac{1}{2}(V-1)\, \text{sin}\, 2\varepsilon = 0{,}08915\,(V-1)$: vnde reperitur in minutis secundis

$$\begin{aligned}
\varrho = \varepsilon &- 48''\ \text{cos}\, 2\eta \\
&+ 36\ \text{cos}\,(2\varphi - 2\pi) \\
&+ 484\ \text{cos}\,(2\theta - 2\pi) \\
&+ 9\ \text{cos}\,(4\theta - 4\pi) \\
&- 2\ \text{cos}\, r \\
&+ 11\ \text{cos}\,(2\eta - r) \\
&+ 3\ \text{cos}\,(2\eta + r) \\
&+ 9\ \text{cos}\,(2\varphi - 2\pi - r) \\
&+ 3\ \text{cos}\,(2\varphi - 2\pi + r) \\
&- 5\ \text{cos}\,(2\theta - 2\pi - r) \\
&+ 5\ \text{cos}\,(2\theta - 2\pi + r) \\
&+ 23\ \text{cos}\,(2\varphi - 2\pi - 2r) \\
&- 7\ \text{cos}\,(2\theta - 2\pi - s) \\
&- 3\ \text{cos}\,(2\theta - 2\pi + s)
\end{aligned}$$

§. 229. Hic notandum eſt, etiamſi valor inclinationis mediae ι aliquantillum immutetur, aequationes has tamen inde vix alterari, ita vt eae ſemper eaedem ſint manſurae. Perſpicuum quoque eſt in calculo aſtronomico ſufficere tres inaequalitates primores, et reliquas omnes ſine errore ſenſibili praetermitti poſſe; niſi forte aequatio 23 coſ $(2\phi - 2\pi - 2r)$ retinenda cenſeatur, quae inter reliquas eſt maxima. Exprimit autem angulus $2\phi - 2\pi - 2r$ duplam diſtantiam apogei Lunae ab eius nodo, a quo angulo quoque locum nodi non mediocriter affici vidimus, cum correctio hinc oriunda pro loco nodi vsque ad $235''$ aſſurgere poſſit.

CAPUT

CAPUT XIV.

INUESTIGATIO INAEQUALITATUM MOTUS LUNAE AB EIUS INCLINATIONE AD ECLIPTICAM ORIUNDARUM.

§. 230.

Ponamus more adhuc vſitato:

$$
\begin{aligned}
\int R\,dr = {} & \mathfrak{A}\,\mathrm{c}\,2\eta + \mathfrak{C}k\,\mathrm{c}\,r + \mathfrak{D}k\cos(2\eta - r) + \mathfrak{P}e\,\mathrm{c}\,s + \mathfrak{Q}e\cos(2\eta - s) \\
& \qquad\qquad + \mathfrak{E}k\cos(2\eta + r) \qquad\qquad + \mathfrak{R}e\cos(2\eta + s) \\
& + \mathfrak{F}f\cos 2\eta + \mathfrak{G}f\cos(2\varphi - 2\pi) + \mathfrak{J}fk\cos r + \mathfrak{K}fk\cos(2\eta - r) \\
& \qquad + \mathfrak{H}f\,\mathrm{sos}(2\theta - 2\pi) \qquad\qquad + \mathfrak{L}fk\cos(2\eta + r) \\
& + \mathfrak{M}fk\cos(2\varphi - 2\pi - r) + \mathfrak{S}fk\cos(2\theta - 2\pi - r) \\
& + \mathfrak{N}fk\cos(2\varphi - 2\pi + r) + \mathfrak{T}fk\cos(2\theta - 2\pi + r) \\
& + \mathfrak{O}fkk\cos(2\varphi - 2\pi - 2r) + \mathfrak{U}fe\cos(2\theta - 2\pi - s) \\
& \qquad\qquad\qquad\qquad + \mathfrak{V}fe\cos(2\theta - 2\pi + s)
\end{aligned}
$$

$$
\begin{aligned}
\text{et } v = {} & A\cos 2\eta \;.\;. + Dk\cos(2\eta - r) + Pe\cos s + Qe\cos(2\eta - s) \\
& \qquad\qquad + Ek\cos(2\eta + r) \qquad\qquad + Re\cos(2\eta + s) \\
& + Ff\cos 2\eta + Gf\cos(2\varphi - 2\pi) + Jfk\cos r + Kfk\cos(2\eta - r) \\
& \qquad + Hf\cos(2\theta - 2\pi) \qquad\qquad + Lfk\cos(2\eta + r) \\
& + Mfk\cos(2\varphi - 2\pi - r) + Sfk\cos(2\theta - 2\pi - r) \\
& + Nfk\cos(2\varphi - 2\pi + r) + Tfk\cos(2\theta - 2\pi + r) \\
& + Ofkk\,\mathrm{c}(2\varphi - 2\pi - 2r) + Ufe\cos(2\theta - 2\pi - s) \\
& \qquad\qquad\qquad\qquad + Vfe\cos(2\theta - 2\pi + s)
\end{aligned}
$$

§. 231.

§. 231. His valoribus ſubſtitutis in formula §. 52. orietur

$$
\begin{aligned}
R = & f \sin 2\eta \left(\ldots \right. & fk \sin(2\theta-2\pi-r) \left(-\frac{3M}{2nn} - \frac{3G}{nn} \right. \\
& f \sin(2\Phi-2\pi) \left(+\frac{3H}{2nn} \right. & \ldots fk \sin(2\theta-2\pi+r) \left(-\frac{3N}{2nn} - \frac{3G}{nn} \right. \\
& f \sin(2\theta-2\pi) \left(-\frac{3G}{2nn} \right. & \ldots fe \sin(2\theta-2\pi-s) \left(+\frac{9G}{4nn} \right. \\
& fk \sin r \left(+\frac{3K}{2nn} - \frac{3L}{2nn} \right. & \ldots fe \sin(2\theta-2\pi+s) \left(+\frac{9G}{4nn} \right. \\
& fk \sin(2\eta-r) \left(+\frac{3I}{2nn} \right. & \\
& fk \sin(2\eta-r) \left(+\frac{3I}{2nn} \right. & \\
& fk \sin(2\Phi-2\pi-r) \left(+\frac{3S}{2nn} + \frac{3H}{nn} \right. & \\
& fk \sin(2\Phi-2\pi+r) \left(+\frac{3T}{2nn} + \frac{3H}{nn} \right. & \\
& fk \sin(2\Phi-2\pi-2r) \left(+\frac{3S}{nn} \right. &
\end{aligned}
$$

§. 232. Altera vero aequatio fundamentalis induet formam ſequentem:

$$
\begin{aligned}
\frac{ddv}{dr^2} = & \text{Praec.} + f \cos 2\eta \; [-6F - 2\varkappa\mathfrak{F} - 0,005156 - 0,026307 \\
& + f \cos(2\Phi-2\pi) \; [-6G - 2\varkappa\mathfrak{G} + 0,003938 - 1 \\
& + f \cos(2\theta-2\pi) \; [-6H - 2\varkappa\mathfrak{H} + 0,052614 + 0,002578
\end{aligned}
$$

+

$+fk\cos r\ [-\mathfrak{C}J - 2\varkappa\mathfrak{J} - 0{,}00290 - 0{,}00893$
$-0{,}00098 - 0{,}00278 - 0{,}00098$

$+fk\cos(2\eta - r)\ [-\mathfrak{C}K + \tfrac{1}{2}bF - 2\varkappa\mathfrak{K} + 0{,}02098 - 0{,}00470$
$-0{,}00258 - 0{,}01315$

$+fk\cos(2\eta + r)\ [-\mathfrak{C}L + \tfrac{1}{2}bF - 2\varkappa\mathfrak{L} + 0{,}00634 + 0{,}00448$
$-0{,}00258 - 0{,}01315$

$+fk\cos(2\phi - 2\pi - r)\ [-\mathfrak{C}M + \tfrac{1}{2}bG - 2\varkappa\mathfrak{M} + 0{,}01796 + 0{,}00145$
$+0{,}00197 - \tfrac{1}{2}$

$+fk\cos(2\phi - 2\pi + r)\ [-\mathfrak{C}N + \tfrac{1}{2}bG - 2\varkappa\mathfrak{N} + 0{,}00556 + 0{,}00145$
$+0{,}00197 - \tfrac{1}{2}$

$+fkk\cos(2\phi - 2\pi - 2r)\ [-\mathfrak{C}O + \tfrac{1}{2}hM + \tfrac{3}{4}G - 2\varkappa\mathfrak{O} + 0{,}7698 + 0{,}0089$
$+0{,}0010 + 0{,}0007 - \tfrac{1}{4}$

$+fk\cos(2\theta - 2\pi - r)\ [-\mathfrak{C}S + \tfrac{1}{2}bH - 2\varkappa\mathfrak{S} - 0{,}00896 - 0{,}00317$
$+0{,}02631 + 0{,}00129$

$+fk\cos(2\theta - 2\pi + r)\ [-\mathfrak{C}T + \tfrac{1}{2}bH - 2\varkappa\mathfrak{T} + 0{,}00940 - 0{,}01049$
$+0{,}02631 + 0{,}00129$

$+fe\cos(2\theta - 2\pi - s)\ [-\mathfrak{C}U - 2\varkappa\mathfrak{U} - 0{,}04806$

$+fe\cos(2\theta - 2\pi \mp s)\ [-\mathfrak{C}V - 2\varkappa\mathfrak{V} - 0{,}01704$

§. 233. Quoniam manifeſtum eſt, coefficientes F, G, H etc. admodum fore paruos; cum maxima huius generis inaequalitas aliquot minuta prima non excedat, hi iidem coefficientes per nn diuiſi tam euadent parvi, vt ſine errore reiici queant. Hoc autem facto quoque litterae germanicae $\mathfrak{F}$, $\mathfrak{G}$, $\mathfrak{H}$ etc. pro nihilo erunt habendae, ex quo ſola poſterior aequatio differentio-differentialis reſoluenda ſupererit; in qua ob eandem rationem terminos ex diuiſione coefficientium per nn oriundos omiſimus, cum in tam operoſo calculo ſufficiat correctiones inde resultantes proxime saltem determinasse; praesertim cum haec praetermissio vix ad aliquot minuta secunda sit ascensura.

§. 234. Ob eandem rationem licebit in valoribus differentialium $\frac{d\Phi}{dr}$ et $\frac{d\eta}{dr}$ particulas ab inclinatione pendentes negligere, vnde erit: $\frac{dv}{dr} =$

$f \sin 2\eta\ [-2\alpha F \quad = -F']$

$f \sin(2\varphi - 2\pi)\ [-2(\alpha + \frac{1}{n})G - 0{,}008482\,G = -G']$

$f \sin(2\theta - 2\pi)\ [+Ga' - \frac{2}{n})H - 0{,}008482\,H = -H']$

$fk \sin r\ [Fd' - Fe' - J \quad = -J']$

$fk \sin(2\eta - r)\ [+Fc' - (2\alpha - 1)K = -K']$

$fk \sin(2\eta + r)\ [+Fc' - (2\alpha + 1)L = -L']$

$fk \sin(2\varphi - 2\pi - r)\ [-2(\alpha + \frac{1}{n})M + M - 0{,}008482\,M = -M']$

$fk \sin(2\varphi - 2\pi + r)\ [-2(\alpha + \frac{1}{n})N - N - 0{,}008482\,N = -N']$

$fkk \sin(2\varphi\ 2\pi \cdot 2r)\ [-2(\alpha + \frac{1}{n})O + 2O - 0{,}008482\,O = -O']$

$fk \sin(2\theta - 2\pi - r)\ [+Ge' - \frac{2}{n}H - \frac{2}{n}S + S - 0{,}008482\,S = -S']$

$fk \sin(2\theta - 2\pi + r)\ [+Gd' - \frac{2}{n}H - \frac{2}{n}T - T - 0{,}008482\,T = -T']$

$fe \sin(2\theta - 2\pi - s)\ [+Gr' + \frac{2}{n}H - \frac{1}{n}U - 0{,}008482\,U = -U']$

$fe \sin(2\theta - 2\pi + s)\ [+Gq' + \frac{2}{n}H - \frac{3}{n}V - 0{,}008482\,V = -V']$

§. 235.

§. 235. Si nunc ſimili modo denuo differentiemus, prodibit: $\frac{ddv}{dr^2} =$

$f \cos 2\eta \; [-2\alpha F']$

$f \cos(2\varphi - 2\pi) \; [-2(\alpha + \frac{1}{n}) G' - 0,008482\, G']$

$f \cos(2\theta - 2\pi) \; [+ G'a' - \frac{2}{n} H' - 0,008482\, H']$

$fk \cos r \; [F'd' + Fe' - J']$

$fk \cos(2\eta - r) \; [F'e' - (2\alpha - 1) K']$

$fk \cos(2\eta + r) \; [F'c' - (2\alpha + 1) L']$

$fk \cos(2\varphi - 2\pi - r) [-2(\alpha + \frac{1}{n}) M' + M' - 0,008482\, M']$

$fk \cos(2\varphi - 2\pi + r) [-2(\alpha + \frac{1}{n}) N' - N' - 0,008482\, N']$

$fkk \cos(2\varphi - 2\pi - 2r) [-2(\alpha + \frac{1}{n}) O' + 2O' - 0,008482\, O']$

$fk \cos(2\theta - 2\pi - r) [G'e' - \frac{2}{n} H' - \frac{2}{n} S' + S' - 0,008482\, S']$

$fk \cos(2\theta - 2\pi + r) [G'd' - \frac{2}{n} H' - \frac{2}{n} T' - T' - 0,008482\, T']$

$fe \cos(2\theta - 2\pi - s) \; [G'r' + \frac{2}{n} H' - \frac{1}{n} U' - 0,008482\, U']$

$fe \cos(2\theta - 2\pi + s) \; [G'q' + \frac{2}{n} H' - \frac{3}{n} V' - 0,008482\, V']$

§. 236. Hinc autem ſequentes eliciuntur valores

$F =$	$0,01273$	. . .	$l\, F = 8,104833$
$G =$	$0,32213$	. . .	$l\, G = 9,508032$
$H =$	$0,06976$	. . .	$l\, H = 8,843590$
$J =$	$-1,87800$	. . .	$l\!-\!J = 0,273710$

 K =

K = + 0,05615	. . .	*l*-K = 8,749352
L = − 0,00077	. . .	*l*-L = 6,888904
M = − 0,29638	. . .	*l*-M = 9,471854
N = + 0,00012	. . .	*l* N = 6,089109
O = + 0,32287	. . .	*l* O = 9,509034
S = + 0,39091	. . .	*l* S = 9,592073
T = + 0,69579	. . .	*l* T = 9,842475
U = − 0,07922	. . .	*l*-U = 8,898830
V = − 0,05141	. . .	*l*-V = 8,711093

§. 237. Pro diſtantia ergo lunae a ſole curtata $x = \frac{(1-kk)au}{1-k\cos r}$ erit

u = Praec.

		Log. coeff.	Valores coeff. integri
+ 0,000072f	$\cos 2\eta$	5,860017	+ 0,000079
+ 0,001833f	$\cos(2\Phi-2\pi)$	7,263216	+ 0,002005
+ 0,000397f	$\cos(2\theta-2\pi)$	6,598774	+ 0,000434
— 0,01069fk	$\cos r$	8,028894	— 0,000634
+ 0,00032fk	$\cos(2\eta-r)$	6,504536	+ 0,000019
— 0,00000fk	$\cos(2\eta+r)$	4,644088	— 0,000000
— 0,00169fk	$\cos(2\Phi-2\pi-r)$	7,227038	— 0,000100
+ 0,00000fk	$\cos(2\Phi-2\pi+r)$	3,834293	+ 0,000000
+ 0,00184fk^2	$\cos(2\Phi-2\pi-2r)$	7,264218	+ 0,000006
+ 0,00223fk	$\cos(2\theta-2\pi-r)$	7,347257	+ 0,000132
+ 0,00396fk	$\cos(2\theta-2\pi+r)$	7,597659	+ 0,000235
— 0,00045fe	$\cos(2\theta-2\pi-s)$	6,654014	— 0,000000
— 0,00029fe	$\cos(2\theta-2\pi+s)$	6,466277	— 0,000000

vbi notandum eſt eſſe $f = 1,093756$, et $l\,f = 0,038921$.

§. 238.

§. 238. Deinde pro motu momentaneo habebitur

$$\frac{d\Phi}{dr} = \text{Praec.}$$

	Log coeff.	Valores coeff. in numeris.
$-0{,}000146f\cos 2\eta$	6,164934	−0,000160
$-0{,}003700f\cos(2\Phi-2\pi)$	7,568133	−0,004046
$-0{,}000801f\cos(2\theta-2\pi)$	6,903691	−0,000876
$+0{,}02157fk\cos r$	8,333811	+0,001286
$-0{,}00065fk\cos(2\eta-r)$	6,809453	−0,000038
$+0{,}00000fk\cos(2\eta+r)$	4,949005	+0,000001
$+0{,}00340fk\cos(2\Phi-2\pi-r)$	7,531955	+0,000203
$-0{,}00000fk\cos(2\Phi-2\pi+r)$	4,139210	−0,000000
$-0{,}00371fk^2\cos(2\Phi-2\pi-2r)$	7,569135	−0,000012
$-0{,}00449fk\cos(2\theta-2\pi-r)$	7,652174	−0,000267
$-0{,}00799fk\cos(2\theta-2\pi+r)$	7,902576	−0,000476
$+0{,}00091fe\cos(2\theta-2\pi-s)$	6,958931	+0,000000
$+0{,}00059fe\cos(2\theta-2\pi+s)$	6,771194	+0,000000

§. 239. Pro correctione longitudinis verae hinc oriunda ponatur,

$$\Phi = \text{Praec.}$$

$$+\mathfrak{A}'f\sin 2\eta \quad +\mathfrak{J}'fk\sin r \quad +\mathfrak{M}'fk\sin(2\Phi-2\pi-r)$$

$$+\mathfrak{G}'f\sin(2\Phi-2\pi)+\mathfrak{K}'fk\sin(2\eta-r)+\mathfrak{N}'fk\sin(2\Phi-2\pi+r)$$

$$+\mathfrak{H}'f\sin(2\theta-2\pi)+\mathfrak{L}'fk\sin(2\eta+r)+\mathfrak{O}'fkk\sin(2\Phi-2\pi-2r)$$

$$+\mathfrak{S}'fk\sin(2\theta-2\pi-r) + \mathfrak{U}'fe\sin(2\theta-2\pi-s)$$

$$+\mathfrak{T}'fk\sin(2\theta-2\pi+r) + \mathfrak{V}'fe\sin(2\theta-2\pi+s)$$

 erit-

eritque:

$$2\alpha\,\mathfrak{F}' = -\,0{,}000146$$
$$0{,}026834\,\mathfrak{G}' = -\,0{,}003700$$
$$0{,}159358\,\mathfrak{H}' - \mathfrak{G}'a' = -\,0{,}000801$$
$$\mathfrak{J}' - \mathfrak{F}'d' - \mathfrak{F}'e' = +\,0{,}02157$$
$$0{,}867476\,\mathfrak{K}' - \mathfrak{F}'c' = -\,0{,}00065$$
$$2{,}867476\,\mathfrak{L}' - \mathfrak{F}'c' = -\,0{,}00000$$
$$1{,}026834\,\mathfrak{M}' = +\,0{,}00340$$
$$3{,}026834\,\mathfrak{N}' = -\,0{,}00000$$
$$0{,}026834\,\mathfrak{O}' = -\,0{,}00371$$
$$-\,0{,}840642\,\mathfrak{S}' - \mathfrak{G}'e' + \frac{2}{n}\mathfrak{H}' = -\,0{,}00449$$
$$+\,1{,}159358\,\mathfrak{T}' - \mathfrak{G}'d' + \frac{2}{n}\mathfrak{H}' = -\,0{,}00799$$
$$+\,0{,}083920\,\mathfrak{U}' - \mathfrak{G}'r' - \frac{2}{n}\mathfrak{H}' = +\,0{,}00091$$
$$+\,0{,}234796\,\mathfrak{V}' - \mathfrak{G}'q' - \frac{2}{n}\mathfrak{H}' = +\,0{,}00059$$

§. 240. Expeditis igitur his formulis orietur:

			Log. coeff.	coeff. tot. in sec.
$\Phi = \text{Pr.}$	$-0{,}000078f$	$\sin 2\eta$	5,893680	$-\ 18''$
	$-0{,}001825f$	$\sin(2\Phi - 2\pi)$	7,261316	$-\ 422$
	$-0{,}004800f$	$\sin(2\theta - 2\pi)$	7,681286	$-\ 1083$
	$+0{,}02154fk$	$\sin r$	8,333246	$+\ 264$
	$-0{,}00074fk$	$\sin(2\eta - r)$	6,867925	$-\ 9$
	$+0{,}00332fk$	$\sin(2\Phi - 2\pi - r)$	7,520465	$+\ 41$
	$-0{,}13818fk^2$	$\sin(2\Phi - 2\pi - 2r)$	9,140450	$-\ 92$
	$+0{,}00446fk$	$\sin(2\theta - 2\pi - r)$	7,649421	$+\ 55$
	$-0{,}00685fk$	$\sin(2\theta - 2\pi + r)$	7,835624	$-\ 84$
	$+0{,}00310fe$	$\sin(2\theta - 2\pi - s)$	7,491107	$+\ 11$
	$-0{,}00030fe$	$\sin(2\theta - 2\pi + s)$	6,474418	$-\ 1$

§. 242.

§. 241. Haec omnia ſatis conueniunt cum notis inaequalitatibus motus lunae, niſi quod inaequalitas ab angulo $2\theta - 2\pi$ pendens plane aduerſari videatur, cum nullum eius veſtigium in tabulis aſtronomicis occurrat; quod quidem eo magis eſt mirandum, cum correctio inde oriunda ad $18'$, $3''$ exſurgat. Lubens equidem agnoſco, in hoc calculo non omnem curam eſſe adhibitam, vt hanc aequationem tanquam omnibus numeris abſolutam ſpectare liceat, quoniam ad plurimos terminos, quos formulae noſtrae ſuppeditant, non reſpexi. Interim tamen calculum repetenti mox patebit, non admodum enormiter eſſe aberratum, praeſertim cum aequatio ab angulo $2\Phi - 2\pi$ pendens, quae pari paſſu procedit, veritati perquam conſentanea prodierit, cum ea reductio lunae ad eclipticam contineatur. Ac ſi quidem haec inaequalitas ad ſemiſſem vsque diminuatur, tamen tanta remanet, vt merito dubitare debeamus, eius effectum ab Aſtronomis non eſſe animaduerſum; cum eius omiſſio vix per aliam aequationem compenſari queat. Hancobrem, ſiue omiſſio terminorum neglectorum ſit in cauſa, ſive etiam in calculo numerico error fuerit admiſſus, quod facile euenire potuit, iſtam inueſtigationem in capite ſequenti accuratius ſuſcipiamus.

CAPUT XV.

ACCURATIOR INUESTIGATIO INAEQUALITATUM LUNAE AB INCLINATIONE EJUS ORBITAE PENDENTIUM.

§. 242.

Quoniam praecipuum dubium circa inaequalitatem ab angulo $2\theta-2\pi$ pendentem verſatur, noſtram inueſtigationem ab iis inaequalitatibus, quae ſimul ab alterutra excentricitate pendent, abſtrahamus. Ponamus ergo:

$$\int R dr = \mathfrak{A}\cos 2\eta + \mathfrak{F} f\cos 2\eta + \mathfrak{G} f\cos(2\Phi-2\pi) + \mathfrak{H} f\cos(2\theta-2\pi) + \mathfrak{J} f\cos(4\theta-4\pi)$$

et

$$v = A\cos 2\eta + F f\cos 2\eta + G f\cos(2\Phi-2\pi) + H f\cos(2\theta-2\pi) + J f\cos(4\theta-4\pi)$$

Poſitoque $\frac{2\varkappa F+\mathfrak{F}}{nn}=f'$; $\frac{2\varkappa G+\mathfrak{G}}{nn}=g'$; $\frac{2\varkappa H+\mathfrak{H}}{nn}=h'$; $\frac{2\varkappa J+\mathfrak{J}}{nn}=i'$ erit:

$$\frac{d\Phi}{dr}=\alpha+\frac{1}{n}-\mathfrak{a}'\cos 2\eta - f' f\cos 2\eta - g' f\cos(2\Phi-2\pi) - h' f\cos(2\theta-2\pi) - i' f\cos(4\theta-4\pi)$$

$$\frac{d\eta}{dr}=\alpha-\mathfrak{a}'\cos 2\eta - f' f\cos 2\eta - g' f\cos(2\Phi-2\pi) - h' f\cos(2\theta-2\pi) - i' f\cos(4\theta-4\pi)$$

$$\frac{d\theta}{dr}=\frac{1}{n} \text{ et } \frac{d\pi}{dr}=-0{,}004241-0{,}004221\cos 2\eta + 0{,}004241\cos(2\Phi-2\pi) + 0{,}004241\cos(2\theta-2\pi)$$

§. 243.

§. 243. His valoribus in formulis principalibus substitutis habebimus has aequationes:

$$R = -\frac{3G}{2nn} f \sin(2\theta - 2\pi) + \frac{3H}{2nn} f \sin(2\Phi - 2\pi)$$

$$\frac{ddv}{dr^2} = f \cos 2\eta \left\{ -\mathfrak{E}F - 2\varkappa\mathfrak{F} \right.$$

$$f \cos(2\Phi - 2\pi) \left\{ \begin{array}{l} -\mathfrak{E}G + \frac{3H}{4nn} - 2\varkappa\mathfrak{G} + \frac{\mathfrak{A}\mathfrak{H}}{nn} + \frac{3A\mathfrak{H}}{nn} \\ + \frac{3\mathfrak{A}H}{nn} + \frac{3AH}{nn} \end{array} \right.$$

$$f \cos(2\theta 2\pi) \left\{ \begin{array}{l} -\mathfrak{E}H + \frac{3G}{4nn} - 2\varkappa\mathfrak{H} + \frac{\mathfrak{A}\mathfrak{G}}{nn} + \frac{3A\mathfrak{G}}{nn} \\ + \frac{3\mathfrak{A}G}{nn} + \frac{3AG}{nn} \end{array} \right.$$

$$f \cos(4\theta - 4\pi) \left[-\mathfrak{E}J - 2\varkappa\mathfrak{J} \right.$$

$$f \cos 2\eta \left(-0{,}005156 - 0{,}026307 + 0{,}001969 \frac{A}{nn} \right)$$

$$f \cos(2\Phi - 2\pi) \left(+0{,}003938 - 1 - 0{,}052614 \frac{A}{nn} - 0{,}002578 \frac{A}{nn} \right)$$

$$f \cos(2\theta - 2\pi) \left(+0{,}052614 + 0{,}002578 - 0{,}001969 \frac{2A}{nn} + \frac{A}{nn} \right)$$

$$f \cos(4\theta - 4\pi) \left(+0{,}001320 + 0{,}026307 \frac{A}{nn} \right)$$

§. 244. Vel in numeris erit

$$R = 0{,}008540 H f \sin(2\Phi - 2\pi) - 0{,}008540 G f \sin(2\theta - 2\pi)$$

$$\frac{ddv}{dr^2} = = = =$$

$f \cos 2\eta$ [$-1{,}01591\,F - 2\kappa\,\mathfrak{F} - 0{,}031478$

$f \cos(2\Phi - 2\pi)$ [$-1{,}01591\,G - 2\kappa\,\mathfrak{G} + 0{,}000636\,H - 0{,}845648$
$- 0{,}027110\,\mathfrak{H}$

$f \cos(2\theta - 2\pi)$ [$-1{,}01591\,H - 2\kappa\,\mathfrak{H} + 0{,}000636\,G + 0{,}047722$
$- 0{,}027110\,\mathfrak{G}$

$f \cos(4\theta - 4\pi)$ [$-1{,}01591\,J - 2\kappa\,\mathfrak{J} + 0{,}001123$

Nunc autem ex formulis aſſumtis erit

$R = f \sin 2\eta$ [$-2\alpha\,\mathfrak{F} + 0{,}004241\,\mathfrak{G} - 0{,}004241\,\mathfrak{H}$]
$f \sin(2\Phi - 2\pi)$[$+\mathfrak{A}b' - 2{,}026834\,\mathfrak{G} + 0{,}004221\,\mathfrak{H}$]
$f \sin(2\theta - 2\pi)$[$-\mathfrak{A}g' - 0{,}023965\,\mathfrak{G} - 0{,}159358\,\mathfrak{H}$]
$f \sin(4\theta - 4\pi)$[$+0{,}004241\,\mathfrak{H} - 0{,}318716\,\mathfrak{J}$]

at eſt

$\mathfrak{A}b' = -0{,}00931H - 0{,}00461\mathfrak{H}$; et $\mathfrak{A}g' = -0{,}00931G - 0{,}00461\mathfrak{G}$

vnde fit: $1{,}867476\,\mathfrak{F} = 0{,}004241\,(\mathfrak{G} - \mathfrak{H})$
$2{,}026874\,\mathfrak{G} = -0{,}01785\,H - 0{,}00039\,\mathfrak{H}$
$0{,}159358\,\mathfrak{H} = +0{,}01785\,G - 0{,}01935\,\mathfrak{G}$
$0{,}318716\,\mathfrak{J} = +0{,}004241\,\mathfrak{H}$

§. 245. Tum ſimili modo differentiando valorem ipſius v ponatur

$F' = 1{,}867476\,F - 0{,}004241\,G + 0{,}004241\,H$
$G' = 2{,}026834\,G + 0{,}01091\,H + 0{,}00750\,\mathfrak{H}$
$H' = 0{,}159358\,H + 0{,}03909\,G - 0{,}00750\,\mathfrak{G}$
$J' = 0{,}318716\,F - 0{,}004241\,H$

vt

vt ſit $\frac{dv}{dr}$ ===

A′ſin2η — F′fſin2η — G′fſin(2Φ-2π)

— H′fſin(2θ-2π) — J′fſin(4θ-4π)

eritque

$\frac{ddv}{dr^2}$ = f coſ 2 η [-2αF′ + 0,004241 G′ + 0,004241 H′]

fcoſ(2Φ-2π)[+A′b′ - 2,026834 G′ - 0,004221 H′]

fcoſ(2Φ-2π)[+A′g′ - 0,159358 H′ - 0,023965 G′]

fcoſ(4θ - 4π)[+ 0,004241 H′ - 0,318716 J′]

ſeu $\frac{ddv}{dr^2}$ ===

fcoſ2η {-3,48745 F+0,01668G-0,00721H-0,00003𝔊 +0,00007𝔋

fcſ(2Φ-2π) [-4,10820G-0,05121H-0,02929𝔋+0,0000₅𝔊

fcſ(2θ-2π) [-0,02565H-0,08323G-0,01290𝔊-0,00018𝔋

fcſ(4θ-4π) [-0,10158 J+0,00016 G+0,00202H-0,00003𝔊

§. 246. Hine pro 𝔉 et 𝔍 ſubſtitutis valoribus

𝔉 = 0,00227 (𝔊-𝔋) et 𝔍 = 0,01331 𝔋

habebimus has aequationes

+ 2,47154 F — 0,01668 G + 0,00721 H — 0,00456 𝔊 + 0,00456 𝔋 = 0,031478

+ 3,09229 G + 0,05185 H + 0,00218 𝔋 — 2,01799 𝔊 = 0,995648

— 0,99026 H + 0,08387 G — 0,01421 𝔊 — 2,01780 𝔋 = -0,047722

— 0,91433 J — 0,00016 G — 0,00202 H + 0,00003 𝔊 — 0,02685 𝔋 = -0,001123

 §. 247.

§. 247. Deinde reperitur

$$\mathfrak{G} = -0,00881\ H - 0,00002\ G$$
$$\mathfrak{H} = +0,11201\ G + 0,00107\ H$$

qui valores substituti praebent:

$$+2,47154\,F - 0,01618\,G + 0,00725\,H = 0,031478$$
$$+3,09256\,G + 0,06964\,H = 0,995648$$
$$+0,99229\,H + 0,14239\,G = 0,047722$$
$$-0,91430\,J - 0,00297\,G - 0,00205\,H = -0,001123$$

vnde tandem reperitur

$F = +0,014830 \quad . \quad . \quad . \quad l\,F = 8,171166$
$G = +0,321910 \quad . \quad . \quad . \quad l\,G = 9,507734$
$H = +0,001901 \quad . \quad . \quad . \quad l\,H = 7,278927$
$J = +0,000180 \quad . \quad . \quad . \quad l\,J = 6,256381$

atque

$\mathfrak{F} = -0,000080 \quad . \quad . \quad . \quad l\text{-}\mathfrak{F} = 5,903090$
$\mathfrak{G} = -0,000023 \quad . \quad . \quad . \quad l\text{-}\mathfrak{G} = 5,361728$
$\mathfrak{H} = +0,036056 \quad . \quad . \quad . \quad l\,\mathfrak{H} = 8,556977$
$\mathfrak{J} = +0,000480 \quad . \quad . \quad . \quad l\,\mathfrak{J} = 6,681241$

§. 248. Hinc ergo pro distantia $x = \frac{(1-kk)\,au}{1-k\cos r}$ reperitur

			log.coeff.	val.coeff.
x=Pr.+	$0,000084f$	$\cos 2\eta$	5,926350	+0,000092
+	$0,001832f$	$\cos(2\phi-2\pi)$	7,262918	+0,002004
+	$0,000011f$	$\cos(2\theta-2\pi)$	5,034111	+0,000012
+	$0,000001f$	$\cos(4\theta-4\pi)$	4,011565	+0,000001

At

At pro motu momentaneo erit

		log.coeff.	val.coeff.
$\frac{d\Phi}{dr} = \text{Pr.} - 0{,}000169 f$	$\cos 2\eta$	6,227887	$-0{,}000185$
$-0{,}003697 f$	$\cos(2\Phi - 2\pi)$	7,567849	$-0{,}004043$
$-0{,}000227 f$	$\cos(2\theta - 2\pi)$	6,356026	$-0{,}000248$
$-0{,}000005 f$	$\cos(4\theta - 4\pi)$	4,698970	$-0{,}000005$

vnde quidem iam patet inaequalitatem ab angulo $2\theta-2\pi$ pendentm multo fore minorem, quam fupra inueneramus, in quo non paruum veritatis criterium cernitur.

§. 249. Pro ipfa iam longitudine lunae ponamus:

$$\Phi = \text{Pr.} + \mathfrak{A}' \sin 2\eta + \mathfrak{F}' f \sin 2\eta + \mathfrak{G}' f \sin(2\Phi - 2\pi)$$
$$+ \mathfrak{H}' f \sin(2\theta - 2\pi) + \mathfrak{J}' f \sin(4\theta - 4\pi)$$

atque obtinebimus has aequationes:

$$2\alpha\mathfrak{F}' - 0{,}004241\,(\mathfrak{G}' + \mathfrak{H}') = -0{,}000169$$
$$2{,}026834\,\mathfrak{G}' + 0{,}004221\,\mathfrak{H}' - 0{,}000227\,\mathfrak{A}' = -0{,}003697$$
$$0{,}159358\,\mathfrak{H}' + 0{,}023965\,\mathfrak{G}' - 0{,}003697\,\mathfrak{A}' = -0{,}000227$$
$$0{,}318716\,\mathfrak{J}' - 0{,}004241\,\mathfrak{H}' = -0{,}000005$$

vnde erit

		log. coeff.	vol.tot.coeff. in min. fec.
$\Phi = \text{Pr.} - 0{,}000096 f$	$\sin 2\eta$	5,984018	$-\ 22''$
$-0{,}001823 f$	$\sin(2\Phi - 2\pi)$	7,260310	-411
$-0{,}000910 f$	$\sin(2\theta - 2\pi)$	6,959131	-205
$-0{,}000028 f$	$\sin(4\theta - 4\pi)$	5,450835	$-\ 6$

Patet ergo reuera aequationem ab angulo $2\theta-2\pi$ ortam multo effa minorem, quam capite praecedente inueneramus, atque nunc quidem non vltra $205''$ feu $3', 25''$ afcendere. Nullum igitur eft dubium, quin haec aequatio tabulas lunares ad multo maiorem perfectionem fit euectura.

§. 250. Cum igitur neglectus terminorum, minimorum tantum errorem pepererit in aequatione ab angulo $2\theta - 2\pi$ pendente, operae erit pretium, etiam aequationes insuper ab excentricitate orbitae lunaris pendentes curatius inuestigare, quae quidem alicuius videntur esse momenti. In hunc finem ponamus.

$$\begin{aligned}\int R\,dr = {} & \mathfrak{A}\cos 2\eta + \mathfrak{C}k\cos r + \mathfrak{D}k\cos(2\eta - r) + \mathfrak{E}k\cos(2\eta + r) + 32kk\cos(2\eta - 2r) \\ & + \mathfrak{G}f\cos(2\theta - 2\pi) + \mathfrak{H}f\cos(2\theta - 2\pi) \\ & + \mathfrak{J}fk\cos r + \mathfrak{M}fk\cos(2\Phi - 2\pi - r) + \mathfrak{S}fk\cos(2\theta - 2\pi - r) \\ & + \mathfrak{O}fkk\cos(2\Phi - 2\pi - 2r) + \mathfrak{T}fk\cos(2\theta + 2\pi + r)\end{aligned}$$

$$\begin{aligned}\text{et } v = {} & A\cos 2\eta + Dk\cos(2\eta - r) + Ek\cos(2\eta + r) - 14kk\cos(2\eta - 2r) \\ & + Gf\cos(2\Phi - 2\pi) + Hf\cos(2\theta - 2\pi) \\ & + Jfk\cos r + Mfk\cos(2\Phi - 2\pi - r) + Sfk\cos(2\theta - 2\pi - r) \\ & + Ofkk\cos(2\Phi - 2\pi - 2r) + Tfk\cos(2\theta - 2\pi + r)\end{aligned}$$

§. 251. His valoribus in aequationibus nostris principalibus substitutis habebimus;

$$\begin{aligned} R = {} & fk\sin r \quad (0) \\ & fk\sin(2\Phi - 2\pi - r) \quad (0{,}00854\,S + 0{,}01708\,H) \\ & fkk\sin(2\Phi - 2\pi - 2r) \quad (0{,}01708\,S) \\ & fk\sin(2\theta - 2\pi - r) \quad (-0{,}00854\,M - 0{,}01708\,G) \\ & fk\sin(2\theta - 2\pi + r) \quad (-0{,}01708\,G) \end{aligned}$$

et; $\dfrac{ddv}{dr^2} =$

$$fk\cos r \left\{ \begin{array}{l} -\mathcal{E}J - 2\kappa\mathfrak{J} - 0{,}00290 - 0{,}00893 - 0{,}00278 \\ -0{,}00098 - 0{,}00098 - 0{,}00448\dfrac{A}{nn} + 0{,}00470\dfrac{A}{nn} \\ +0{,}01315\dfrac{A}{nn} + 0{,}01315\dfrac{A}{nn} + 0{,}0263\dfrac{D}{nn} \\ +0{,}0263\dfrac{E}{nn} \end{array} \right.$$

fk

$$
fk\,\mathrm{cos}(2\Phi-2\pi-r)\left\{\begin{aligned}
&-\beta M-2\varkappa\mathfrak{M}+\tfrac{1}{2}bG+0{,}00427S-0{,}00854H\\
&-0{,}02711\mathfrak{S}-0{,}03634S+\frac{\mathfrak{C}}{nn}\mathfrak{G}+\frac{3\mathfrak{C}}{nn}G\\
&+0{,}55422\mathfrak{H}+0{,}51332H-\frac{3AH}{2nn}+0{,}01796\\
&+0{,}00145+0{,}001969-\tfrac{1}{2}+0{,}00896\frac{A}{nn}\\
&+0{,}01049\frac{A}{nn}-0{,}02631\frac{A}{nn}-0{,}00197\frac{A}{nn}\\
&-0{,}00129\frac{A}{nn}-0{,}05261\frac{D}{nn}-0{,}00258\frac{E}{nn}
\end{aligned}\right.
$$

$$
fkk\,\mathrm{cs}(2\Phi-2\pi-2r)\left\{\begin{aligned}
&-\beta O-2\varkappa\mathfrak{O}+\tfrac{1}{2}bM+\tfrac{3}{4}\mathfrak{G}-\frac{10}{nn}\mathfrak{H}+\frac{54}{nn}H\\
&-\frac{3DH}{2nn}+0{,}7698+0{,}00898+0{,}00098\\
&+0{,}00072-\tfrac{1}{4}+0{,}00448\frac{A}{nn}+0{,}0052\frac{A}{nn}\\
&-0{,}00064\frac{A}{nn}+0{,}00896\frac{D}{nn}-0{,}01315\frac{A}{nn}\\
&-0{,}02630\frac{D}{nn}+0{,}01049\frac{E}{nn}-0{,}00129\frac{E}{nn}\\
&+0{,}00129\frac{E}{nn}-0{,}00042
\end{aligned}\right.
$$

$$
fk\,\mathrm{cos}(2\theta-2\pi-r)\left\{\begin{aligned}
&-\beta S-2\varkappa\mathfrak{S}+\tfrac{1}{2}bH+0{,}00427M-0{,}00854G\\
&-0{,}02711\mathfrak{M}-0{,}03634M+\frac{\mathfrak{C}}{nn}\mathfrak{H}+\frac{3\mathfrak{C}}{nn}H\\
&-0{,}01606\mathfrak{G}-0{,}02844G-\frac{3AG}{2nn}-0{,}00896\\
&-0{,}00327+0{,}026307+0{,}00129-0{,}00179\frac{A}{nn}\\
&-0{,}00145\frac{A}{nn}+\frac{A}{2nn}-0{,}00394\frac{E}{nn}+\frac{E}{nn}
\end{aligned}\right.
$$

$$fk\cos(2\theta-2\pi+r)\left\{\begin{array}{l}-\beta T-2\kappa\mathfrak{T}+\tfrac{1}{2}bH+0{,}00854\,G+\frac{\mathfrak{G}}{nn}\mathfrak{H}+\frac{3\mathfrak{G}}{nn}H\\ +0{,}55422\mathfrak{S}+0{,}51332G-\frac{3AG}{2nn}+0{,}00940\\ -0{,}01049+0{,}026307+0{,}00129-0{,}00556\frac{A}{nn}\\ -0{,}00145\frac{A}{nn}-0{,}003938\frac{A}{nn}+\frac{A}{2nn}\\ -0{,}0394\frac{D}{nn}+\frac{D}{nn}\end{array}\right.$$

§. 252. Hae autem formulae intricatae reducuntur ad ſequentes

$$\frac{ddv}{dr}=\text{Pr.}+fk\cos r\,(-\beta J-2\kappa\mathfrak{J}-0{,}01182)$$

$$fk\cos(2\Phi-2\pi-r)\left(\begin{array}{c}-\beta M-2\kappa\mathfrak{M}-0{,}03207S+0{,}53619\\ -0{,}02711\mathfrak{S}\end{array}\right)$$

$$fkk\cos(2\Phi-2\pi-2r)\,(-\beta O-2\kappa\mathfrak{O}+1{,}52115M+0{,}76615)$$

$$fk\cos(2\theta-2\pi-r)\left(\begin{array}{c}-\beta S-2\kappa\mathfrak{S}-0{,}03207M+0{,}00286\\ -0{,}02711\mathfrak{M}\end{array}\right)$$

$$fk\cos(2\theta-2\pi+r)\,(-\beta T-2\kappa\mathfrak{T}+0{,}38147)$$

§. 253. Nunc eosdem valores ex formulis aſſumtis eruamus, ac poſito more adhuc recepto $\frac{2\kappa J+\mathfrak{J}}{nn}=i'$, $\frac{2\kappa M+\mathfrak{M}}{nn}=m'$ etc. erit

$$\frac{d\Phi}{dr}=\alpha+\frac{1}{n}-a'\cos 2\eta-d'k\cos(2\eta-r)\quad-g'f\cos(2\Phi-2\pi)$$
$$-e'k\cos(2\eta+r)\quad-b'f\cos(2\theta-2\pi)$$
$$-i'fk\cos r\quad-m'fk\cos(2\Phi-2\pi-r)\quad-s'fk\cos(2\theta-2\pi-r)$$
$$-n'fkk\cos(2\Phi-2\pi-2r)\quad-t'fk\cos(2\theta-2\pi+r)$$

$d\eta$

$$\frac{d\eta}{dr} = \alpha - a'\cos 2\eta - e'k\cos r - d'k\cos(2\eta - r) - g'k\cos(2\Phi - 2\pi)$$
$$- e'k\cos(2\eta + r) - b'k\cos(2\theta - 2\pi)$$
$$- i'fk\cos r - m'fk\cos(2\Phi - 2\pi - r) - s'fk\cos(2\theta - 2\pi - r)$$
$$- n'fkk\cos(2\Phi - 2\pi - 2r) - t'fk\cos(2\theta - 2\pi + r)$$

$$\frac{d\theta}{dr} = \frac{1}{n} + \frac{2}{n}k\cos r + \frac{3}{2n}kk\cos 2r \quad \text{atque}$$

$$\frac{d\pi}{dr} =$$
$$-0{,}004241 \qquad + 0{,}004241\cos(2\Phi - 2\pi)$$
$$-0{,}004221\cos 2\eta + 0{,}004241\cos(2\theta - 2\pi)$$
$$-0{,}01766k\cos r - 0{,}00996k\cos(2\eta - r) - 0{,}010636kk\cos(2\eta - 2r)$$
$$-0{,}00831k\cos(2\eta + r) - 0{,}021273kk\cos 2r$$
$$+ 0{,}00924k\cos(2\Phi - 2\pi - r) + 0{,}00841k\cos(2\theta - 2\pi - r)$$
$$+ 0{,}00841k\cos(2\Phi - 2\pi + r) + 0{,}00924k\cos(2\theta - 2\pi + r)$$
$$+ 0{,}01064kk\cos(2\Phi - 2\pi - 2r)$$

§. 254. His iam valoribus introducendis differentiemus formulas noſtras aſſumtas pro $\int R\,dr$ et v; atque obtinebimus primo:

$$R = \text{Praec.}$$
$$+ fk\sin r \begin{Bmatrix} + 0{,}00924\mathfrak{G} + 0{,}00841\mathfrak{H} - 0{,}004241\mathfrak{M} \\ - 0{,}00841\mathfrak{G} - 0{,}00924\mathfrak{H} - 0{,}004241\mathfrak{S} \\ + 0{,}004241\mathfrak{T} \end{Bmatrix}$$
$$+ fk\sin(2\Phi - 2\pi - r) \begin{Bmatrix} + \mathfrak{A}s' - 0{,}01766\mathfrak{G} - 0{,}00996\mathfrak{H} \\ - 1{,}026834\mathfrak{M} - 0{,}004221\mathfrak{S} \end{Bmatrix}$$
$$+ fkk\sin(2\Phi - 2\pi - 2r) \begin{Bmatrix} + \mathfrak{D}s' + 32h' - 0{,}02127\mathfrak{G} - 0{,}01064\mathfrak{H} \\ - 0{,}026834\mathfrak{O} - 0{,}01766\mathfrak{M} - 0{,}00996\mathfrak{S} \end{Bmatrix}$$

$$+fk\sin(2\theta-2\pi-r)\left\{\begin{array}{l}-\mathfrak{A}m'+\mathfrak{D}b'+\mathfrak{G}e'-\frac{2}{n}\mathfrak{H}+0{,}840642\mathfrak{S}+\mathfrak{M}a'\\ -\mathfrak{E}g'-0{,}00831\mathfrak{G}-0{,}01766\mathfrak{H}-0{,}004221\mathfrak{M}\end{array}\right\}$$

$$+fk\sin(2\theta-2\pi+r)\left\{\begin{array}{l}-\mathfrak{D}g'+\mathfrak{E}b'+\mathfrak{G}d'-\frac{2}{n}\mathfrak{H}-1{,}159358\mathfrak{T}\\ +0{,}00996\mathfrak{G}-0{,}01766\mathfrak{H}\end{array}\right\}$$

§. 255. Hinc igitur consequimur istas aequationes

$$0{,}00083\,(\mathfrak{G}-\mathfrak{H})-\mathfrak{J}-0{,}004241\,(\mathfrak{M}+\mathfrak{S}-\mathfrak{T})=0$$

$$\mathfrak{A}s'-0{,}01766\mathfrak{G}-0{,}00996\mathfrak{H}-0{,}004221\,\mathfrak{S}-1{,}026834\mathfrak{M}= 0{,}01708\,H+0{,}00854\,S$$

$$\mathfrak{D}s'+32b'-0{,}002127\mathfrak{G}-0{,}01064\mathfrak{H}-0{,}026834\mathfrak{O}-0{,}01766\mathfrak{M} -0{,}00996\,\mathfrak{S}=0{,}01708\,S$$

$$-\mathfrak{A}m'+\mathfrak{D}b'-\mathfrak{E}g'+\mathfrak{G}e'-0{,}00831\mathfrak{G}-\frac{2}{n}\mathfrak{H}-0{,}01766\,\mathfrak{H}+\mathfrak{M}a' -0{,}004221\,\mathfrak{M}+0{,}840642\,\mathfrak{S}=-0{,}01708G-0{,}00854M$$

$$-\mathfrak{D}g'+\mathfrak{E}b'+\mathfrak{G}d'-0{,}00996\mathfrak{G}-\frac{2}{n}\mathfrak{H}-0{,}01766\mathfrak{H}-1{,}159358\mathfrak{T}= -0{,}01708G$$

§. 256. Ponatur nunc vlterius:

$$J'=\mathfrak{J}-0{,}00083\,(G-H)+0{,}004241\,(M+S-T)$$

$$M'=1{,}026834M-As'+0{,}01766G+0{,}00996H+0{,}004221S$$

$$O'=0{,}026834\,O-Ds'+14b'+0{,}02127\,G+0{,}01064\,H +0{,}01766\,M+0{,}00996\,S$$

$$S'=-0{,}840642\,S+Am'-Db'+Eg'-Ge'+0{,}00831G+\frac{2}{n}H +0{,}01766H-Ma'+0{,}004221\,M$$

$$T'=1{,}159358\,T+Dg'-Eb'-Gd'+0{,}00996\,G+\frac{2}{n}H +0{,}01766\,H$$

eritque

eritque $\frac{ddv}{dr}$ = Praec.

$$+fk\cos r\,[+0{,}01766\,(G'+H')-J'+0{,}004241\,(M'+S'+T')]$$

$$+fk\cos(2\varphi-2\pi-r)\left\{\begin{array}{r}A's'-0{,}01766\,G'-0{,}00996\,H'\\ -0{,}004221\,S'-1{,}026834\,M'\end{array}\right\}$$

$$+fkk\cos(2\varphi-2\pi-2r)\left\{\begin{array}{r}D's'-2{,}6b'-0{,}02127G'-0{,}01064\,H'\\ -0{,}01766\,M'-0{,}00996\,S'\\ -0{,}026834\,O'\end{array}\right\}$$

$$+fk\cos(2\theta-2\pi-r)\left\{\begin{array}{r}A'm'+D'b'+E'g'+G'e'+0{,}840642\,S'\\ -0{,}00831\,G'-\frac{2}{n}H'-0{,}01766H'\\ +M'a'-0{,}00422\,1M'\end{array}\right\}$$

$$+fk\cos(2\theta-2\pi+r)\left\{\begin{array}{r}D'g'+E'b'+G'd'-0{,}00996\,G-\frac{2}{n}H'\\ -0{,}01766\,H'-1{,}159358\,T'\end{array}\right\}$$

§. 257. Prioris ordinis aequationes huc reducuntur:

$$\mathfrak{J} = -0{,}004241\,(\mathfrak{M}+\mathfrak{S}+\mathfrak{T})$$

$$1{,}026834\,\mathfrak{M} = -0{,}01785\,S-0{,}00883\,\mathfrak{S}-0{,}00039$$

$$0{,}026834\,\mathfrak{O} = -0{,}05835\,S-0{,}03041\,\mathfrak{S}$$
$$-0{,}01766\,\mathfrak{M}+0{,}00690$$

$$-0{,}840642\,\mathfrak{S} = +0{,}01785\,M-0{,}01935\,\mathfrak{M}+0{,}00263$$

$$1{,}159358\,\mathfrak{T} = +0{,}01247$$

Hinc fit

$$\mathfrak{J} = +0{,}00007\,S+0{,}00008\,M+0{,}00006 \text{ seu } \mathfrak{J}=0$$

$$\mathfrak{M} = -0{,}01738\,S+0{,}00018\,M-0{,}00035$$

$$\mathfrak{O} = -2{,}16266\,S+0{,}02394\,M+0{,}26092$$

$$\mathfrak{S} = -0{,}00040\,S-0{,}02123\,M-0{,}00313$$

$$\mathfrak{T} = -0{,}01076$$

§. 258. Porro reperietur

$J' = J + 0{,}004241\,(M+S-T) - 0{,}00026$

$M' = 1{,}026834 M + 0{,}01935\, S - 0{,}00016\, M + 0{,}00568$

$O' = 0{,}026834\, O - 0{,}37652\, S + 0{,}01805\, M + 0{,}01063$

$S' = 0{,}840642\, S + 0{,}00013\, S + 0{,}00883\, M - 0{,}00167$

$T' = 1{,}159358 T + 0{,}01023$

ac fuccinctius habebitur $\frac{ddv}{dr^2} = \text{Praec.}$

$$+fk \operatorname{cof} r\, [-J' + 0{,}004241(M'+S'+T') + 0{,}01175]$$

$$+fk \operatorname{cof}(2\Phi - 2\pi - r) \left\{ \begin{array}{r} -1{,}026834\, M' - 0{,}00422\, S' - 0{,}02842 S \\ +\, 0{,}00030 M - 0{,}01160 \end{array} \right\}$$

$$+fkk \operatorname{cof}(2\Phi - 2\pi - 2r) \left\{ \begin{array}{r} -0{,}026834 O' - 0{,}01766 M' - 0{,}00354 M \\ -0{,}01511 - 0{,}00996\, S' + 0{,}33746 S \end{array} \right\}$$

$$+fk \operatorname{cof}(2\theta - 2\pi - r) \left\{ \begin{array}{r} +0{,}840642 S' - 0{,}02396 M' - 0{,}02843 M \\ -0{,}01472 + 0{,}00025\, S \end{array} \right\}$$

$$+fk \operatorname{cof}(2\theta - 2\pi + r)\, [-1{,}159358\, T' + 0{,}33856]$$

§. 259. Hinc tandem valores quaefiti eliciuntur

$J = -0{,}81144$	. . .	$l{-}J = 9{,}909256$
$M = -1{,}25325$	. . .	$l{-}M = 0{,}098046$
$O = -2{,}12630$	. . .	$l{-}O = 0{,}327624$
$S = -0{,}13490$	. . .	$l{-}S = 9{,}130012$
$T = -0{,}10080$	. . .	$l{-}T = 9{,}003441$

ac $\mathfrak{Z} = -0{,}00005$ . . . $l\text{-}\mathfrak{Z} = 5{,}698970$

$\mathfrak{M} = +0{,}00177$ . . . $l\,\mathfrak{M} = 7{,}247973$

$\mathfrak{O} = +0{,}52266$ . . . $l\,\mathfrak{O} = 9{,}718219$

$\mathfrak{S} = +0{,}02355$ . . . $l\,\mathfrak{S} = 8{,}371991$

$\mathfrak{T} = +0{,}01076$ . . . $l\,\mathfrak{T} = 8{,}031812$

§. 260. Ex his iam pro diſtantia Lunae a terra erit

$u =$ Praec.

		Log. coeff.	Valor. coeff. totius
$-0{,}00462fk$	$\cos 2\eta$	7,664440	$-0{,}000275$
$-0{,}00773fk$	$\cos(2\Phi-2\pi-r)$	7,853230	$-0{,}000424$
$-0{,}01210fkk$	$\cos(2\Phi-2\pi-2r)$	8,082808	$-0{,}000039$
$-0{,}00077fk$	$\cos(2\theta-2\pi-r)$	6,885196	$-0{,}000046$
$-0{,}00057fk$	$\cos(2\theta-2\pi+r)$	6,758625	$-0{,}000034$

et pro motu momentaneo

$$\frac{d\Phi}{dr} = \text{Praec.}$$

		Log. coeff.	Val. coeff.
$+0{,}00932fk$	$\cos r$	7,969416	$+0{,}000555$
$+0{,}01558fk$	$\cos(2\Phi-2\pi-r)$	8,192568	$+0{,}000928$
$+0{,}02142fkk$	$\cos(2\Phi-2\pi-2r)$	8,330819	$+0{,}000069$
$+0{,}00142fk$	$\cos(2\theta-2\pi-r)$	7,152288	$+0{,}000085$
$+0{,}00109fk$	$\cos(2\theta-2\pi+r)$	7,037426	$+0{,}000064$

§. 261. Pro longitudine autem lunae ſequentes reſolui debent aequationes:

$$+0{,}00932 = \mathfrak{Z}' - 0{,}01766(\mathfrak{G}' + \mathfrak{H}') - 0{,}004241(\mathfrak{M}' + \mathfrak{S}' + \mathfrak{T}')$$

$$+0{,}01558 = 1{,}026834\,\mathfrak{M}' - \mathfrak{A}'s' + 0{,}01766\,\mathfrak{G}' + 0{,}00996\,\mathfrak{H}'$$
$$+0{,}004221\,\mathfrak{S}'$$

 +

$$+0,02142 = 0,026834\,\mathfrak{O}' - \mathfrak{D}'s' + 2,6b' + 0,02127\,\mathfrak{G}'$$
$$+0,01064\,\mathfrak{H}' + 0,01766\,\mathfrak{M}' + 0,00996\,\mathfrak{S}'$$
$$+0,00142 = -0,840642\,\mathfrak{S}' - \mathfrak{A}'m' - \mathfrak{D}'b' - \mathfrak{E}'g' + 0,02114\,\mathfrak{G}'$$
$$+0,16853\,\mathfrak{H}' + 0,02396\,\mathfrak{M}'$$
$$+0,00109 = 1,159358\,\mathfrak{T}' - \mathfrak{D}'g' - \mathfrak{E}'b' - 0,35615\,\mathfrak{G}'$$
$$+0,16850\,\mathfrak{H}'$$

hincque prodit pro longitudine vera:

			Log coeff.	Val. coeff. in min sec.
$\Phi =$ Pr.	$+0,00932\,fk$	$\sin r$	7,969416	$+115$
	$+0,01521\,fk$	$\sin(2\Phi-2\pi-r)$	8,182130	$+187$
	$+0,79079\,fkk$	$\sin(2\Phi-2\pi-2r)$	9,898060	$+529$
	$-0,00121\,fk$	$\sin(2\theta-2\pi-r)$	7,083939	-15
	$-0,00082\,fk$	$\sin(2\theta-2\pi+r)$	6,913527	-10

§. 262. Ob inclinationem ergo orbitae lunaris ad eclipticam omnes correctiones huc redeunt, vt sit

I. Pro distantia lunae a terra:

$$u = \text{Praec.}$$

		Log. coeff.	Val. coeff.
$+0,000084f$	$\cos 2\eta$	5,926350	$+0,000092$
$+0,001832f$	$\cos(2\Phi-2\pi)$	7,262918	$+0,002004$
$+0,000011f$	$\cos(2\theta-2\pi)$	5,034111	$+0,000012$
$+0,000001f$	$\cos(4\theta-4\pi)$	4,011565	$+0,000001$
$-0,00462fk$	$\cos r$	7,664440	$-0,000275$
$-0,00773fk$	$\cos(2\Phi-2\pi-r)$	7,853230	$-0,000424$
$-0,01210fkk$	$\cos(2\Phi-2\pi-2r)$	8,082808	$-0,000039$
$-0,00077fk$	$\cos(2\theta-2\pi-r)$	6,885196	$-0,000046$
$-0,00057fk$	$\cos(2\theta-2\pi+r)$	1,758625	$-0,000034$

II. Pro

II. Pro motu momentaneo:

$$\frac{d\phi}{dr} = \text{Praec.}$$

		Log. coeff.	Val. coeff.
$-0,000169f$	$\cos 2\eta$	6,227887	$-0,000185$
$-0,003697f$	$\cos(2\phi-2\pi)$	7,567849	$-0,004043$
$-0,000227f$	$\cos(2\theta-2\pi)$	6,356026	$-0,000248$
$-0,000005f$	$\cos(4\theta-4\pi)$	4,698970	$-0,000005$
$+0,00932fk$	$\cos r$	7,969416	$+0,000555$
$+0,01558fk$	$\cos(2\phi-2\pi-r)$	8,192568	$+0,000928$
$+0,02142fkk$	$\cos(2\phi-2\pi-2r)$	8,330819	$+0,000069$
$+0,00142fk$	$\cos(2\theta-2\pi-r)$	7,152288	$+0,000085$
$+0,00109fk$	$\cos(2\theta-2\pi+r)$	7,037426	$+0,000064$

III. Pro longitudine lunae vera

		Log. coeff.	Val. coeff. in min. sec.
$\phi = \text{Pr.} - 0,000096f$	$\sin 2\eta$	5,984018	$-22''$
$-0,001823f$	$\sin(2\phi-2\pi)$	7,260310	-411
$-0,000910f$	$\sin(2\theta-2\pi)$	6,959131	-205
$-0,000028f$	$\sin(4\theta-4\pi-r)$	5,450835	-6
$+0,00932fk$	$\sin r$	7,969416	$+115$
$+0,01521fk$	$\sin(2\theta-2\pi-r)$	8,182130	$+187$
$+0,79079fkk$	$\sin(2\phi-2\pi-2r)$	9,898060	$+529$
$-0,00121fk$	$\sin(2\theta-2\pi-r)$	7,083939	-15
$-0,00082fk$	$\sin(2\theta-2\pi+r)$	6,913527	-10

CAPUT

CAPUT XVI.

EXPOSITIO INAEQUALITATUM LUNAE HACTENUS INUENTARUM.

§. 263.

Quas igitur inuenimus hactenus lunae inaequalitates eae primum, si originem earum spectemus, ad sex classes reducuntur. Quatenus enim luna in motu suo a regulis Keplerianis, in quibus quidem motum apogei compectimur, recedit, eius errores vel primo a solo lunae aspectu, seu eius distantia a sole pendent, seu quod eodem redit, per angulum η tantum definiuntur, quibus variatio lunae continetur. Ad secundam classem refero eas lunae inaequalitates, quae insuper ab excentricitate eius orbitae pendent. Tertia classis eas complectitur inaequalitates, quae ab excentricitate orbitae solis ortum trahunt. Quarta vero eas, quae per vtramque excentricitatem coniunctim determinantur. Quintae porro classi annumeramus eas inaequalitates, quae parallaxin solis inuoluunt, atque errores quatuor ante memoratorum generum implicant. Sexta denique classis suppeditat eas inaequalitates, quae praeterea ab inclinatione orbitae lunaris ad eclipticam pendent.

§. 264. Quodsi vero ad vsum harum inaequalitatum attendamus, prouti eae ad lunam accommodari debent, tum eae in quinque classes commodissime distribuuntur. Primo enim perpendendae sunt eae inaequaliqualitates, quarum ope vera diſtantia lunae a terra determinatur, vt inde porro tam lunae diameter apparens, quam eius parallaxis horizontalis aſſignari poſſit. Secundo loco formulae erunt collocandae illae, quae motui momentaneo definiendo inſeruiunt, ex quibus deinceps motus lunae horarius accurate exhiberi poterit. Tertium locum occupabunt eae inaequalitates, quae veram longitudinem lunae ad eclipticam relatam praebent. Quarto vero poſitio lineae nodorum lunae, ſeu longitudo nodi aſcendentis; ac quinto vera inclinatio orbitae lunaris ad eclipticam inueniri debebit; vt deinde vera lunae latitudo concludi poſſit. Manifeſtum autem eſt, has inaequalitates plurimum inter ſe permiſceri, ita vt vix vllum habeatur genus, cuius inaequalitates non a reliquis generibus pendeant; cui tamen incommodo facile medela adhibetur.

§. 265. Quanquam numerus inaequalitatum, quas ſumus conſecuti, tantopere increuit, vt calculus ſine maxima moleſtia expediri nequeat, tamen iam monui, non omnes inaequalitates, quibus motus Lunae perturbatur, eſſe definitas, ſed potius earum numerum omnino eſſe infinitum. Facile quidem intelligitur, pleraſque has praetermiſſas inaequalitates nullius fere eſſe momenti, atque ſine notabili errore iis ſuperſederi poſſe: verum tamen ſunt inter eas nonnullae, quae ad plura minuta ſecunda aſſurgere videntur, quarum argumenta ſupra iam innui; ex quo omnino operae eſſet pretium in eas omni cura inquirere. Sed earum inueſtigatio tam eſt lubrica et incerta, vt leuiſſima omiſſio in calculo facta eas maxime afficiat. Cum igitur in calculo plurimos terminos reiicere cogamur, iſtam inueſtigationem fruſtra plane ſuſciperemus, quamdiu ſcilicet rem ſine appropinquatione exequi non licet. Cuius defectus eximium habemus exemplum in inaequalitatibus poſtremo loco inuentis, quae ſtatim atque in negligendo minus largi fueramus, mirum quantum prodierunt immutatae; ac nullum plane eſt dubium, ſi calculum adhuc accuratius proſequi liceret, quin valores inuenti notabilem inſuper mutationem ſint ſubiturae. Imprimis autem aequatio ab angulo $2\phi - 2\pi - 2r$ ſeu a dupla diſtantia apogei a nodo pendens, eſt ſuſpecta, ac minime pro certa haberi poteſt, cum leuiſſima circumſtantia eam magnopere perturbare valeat.

§. 266. Si enim in cauſam inquiramus, cur analyſis poſterior tam diuerſos valores pro his inaequalitatibus ſuppeditauerit, primo quidem ſtatim patet, neglectum litterarum germanicarum 𝔍, 𝔐, 𝔒, etc. in calculo priori potiſſimum hoc diſcrimen produxiſſe: ingens enim valor litterae 𝔒 imprimis aequationem ab angulo $2\phi - 2\pi - 2r$ pendentem tantopere auxit. Praeterea vero etiam non parum augmenti haec aequatio inde eſt nacta, quod in calculo poſteriori rationem quoque habuimus termini cof $(2\eta - 2r)$, qui tam in valore $\frac{d\phi}{dr}$ quam $\frac{d\eta}{dr}$ ineſſe eſt deprehenſus; vnde tuto colligere licet, ſi alios quoque terminos ſimiles veluti $2\theta - 2\pi - 2r$, etſi per ſe ſunt minimi, in calculum introduxiſſemus, coefficienefficientes terminorum $2\Phi - 2\pi - 2r$ non mediocrem inde mutationem ſubituros fuiſſe. Quamobrem plus hinc colligere non poſſumus, niſi inaequalitatem Lunae ab angulo hoc $2\Phi - 2\pi - 2r$ pendentem minime eſſe contemnendam, etiamſi fortaſſe tanta non ſit, quam inuenimus. Vera autem eius quantitas certius ex obſeruationibus quam ex Theoria colligi poſſe videtur.

§. 267. Quoniam vero hae inaequalitates omnes ad anomaliam Lunae veram referuntur, antequam eas ad vſum adhibere liceat, modum tradi conveniet ad quodvis tempus propoſitum anomaliam Lunae veram determinandi. Cognita autem excentricitate orbitae lunaris k et motu anomaliae mediae, inde ad quodvis tempus facile anomalia media p colligitur. Verum ex anomalia media p et excentricitate k anomalia vera r definiri debet ope huius aequationis $dp = \frac{(1-kk)^{\frac{3}{2}}\, dr}{(1-k\cos r)^2}$; vnde quidem non difficulter, ſi nota eſſet anomalia vera r, viciſſim inveniri poſſet anomalia media p. Calculo enim peracto, ſi breuitatis gratia ponatur

$$\delta = \frac{1-\sqrt{(1-kk)}}{k} = \tfrac{1}{2}k + \frac{1.1}{2.4}k^3 + \frac{1.1.3}{2.4.6}k^5 + \text{etc.}$$

reperitur:

$$p = r + 2k\sin r + 2\delta(k - \tfrac{1}{2}\delta)\sin 2s + 2\delta\delta(k - \tfrac{2}{3}\delta)\sin 3s$$
$$+ 2\delta^3(k - \tfrac{3}{4}\delta)\sin 4s \text{ etc.}$$

cuius ſeriei progreſſio primo intuitu patet. Cum autem k ac proinde δ ſit valde parvum, erit ſatis exacte:

 $p =$

$$p = r + 2k\sin r + (\tfrac{3}{4}kk + \tfrac{1}{8}k^4 + \tfrac{3}{64}k^6)\sin 2r + (\tfrac{1}{3}k^3 + \tfrac{1}{8}k^5)\sin 3r$$
$$+ (\tfrac{5}{32}k^4 + \tfrac{3}{32}k^6)\sin 4r + \tfrac{3}{40}k^5 \sin 5r + \tfrac{7}{192}k^6 \sin 6r$$

§. 268. Data ergo anomalia media Lunae p, eius anomalia vera r elici debebit ex hac aequatione

$$r = p - 2k\sin r - (\tfrac{3}{4}kk + \tfrac{1}{3}k^4 + \tfrac{3}{64}k^6)\sin 2r - (\tfrac{1}{3}k^3 + \tfrac{1}{8}k^5)\sin 3r$$
$$- (\tfrac{5}{32}k^4 + \tfrac{3}{32}k^6)\sin 4r -- \tfrac{3}{40}k^5 \sin 5r - \tfrac{7}{192}k^6 \sin 6r$$

cuius quidem ope, ſi cognita fuerit excentricitas k, calculus non difficulter expedietur. Quoniam enim termini ſinus inuoluentes ſunt admodum parui, in iis ſtatim poni poterit $r = p$, vnde valor verior pro r eruetur, qui deinde iterum in his terminis adhibitus, iuſtiorem valorem pro r ſuppeditabit. Atque hoc modo poſt aliquot operationes verus tandem valor pro anomalia vera r obtinebitur. Interim tamen, quo iſte calculus facilius perfici queat, aequatio haec ita poteſt transformari, vt loco ſinuum anomaliae verae r, ſinus anomaliae mediae p introducantur; id quod ſequenti modo praeſtabitur.

§. 269 Ponatur breuitatis gratia:

$$\tfrac{3}{4} + \tfrac{1}{8}kk + \tfrac{3}{64}k^4 = \alpha;\quad \tfrac{1}{3} + \tfrac{1}{8}kk = \beta;\quad \tfrac{5}{3} + \tfrac{3}{32}kk = \gamma$$
$$\tfrac{3}{40} = \delta \text{ et } \tfrac{7}{192} = \varepsilon$$

vt ſit:

$$r = p - 2k\sin r - \alpha kk\sin 2r - \beta k^3 \sin 3r - \gamma k^4 \sin 4r - \delta k^5 \sin 5r - \varepsilon k^6 \sin 6r$$

ac ponatur denuo

$$2k\sin r + \alpha kk\sin 2r + \beta k^3 \sin 3r \pm \gamma k^4 \sin 4r + \delta k^5 \sin 5r + \varepsilon k^6 \sin 6r = R$$

et

et cum ſit $r = p - R$ habebitur:

$$\sin r = (1 - \tfrac{1}{2}RR + \tfrac{1}{24}R^4)\sin p - (R - \tfrac{1}{6}R^3 + \tfrac{1}{120}R^5)\cos p$$
$$\sin 2r = (1 - 2RR + \tfrac{2}{3}R^4)\sin 2p - (2R - \tfrac{4}{3}R^3)\cos 2p$$
$$\sin 3r = (1 - \tfrac{9}{2}RR)\sin 3p - (3R - \tfrac{9}{2}R^3)\cos 3p$$
$$\sin 4r = (1 - 8RR)\sin 4p - 4R\cos 4p$$
$$\sin 5r = \sin 5p - 5R\cos 5p$$
$$\sin 6r = \sin 6p$$

negligendo ſcilicet terminos, qui ipſius k poteſtates ſexta altiores continent.

§. 270. Euolutio autem huius calculi fit maxime prolixa, ſi quidem ad ſextam poteſtatem ipſius k aſcendere velimus. Facile autem expedietur, ſi ad quartam ſubſiſtamus, tum autem reperietur:

$$r = p - (2k - \tfrac{1}{4}k^3)\sin p + (\tfrac{5}{4}kk - \tfrac{11}{24}k^4)\sin 2p - \tfrac{13}{12}k^3\sin 3p - \tfrac{103}{96}k^4\sin 4p$$

quae expreſſio ſatis accurate pro quauis anomalia media p conuenientem anomaliam veram indicabit. Calculus autem, ſi excentricitas k conſtet, facili negotio abſoluetur. Formula haec quoque ita repraeſentari poterit, vt ſit

$$r = p - 2k(1 - \tfrac{1}{8}kk)\sin p + \tfrac{5}{4}kk(1 - \tfrac{11}{30})kk\sin 2p - \tfrac{13}{12}k^3\sin 3p - \tfrac{103}{96}k^4\sin 4p$$

Hinc igitur tabulam conſtrui conueniet, vnde pro quauis anomalia media propoſita ipſi reſpondens anomalia vera excerpi queat.

§. 271. Cum autem inuenta fuerit anomalia vera r, longitudo Lunae regula Kepleriana inuenienda, quam

 ſupra

ſupra (206) per ζ indicauimus, ita exprimetur, vt ſit

$$\zeta = C + 1{,}0085272\,p$$

$$-1{,}0085272\left(\begin{array}{l}2k\sin r + \tfrac{3}{4}kk(1+\tfrac{1}{6}kk+\tfrac{1}{16}k^4)\sin 2r + \tfrac{1}{3}k^3(1+\tfrac{3}{8}kk)\sin 3r \\ + \tfrac{5}{32}k^4(1+\tfrac{3}{5}kk)\sin 4r + \tfrac{3}{40}k^5\sin 5r + \tfrac{7}{192}k\sin 6r\end{array}\right)$$

vbi $C + 1{,}0085272\,p$ exhibet longitudinem Lunae mediam; quae ſi vocetur $= \xi$, atque in coefficientium partibus minimis pro k ſcribatur valor proximus 0,0545, erit

	log. coeff.	val. in min. ſec.
$\zeta = \xi - 2{,}0170544\,k\,\sin r$	0,304718	$22675'' = 6^\circ, 17', 55''$
$-0{,}756770\,kk\,\sin 2r$	9,878964	$464'' = 7, 44$
$-0{,}336551\,k^3\,\sin 3r$	9,527051	$11\tfrac{1}{2}$
$-0{,}15786\,k^4\,\sin 4r$	9,198282	$\tfrac{1}{3}$

vnde patet ſuperfluum futurum fuiſſe, ſi ſuperiores expreſſiones vltra quartam poteſtatem ipſius k extendere voluiſſemus.

CAPUT

CAPUT XVII.

INUESTIGATIO ELEMENTORUM MOTUS LUNAE.

§. 272.

Inuentis iam per Theoriam hisce inaequalitatibus, quibus motus Lunae perturbatur, antequam eas ad computum aſtronomicum accommodare liceat, elementa, quae in eas ingrediuntur, per obſeruationes determinari oportet. Primo ſcilicet ad datam epocham cum longitudo Lunae media, tum eius anomalia media, ac locus nodi medius conſtitui debebit, vt eaedem res inde ad quoduis aliud tempus aſſignari queant. Deinde quoque ex obſeruationibus verus valor excentricitatis lunaris colligi debet, a quo potiſſimum quantitas praecipuarum inaequalitatum pendet. Excentricitas autem orbitae ſolaris pro ſatis certa haberi poterit, cum ſit $e = 0{,}0168$. Lunae vero excentricitas tam prope iam conſtat, vt inde ſine errore ad quamlibet anomaliam mediam vera ſatis exacte aſſignari poſſit. Etſi enim in anomalia vera error aliquot minutorum primorum committitur, inaequalitates Lunae inde non vltra aliquot minuta ſecunda afficiuntur.

§. 273. Quodſi autem ſtatim quasuis Lunae obſeruationes ad hunc finem adhibere velimus, ob tam ingentem inaequalitatum numerum, inueſtigatio elementorum maxime moleſta redderetur. Quocirca ex obſer-

obſeruationibus eas eligi conueniet, pro quibus numerus inaequalitatum multo fiat minor; dum ſcilicet diſtantia Lunae a ſole ſeu angulus η datum obtinet valorem. Commodiſſimae ergo erunt eae obſeruationes, quae in ipſis momentis coniunctionis vel oppoſitionis ſunt inſtitutae. Accuratas itaque obſeruationes eclipſium lunarium ad hoc negotium adhibebo, quoniam praeter haec tempora, vera vel coniunctionis vel oppoſitionis momenta non ſatis certo ex obſeruationibus colligi licet.

§. 274. Momento autem oppoſitionis verae Lunae et Solis, longitudo Lunae ſex ſignis diſtat a longitudine ſolis, ita vt ſit $\theta = \Phi \pm 180°$, ideoque angulus $\eta = 180°$. Poſito autem pro η hoc valore longitudo Lunae vera Φ ex media ξ per ſequentes formulas definietur, in quas formulae hactenus inuentae abeunt:

$$
\begin{array}{llll}
\Phi = \xi & -2{,}0170544\,k\sin r & -0{,}756770\,kk\sin 2r & -0{,}33655\,k^3\sin 3r \\
& +0{,}0101460 & +0{,}004200 & \\
& +0{,}4202260 & -0{,}573280 & \\
& +0{,}0049920 & +0{,}003180 & \\
& -0{,}0052860 & +0{,}150830 & \\
& -0{,}000860 & -0{,}000002 & \\
& +1{,}1959\,\nu & & \\
& -0{,}0757\,\upsilon & & \\
& +0{,}00932\,f & &
\end{array}
$$

$$
\begin{aligned}
& +(0{,}201385+0{,}021889-0{,}016368-0{,}3959\upsilon+4{,}1738\nu)\,e\sin s \\
& +(0{,}06645 - 0{,}02332 + 0{,}00840)\,ee\sin 2s \\
& +(0{,}74760 - 0{,}81430 - 0{,}01420)\,ek\sin(r-s) \\
& +(-0{,}61850 - 0{,}23960 - 0{,}00610)\,ek\sin(r+s)
\end{aligned}
$$

—

$$-(0,002823+0,000910)f\sin(2\Phi-2\pi)$$
$$-0,000028f\sin(4\Phi-4\pi)$$
$$+(0,01521-0,00121)fk\sin(2\Phi-2\pi-r)$$
$$+0,79079fkk\sin(2\Phi-2\pi-2r)$$

§. 275. Cum igitur ſit $f=1,09375$, et $v=\frac{1}{288}$, erit has formulas colligendo:

$$\Phi=\xi-1,572993k\sin r-1,17186kk\sin 2r-0,3365k^3\sin 3r$$
$$+0,21998e\sin s+0,05123ee\sin 2s-0,0809ek\sin(r-s)$$
$$-0,8642ek\sin(r+s)$$
$$-0,002989\sin(2\Phi-2\pi).+0,01531k\sin(2\Phi-2\pi-r)$$
$$-0,000031\sin(4\Phi-4\pi)$$
$$+0,86493kk\sin(2\Phi-2\pi-2r)$$

et cum ſit $e=0,0168$, erit hoc valore ſubſtituto:

$$\Phi=\xi-1,572993k\sin r-1,17186kk\sin 2r-0,3365k^3\sin 3r$$
$$+0,003697\sin s+0,000014\sin 2s-0,001359k\sin(r-s)$$
$$-0,014523k\sin(r+s)$$
$$-0,002989\sin(2\Phi-2\pi)+0,01531k\sin(2\Phi-2\pi-r)$$
$$-0,000031\sin(2\Phi-4\pi)$$
$$+0,86493kk\sin(2\Phi-2\pi-2r)$$

§. 276. Aſſumta iam hypotheſi quapiam non nimis a vero aberrante, vnde ad datum quoduis tempus definiri possit tam longitudo lunae, quam eius anomalia media, ex qua praeterea ope excentricitatis proxime cognitae anomalia vera assignari queat: haec elementa correctione indigebunt, quam ex obseruationibus elici oporteat. Ponamus ergo longitudinem mediam ex tabulis desumtam augeri debere m minutis secundis. Tum vero excentricitas supposita, quae sit $= 0,0545$, augeri debeat $\frac{n}{10000}$, vt sit $k = 0,0545 + \frac{n}{10000}$: ipsa vero anomalia vera tabularis, quae sit $= v$, augmentum requirat μ minutorum secundorum, vt sit $r = v + \mu''$: eritque $\sin r = \sin v + \mu'' \cos v$; $\sin 2r = \sin 2v + 2\mu'' \cos 2v$; et $\sin 3r = \sin 3v$ in terminis enim minimis haec correctio praetermitti poterit.

§. 277. Quod si haec omnia in minuta secunda conuertantur, prodibit longitudo lunae vera

$$\Phi = \text{Long. med.} + m''$$

$$\begin{aligned}
&- 17682'' \sin v - 32,445\, n'' \sin v - 0,085728\, \mu'' \cos v \\
&- \quad 718'' \sin 2v - \quad 2,635\, n'' \sin 2v - 0,006962\, \mu'' \cos 2v \\
&- \quad 11'' \sin 3v + 762'' \sin s + 3'' \sin 2s \\
&- \quad 15'' \sin (r-s) - 163'' \sin (r+s) \\
&- \quad 616'' \sin (2\Phi - 2\pi) + 172'' \sin (2\Phi - 2\pi - r) \\
&- \quad 6'' \sin (4\Phi - 4\pi) + 530 \sin (2\Phi - 2\pi - 2r)
\end{aligned}$$

Cum

Cum autem postremus terminus sit suspectus, loco eius coefficientis 530 malumus ponere coefficientem indefinitum $100y$, atque ex obseruationibus valorem ipsius y indagare. Deinde sit error anomaliae verae i minutorum primorum, vt calculus commodior reddatur, atque ob $\mu = 60i$, neglectis terminis minimis erit:

$$\begin{aligned} \phi = \text{Long. med.} + m'' \\ -17682'' \sin v - 32,445\, n'' \sin v - 5,143\, i'' \cos v \\ - 718'' \sin 2v - 2,635\, n \sin 2v - 0,417\, i \cos 2v \\ + 762 \sin s - 15 \sin (r-s) - 163 \sin (r+s) \\ - 616 \sin (2\phi - 2\pi) + 172'' \sin (2\phi - 2\pi - r) \\ + 100y \sin (2\phi - 2\pi - 2r) \end{aligned}$$

§. 278. Oblata autem obseruatione eclipsis lunae, quaeratur primum momentum medium huius eclipsis, pro quo colligatur longitudo solis, itemque longitudo nodi ascendentis. Punctum autem soli oppositum nondum erit longitudo lunae vera in ecliptica; verumtamen longitudo lunae pro hoc momento eclipsis medio inueniri poterit ope sequentis tabellae.

Subtrahatur longitudo nodi a longitudine ſolis, et aequatio tabulae ſecundum titulos adſcriptos applicetur puncto ſoli oppoſito in ecliptica.

gr.	{ O Sign. / VI. Sign. } ſubtrahe	
0	0′, 0″	30
1	0, 32	29
2	1, 6	28
3	1, 39	27
4	2, 12	26
5	2, 45	25
6	3, 17	24
7	3, 49	23
8	4, 21	22
9	4, 53	21
10	5, 24	20
11	5, 56	19
12	6, 26	18
	adde { V Sign. / XI. Sign. }	gr.

§. 279. Quanquam autem hoc momento, ad quod lunae longitudinem hinc colligimus, non vera lunae oppoſitio exiſtit, ſed luna ſecundum longitudinem a puncto ſoli oppoſito diſtat particula, quam haec tabula monſtrat; tamen tuto pro hoc momento ex formula noſtra longitudinem lunae inueſtigare poterimus, viſuri, quam

quam exacte ea conueniat cum longitudine eius ad hoc tempus ex obſeruatione concluſa. Cum enim luna hoc tempore nunquam vltra 5′ a vero oppoſitionis loco diſtet, ſi formula noſtra generali vti vellemus, foret angulus η minor 5 minutis primis; vnde facile perſpicitur, diſcrimen in loco lunae inde oriundum vix vnquam 12″ eſſe ſuperaturum. Quoniam itaque medium cuiusque eclipſis momentum ipſum tam accurate definiri nequit, vt non error dimidii minuti primi ſit pertimeſcendus, ſuperfluum ſane foret in calculo ad iſtiusmodi minutias attendere.

§. 280. Hanc ob cauſam quoque ex calculo, quem inibo, non ſummam praeciſionem expectari conueniet; quia ipſae obſeruationes, quibus vtar, non plenae accurationis ſunt capaces. Plus igitur me non effecturum confido, quam vt ſatis prope tam excentricitatem orbitae lunaris, quam longitudinem et anomaliam lunae mediam ad datam epocham definiam. Quod cum fuerit factum maiori confidentia theoriam ad quasuis alias obſeruationes transferre licebit; quae ſi nullis erroribus fuerint inquinatae, non admodum erit difficile reliquas elementorum correctiones, quibus formulae noſtrae ſunt innixae, inde concludere. Imprimis autem hic calculus veram excentricitatem orbitae lunaris ſatis exacte manifeſtabit, vt deinceps accuratius pro quauis anomalia media conuenientem anomaliam veram definire valeamus. Hunc igitur in finem nonnullas eclipſes lunares Pariſiis inſtitutas calculo ſubiiciam.

§. 281. Primae igitur eclipsis medium contigisse reperio Parisiis A. 1712. Jan. $23^d, 7^h, 55', 16''$ temp. medio. Pro quo momento colligitur:

Longitudo solis θ . . .	10^s,	3°,	0',	54''
Anomalia vera solis s . .	6,	24,	25,	13
Deinde ex tabulis meis-				
Longitudo lunae media .	4,	7,	18,	55
Anomalia lunae media .	2,	0,	18,	20
Anomalia lunae vera $v =$	1,	25,	6,	27
Longitudo nodi vera $\pi =$	9,	24,	34,	32
Dist. nodi a sole $\theta - \pi =$	0,	8,	26,	22
Hinc aequatio loci lunae .	—	—	4,	33
Ergo longitudo lunae vera $\phi =$	4,	2,	56,	21

§. 282. Hinc calculus sequenti modo instituetur:

$v =$	1,	25,	6,	27	;	$\sin v = + \sin$	55°,	6',	27''
						$\cos v = +$			
$2v =$	3,	20,	12,	54	;	$\sin 2v = + \sin$	69,	47,	6
						$\cos 2v = -$			
$s =$	6,	24,	25,	13	;	$\sin s = - \sin$	24,	25,	13
$v-s =$	7,	0,	41,	14	;	$\sin\ = - \sin$	30,	41,	14
$v+s =$	8,	19,	31,	40	;	$\sin\ = - \sin$	79,	31,	40
$\phi-\pi =$	6,	8,	21,	49					
$2\phi-2\pi =$	0,	16,	43,	38	;	$\sin\ = + \sin$	16,	43,	38
$r =$	1,	25,	6,	27					
$2\phi-2\pi-r =$	10,	21,	37,	11	;	$\sin\ = - \sin$	38,	22,	49
$2\phi-2\pi-2r =$	8,	26,	30,	44	;	$\sin\ = - \sin$	86,	30,	44

+

+	9, 91393	+	9, 9139	+	9, 7575
—	4, 24753	—	1, 5111	—	0, 7104
—	4, 16146	—	1, 4250*n*	—	0, 4679*i*

+	9, 9724	+	9, 9724	—	9, 5385
—	2, 8561	—	0, 4208	—	9, 6201
—	2, 8285	—	0, 3932*n*	+	9, 1586*i*

—	9, 6163	—	9, 7078	—	9, 9927
+	2, 8819	—	1, 1761	—	2, 2122
—	2, 4982	+	0, 8839	+	2, 2049

+	9, 4588	—	9, 7930		
—	2, 7896	+	2, 2355	—	99, 8 *y*
—	2, 2484	—	2, 0285		

	aeq. +	aeq —		—	26, 6*n*
+	8	—	14493	—	2. 5*n*
+	160	—	674	—	2, 9*i*
+	168	—	315	+	0, 1*i*
—	15766	—	177	—	99, 8*y*
—	15598	—	107		
—	259′, 58″	—	15766		
—	4°, 19, 58 . . aequatio				

Long med. 4, 7, 18, 55 + *m*
aeq. — 4, 19, 58

4, 2, 58, 57 — 29, 1*n* — 2, 8*i* — 99, 8*y* = 4, 2, 56, 21
4, 2, 56, 21

Ergo *o* = 2, 36 — 29, 1*n* — 2, 8*i* — 99, 8*y* + *m*

§. 283.

§. 283. Secundae eclipsi medium contigit: Parisiis A. 1713. Dec. 1^d, 15^h, $26'$, $34''$ temp. med. Pro quo momento colligitur

Longitudo Solis θ =	.	8,	9,	53,	40
Anomalia vera Solis s =	.	5,	1,	46,	43
Longitudo Lunae media	.	2,	5,	2,	26
Anomalia Lunae media	.	9,	12,	27,	42
Anomalia Lunae vera v =	.	9,	18,	24,	49
Longitudo nodi π =	.	8,	17,	46,	10
Distantia Solis a nodo	.	11,	22,	7,	30
Aequatio loci Lunae	.	+		4,	17
Longitudo Lunae vera Φ =		2,	9,	57,	57

§. 284. Hinc calculus sequens instituatur:

v	$= 9, 18, 24, 49$	; $\sin v =$	$- \sin 71, 35, 11$
		$\cos v =$	$+$
$2v$	$= 7, 6, 49$	; $\sin 2v =$	$- \sin 36, 49$
		$\cos 2v =$	$-$
s	$= 5, 1, 46$	; $\sin s =$	$+ \sin 28, 14$
$v - s$	$= 4, 16, 39$	; $\sin$ =	$+ \sin 43, 21$
$v + s$	$= 2, 20, 11$	; $\sin$ =	$+ \sin 80, 11$
$\Phi - \pi$	$= 11, 22, 12$		
$2\Phi - 2\pi$	$= 11, 14, 24$	; $\sin$ =	$- \sin 15, 36$
r	$= 9, 18, 25$		
$2\Phi - 2\pi - r$	$= 1, 25, 59$	; $\sin$ =	$+ \sin 55, 59$
$2\Phi - 2\pi - 2r$	$= 4, 7, 34$	; $\sin$ =	$+ \sin 52, 26$

− 9,97717	− 9,9772	+ 9,4996
− 4,24753	− 1,5111	− 0,7104
+ 4,22470	+ 1,4883 *n*	− 0,2100 *i*

− 9,7776	− 9,7776	− 9,9034
− 2,8561	− 0,4208	− 9,6201
+ 2,6337	+ 0,1984 *n*	+ 9,5235 *i*

+ 9,6749	+ 9,8366	+ 9,9936
+ 2,8819	− 1,1761	− 2,2122
+ 2,5568	− 1,0127	− 2,2058

− 9,4296	+ 9,9185	+ 79, 2 *y*
− 2,7866	+ 2,2355	
+ 2,2192	+ 2,1530	

aeq. aff.	aequat.	
+ 16776	− 10	+ 30, 8 *n*
+ 430	− 161	+ 1, 6 *n*
+ 360	− 171	− 1, 6 *i*
+ 166		+ 0, 3 *i*
+ 143		
+ 17875		
− 171		
+ 17704		
+ 2961′,4″	aequatio	

Long. media =	2, 5, 2, 26	+ *m*
aeq.	+ 4, 55, 4	
Long. vera	2, 9, 57, 30,	+ *m*
obſ.	2, 9, 57, 57	

Ergo $o = -0',27'' + m + 32,4n - 1,3i + 79,2y$

§. 285. Tertiae eclipſis medium contigit Pariſiis A. 1717 Mart. 26^d, 15^h, $21'$, $20''$ temp. med. Pro quo tempore colligitur

Longitudo ſolis vera θ =	0^s, $6°$, $19'$, $56''$,
Anomalia ſolis vera s =	8, 28, 0, 17
Longitudo media lunae . .	6, 1, 37, 2
Anomalia media lunae . .	8, 24, 7, 21
Anomalia lunae vera v =	9, 0, 19, 10
Longitudo nodi vera π =	6, 13, 30, 22
Diſtantia nodi a ſole . .	5, 22, 49, 29
aeq. pro loco lunae	+ 3, 57
Ergo longitudo lunae vera Φ =	6, 6, 23, 53

§. 286. Calculus igitur ita ſe habebit

$v =$	9, 0, 19, 10	; ſin $v = -$ ſin $89°, 40', 50''$
		coſ. $= +$
$2v =$	6, 0, 38,	; ſin$2v = -$ ſin $0°, 38'$
		coſ $= -$
$s =$	8, 28, 0	; ſin $s = -$ ſin $88°, 0'$
$v - s =$	0, 2, 19	; ſin $= +$ ſin $2°$, 19
$v + s =$	5, 28, 19	; ſin $= +$ ſin 1, 41
$\Phi - \pi =$	5, 22, 53	
$2\Phi - 2\pi =$	11, 15, 46	; ſin $= -$ ſin 14, 14
$r =$	9, 0, 19	
$2\Phi - 2\pi - r =$	2, 15, 27	; ſin $= +$ ſin 75, 27
$2\Phi - 2\pi - 2r =$	5, 15, 8	; ſin $= +$ ſin 14, 52

— 9,99999	— 10,0000	+ 7,7425
— 4,24753	— 1,5111	— 0,7104
+ 4,24752	+ 1,5111 *n*	— 8,4526 *i*
— 8,0435	— 8,0435	— 9,9999
— 2,8561	— 0,4208	— 9,6201
+ 0,8996	+ 8,4643 *n*	+ 9,6200 *i*
— 9,9997	+ 8,6066	+ 8,4680
+ 2,8819	— 1,1761	— 2,2122
— 2,8816	— 9,7827	— 0,0802
— 9,3907	+ 9,9858	+ 25,65 *y*
— 2,7893	+ 2,2355	
+ 2,1893	+ 2,2213	

aeq. aff.	aeq. neq.	
+ 17682	— 762	+ 32, 4 *n*
+ 8	— 1	+ 0, 0 *n*
+ 152	— 4	— 0, 0 *i*
+ 166	— 767	+ 0, 2 *i*
+ 18008	+ 18008	
	+ 17241	
	+ 287,21	
	+ 4,47,21 aequatio	

Long. media ☾	=	6, 1, 37, 2
aeq.	+	4, 47, 21
Long. ☽ vera	=	6, 6, 24, 23
obſ.		6, 6, 23, 53
Ergo	=	+ 30 + *m* + 32,4*n* + 0,2*i* + 25,65*y*

 §. 287

§. 287. Quartae eclipſis medium erat Pariſiis A. 1718 Sept. 9^d, 8^h, $1'$, $1''$ temp. medio Pro quo tempore colligitur

Longitudo ſolis vera θ	=	5, 16, 40, 58
Anomalia ſolis vera s	=	2, 8, 19, 59
Longitudo lunae media		11, 17, 25, 16
Anomalia lunae media		0, 10, 41, 28
Anomalia lunae vera v	=	0, 9, 36, 52
Longitudo nodi vera π	=	5, 15, 59, 35
Diſtantia nodi a ſole		0, 0, 41, 23
aeq. pro loco lunae		—— 22
Longitudo lunae obſ. Φ	=	11, 16, 40, 36

§. 288. Calculus ergo ſequens habebitur.

$v =$	0, 9, 36, 52	; ſin v	$= +$ ſin 9, 36, 52
		coſ	$= +$
$2v =$	0, 19, 14	; ſin $2v$	$= +$ ſin 19, 14
		coſ	$= +$
$s =$	2, 8, 20	; ſin s	$= +$ ſin 68, 20
$v - s =$	10, 1, 17	; ſin	$= -$ ſin 58, 43
$v + s =$	2, 17, 57	; ſin	$= +$ ſin 77, 57
$\Phi - \pi =$	0, 0, 41		
$2\Phi - 2\pi =$	0, 1, 22	; ſin	$= +$ ſin 1, 22
$r =$	0, 9, 37		
$2\Phi - 2\pi - r =$	11, 21, 45	; ſin	$= -$ ſin 8, 15
$2\Phi - 2\pi - 2r =$	11, 12, 8	; ſin	$= -$ ſin 17, 52

+

+ 9,22274	+ 9,2227	+ 9,9938
— 4,24753	— 1,5111	— 0,7104
— 3,47027	— 0,7338 *n*	— 0,7042 *i*

+ 9,5177	+ 9,5177	+ 9,9750
— 2,8561	— 0,4208	— 9,6201
— 2,3738	— 9,9385 *n*	— 9,5951 *i*

+ 9,9682	— 9,9318	+ 9,9903
+ 2,8819	— 1,1761	— 2,2122
+ 2,8501	+ 1,1079	— 2,2025

+ 8,3775	— 9,1568	— 30,68 *y*
— 2,7896	+ 2,2355	
— 1,1671	— 1,3923	

	aeq. aff.	aeq. neg.	
	+ 708	— 2953	— 5, 4 *n*
	+ 13	— 237	— 0, 8 *n*
	+ 721	— 159	— 5, 1 *i*
	— 3389	— 15	— 0, 4 *i*
	— 2668	— 25	
aeq. =	— 44′, 28″	— 3389	

Long. ☾ med.		11, 17, 25, 16
	aeq.	— 44, 28
Long.	vera	11, 16, 40, 48
	obs.	11, 16, 40, 36

Ergo $o = +12 + m - 6,2n - 5,5i - 30,68y$

§. 289.

§. 289. Quintae eclipſis medium erat: Pariſiis A. 1719 Aug. $29^d, 8^h, 33', 19''$ temp. med. Pro quo tempore colligitur:

Longitudo ſolis vera θ =	5,	5,	47,	14
Anomalia ſolis vera s =	1,	27,	25,	2
Longitudo lunae media .	11,	2,	9,	40
Anomalia lunae media . .	10,	15,	59,	25
Anomalia lunae vera v =	10,	20,	5,	19
Longitudo nodi vera π =	4,	27,	44,	39
Diſtantia nodi a ſole =	0,	8,	2,	35
Aequ. pro loco lunae . .	—	—	4,	22
Long. lunae obſeruata . .	11,	5,	42,	52

§. 290. Calculus ergo ita ſe habebit:

$v = 10, 20, 5, 19$	; ſin = − ſin 39, 54, 41	
	coſ = +	
$2v = 9, 10, 11$	; ſin $2v$ = − ſin 79, 49	
	coſ = +	
$v = 10, 20, 5$		
$s = 1, 27, 25$	; ſin s = + ſin 57, 25	
$v-s = 8, 22, 40$	; ſin = − ſin 82, 40	
$v+s = 0, 17, 30$	; ſin = + ſin 17, 30	
$\Phi-\pi = 0, 7, 58$		
$2\Phi-2\pi = 0, 15, 16$	; ſin = + ſin 15, 56	
$r = 10, 20, 5$		
$2\Phi-2\pi-r = 1, 25, 15$	; ſin = + ſin 55, 51	
$2\Phi-2\pi-2r = 3, 5, 46$	; ſin = + ſin 84, 14	

—	9, 80726	—	9, 8073	+	9, 8849
—	4, 24753	—	1, 5111	—	0, 7104
+	4, 05479	+	1, 3184*n*	—	0, 5953*i*
—	9, 9931	—	9, 9931	+	9, 2475
—	2, 8561	—	0, 4208	—	9, 6201
+	2, 8492	+	0, 4139*n*	—	8, 8676*i*
+	9, 9256	—	9, 9964	+	9, 4781
+	2, 8819	—	1, 1761	—	2, 2122
+	2, 8075	+	1, 1725	—	1, 6903
+	9, 4386	+	9, 9178	+	99, 5*y*
—	2, 7896	+	2, 2355		
—	2, 2282	+	2, 1533		

aeq. aff.	aeq. neg.	
+ 11345	— 49	+ 20, 8*n*
+ 707	— 170	+ 2, 6*n*
+ 642	— 219	— 3, 9 *i*
+ 15	+ 12851	— 0, 1 *i*
+ 142	+ 12632	
+ 12851	210, 32	
	+ 3, 30, 32	aequatio

Long. lunae med.	11, 2, 9, 40	
aeq.	+ 3, 30, 32	
Long. lunae vera	11, 5, 40, 12	
obs.	11, 5, 42, 52	
		$= -2,40 + m + 23,4n - 4,0i + 99,5y$

§. 291.

§. 291. Sextae eclipſis medium erat Pariſiis A. 1722. Jun. 28^d, 13^h, 58′, 41″ temp. med. Pro quo tempore habetur:

Longitudo ſolis vera θ =	3, 6, 51, 7
Anomalia ſolis vera s =	11, 28, 26, 56
Longitudo lunae media .	9, 9, 31, 50
Anomalia lunae media .	4, 28, 8, 18
Anomalia lunae vera v =	4, 24, 39, 53
Longitudo nodi vera π =	3, 2, 36, 2
Diſtantia nodi a ſole . .	0, 4, 15, 5
Aequatio loci lunae . .	— 2, 20
Longitudo lunae obſeruata	9, 6, 48, 47

§. 292. Calculus ergo ita ſe habebit

v =	4, 24, 39, 53	; ſin v = + ſin 35°, 20′, 7″
		coſ v = −
$2v$ =	9, 19, 20	; ſin $2v$ = − ſin 70, 40
		coſ $2v$ = +
r =	4, 24, 40	
s =	11, 28, 27	; ſin s = − ſin 1, 33
$r-s$ =	4, 26, 13	; ſin = + ſin 33, 47
$r+s$ =	4, 23, 7	; ſin = + ſin 36, 53
$\Phi-\pi$ =	0, 4, 13	
$2\Phi-2\pi$ =	0, 8, 26	; ſin = + ſin 8, 26
r =	4, 24, 40	
$2\Phi-2\pi-r$ =	7, 13, 46	; ſin = − ſin 43, 46
$2\Phi-2\pi-2r$ =	2, 19, 6	; ſin = + ſin 79, 6

+

+	9, 76220	+	9, 7622	−	9, 9116
−	4, 24753	−	1, 5111	−	0, 7104
−	4, 00973	−	1, 2733*n*	+	0, 6220*i*
−	9, 9748	−	9, 9748	+	9, 5199
−	2, 8561	−	0, 4208	−	9, 6201
+	2, 8309	+	0, 3956*n*	−	9, 1400*i*
−	8, 4321	+	9, 7451	+	9, 7783
+	2, 8819	−	1, 1761	−	2, 2122
−	1, 3140	−	0, 9212	−	1, 9905
+	9, 1663	−	9, 8399	+	98, 2*y*
−	2, 7896	+	2, 2355		
−	1, 9559	−	2, 0754		

	aeq. aff.	aeq. neg.	
	+ 678	− 10227	− 18, 8*n*
	− 10563	− 21	+ 2, 5*n*
	− 9885	− 8	
	164,45	− 98	+ 4, 2*i*
aeq. =	− 2,44,45	− 90	− 0, 1*i*
		− 119	
		−101563	

Long. lun. med.	9, 9, 31, 50
	− 2, 44, 45
Long. lun.	9, 6, 47, 5
obſ.	9, 6, 48, 47

Ergo $o = -1,42 + m - 16,3n + 4,1i + 98,9y$

§. 293. Septimae eclipſis medium obſeruatum eſt Pariſiis A. 1724 Oct. 31^d, 15^h, $34'$, $17''$ temp. med. Pro quo tempore colligitur

Longitudo ſolis vera $\theta =$	7,	8,	56,	1
Anomalia ſolis vera $s =$	4,	0,	29,	44
Longitudo lunae media	1,	9,	23,	59
Anomalia lunae media	5,	22,	38,	2
Anomalia lunae vera $v =$	5,	21,	46,	51
Longitudo nodi vera	1,	16,	36,	22
Diſtantia nodi a ſole	5,	22,	19,	39
aequatio loci lunae	+		4,	10
Long. lunae obſeruata	1,	9,	0,	11

§. 294. Calculus ergo ita ineatur:

$v =$	5, 21, 46, 51	; ſin $v = +$ ſin	$8°, 13', 9''$
		cof $= -$	
$2v =$	11, 13, 34,	; ſin $2v = -$ ſin	$16°, 26'$
$r =$	5, 21, 47	cof $= +$	
$s =$	4, 0, 30	; ſin $s = +$ ſin	$59°, 30'$
$r - s =$	1, 21, 17	; ſin $= +$ ſin	51, 17
$r + s =$	9, 22, 17	; ſin $= -$ ſin	67, 43
$\Phi - \pi =$	5, 22, 24		
$2\Phi - 2\pi =$	11, 14, 48	; ſin $= -$ ſin	15, 12
$r =$	5, 21, 47		
$2\Phi - 2\pi - r =$	5, 23, 1	; ſin $= +$ ſin	6, 59
$2\Phi - 2\pi - 2r =$	0, 1, 14	; ſin $= +$ ſin	1, 14

+

+	9, 15520	+	9, 1552	−	9, 9955
−	4, 24753	−	1, 5111	−	0, 7104
−	3, 40273	−	0, 6663*n*	+	0, 7059*i*
−	9, 4516	−	9, 4516	+	9, 9819
−	2, 8561	−	0, 4208	−	9, 6201
+	2, 3077	+	9, 8724*n*	−	9, 6020*i*
+	9, 9353	+	9, 8922	−	9, 9663
+	2, 8819	−	1, 1761	−	2, 2122
−	2, 8172	−	1, 0683	+	2, 1785
−	9, 4186	+	9, 0849	+	2, 15*y*
−	2, 7896	+	2, 2355		
+	2, 2082	+	1, 3024		

aeq. aff.	aeq. neg.	
+ 203	− 2528	− 4, 6*n*
+ 657	− 11	− 7, 5*n*
+ 151	− 2539	
+ 161	+ 1193	+ 5, 1*i*
+ 21	− 1346	− 0, 4*i*
+ 1193	− 22, 26	aequatio

Long. ☽ med.	1, 9, 23, 59
	— 22, 26
Long. calc.	1, 9, 1, 33
Long. obſ.	1, 9, 0, 11

$$0 = +1,22 + m - 3,9n + 4,7i + 2,15y$$

Ii 2 §. 295.

§. 295. Octauae eclipsis medium obseruatum est Parisiis A. 1729. Febr. 13^d, 9^h, $6'$, $56''$ temp. med. Pro quo tempore colligitur:

Longitudo solis vera θ	=	10^s,	25°,	$13'$,	$23''$
Anomalia solis vera s	=	7,	16,	43,	34
Longitudo lunae media	.	5,	0,	5,	27
Anomalia lunae media	.	3,	18,	53,	24
Anomalia lunae vera v	=	3,	12,	54,	9
Longitudo nodi vera π	=	10,	24,	4,	30
Distantia nodi a sole	=	0,	1,	8,	53
aequatio pro long. lunae	.		—	0,	37
Longitudo lunae obseruata		4,	25,	12,	46

§. 296. Calculus ergo ita se habebit:

$v =$ 3, 12, 54, 9	;	$\sin v =$	$+ \sin 77^\circ, 5', 51''$
		$\cos v =$	$-$
$2v =$ 6, 25, 48	;	$\sin 2v =$	$- \sin 25, 48$
$r =$ 3, 12, 54		$\cos 2v =$	$-$
$s =$ 7, 16, 44	;	$\sin s =$	$- \sin 46, 44$
$r-s =$ 7, 26, 10	;	$\sin =$	$- \sin 56, 10$
$r+s =$ 10, 29, 38	;	$\sin =$	$- \sin 30, 22$
$\Phi-\pi =$ 0, 1, 8,			
$2\Phi-2\pi =$ 0, 2, 16,	;	$\sin =$	$+ \sin 2, 16$
$r =$ 3, 12, 54			
$2\Phi-2\pi-r =$ 8, 19, 22	;	$\sin =$	$- \sin 79, 22$
$2\Phi-2\pi-2r =$ 5, 6, 28	;	$\sin =$	$+ \sin 23, 32$

+

$$
\begin{array}{lll}
+\ 9,98889 & +\ \ 9,9889 & -\ \ 9,3488 \\
-\ 4,24757 & -\ \ 1,5111 & -\ \ 0,7104 \\
\hline
-\ 4,23642 & -\ \ 1,5000\,n & +\ \ 0,0502\ i
\end{array}
$$

$$
\begin{array}{lll}
-\ 9,6387 & -\ \ 9,6387 & -\ \ 9,9544 \\
-\ 2,8561 & -\ \ 0,4208 & -\ \ 9,6201 \\
\hline
+\ 2,4948 & +\ \ 0,0595\,n & +\ \ 9,5745\ i
\end{array}
$$

$$
\begin{array}{lll}
-\ 9,8622 & -\ \ 9,9194 & -\ \ 9,7037 \\
+\ 2,8819 & -\ \ 1,1761 & -\ \ 2,2122 \\
\hline
-\ 2,7441 & +\ \ 1,0955 & +\ \ 1,9159
\end{array}
$$

$$
\begin{array}{lll}
+\ 8,5971 & -\ \ 9,9925 & +\ \ 39,9\,y \\
-\ 2,7896 & +\ \ 2,2355 & \\
\hline
-\ 1,3867 & -\ \ 2,2280 &
\end{array}
$$

aeq. aff.	aeq. neg.	$-\ 31,7\,n$
$+\quad 312$	$-\ 17235$	$+\ 1,1\,n$
$+\quad\ \ 12$	$-\ \ \ \ 555$	
$+\quad\ \ 82$	$-\ \ \ \ \ 24$	$+\ 1,1\ i$
$+\quad 406$	$-\ \ \ 169$	$+\ 0,3\ i$
	$-\ 17983$	
	$+\ \ \ 406$	
	$-\ 17577$	
	$-\ \ 292,57$	
	$-\ \ 4,52,57$	aequatio

Long. lunae media $=$ 5, 0, 5, 27

            aeq. $-$ 4, 52, 57

Long. lunae calc.   4, 25, 12, 30

Long. lunae obf.   4, 25, 12, 46

$$
e = -\ 16 + m - 30,6\,n + 1,4\,i + 39,9\,y
$$

§. 297. Nonae eclipſis medium obſeruatum eſt Pariſiis A. 1729. Aug. 8^d, 13^h, $14'$, $14''$ temp. med. Pro quo tempore reperitur.

Longitudo ſolis vera θ =	4, 16, 17, 29
Anomalia ſolis vera s =	1, 7, 47, 12
Longitudo lunae media	10, 11, 23, 57
Anomalia lunae media	8, 10, 36, 19
Anomalia lunae vera v =	8, 16, 34, 40
Longitudo nodi vera π =	10, 14, 58, 21
Diſtantia nodi a ſole	6, 1, 19, 8
Aequatio pro loco lunae	— 43
Long lunae obſeruata	10, 16, 16, 46

§. 298. Calculus ergo ita inſtituetur:

v	= 8, 16, 34, 40	; ſin v = - ſin 76, 34, 40	
		coſ v = -	
$2v$	= 5, 3, 9	; ſin $2v$ = + ſin 26, 51	
		coſ $2v$ = -	
r	= 8, 16, 35		
s	= 1, 7, 47	; ſin s = + ſin 37, 47	
$r-s$	= 7, 8, 48	; ſin = - ſin 38, 48	
$r+s$	= 9, 24, 22	; ſin = - ſin 65, 38	
$\Phi-\pi$	= 6, 1, 19		
$2\Phi-2\pi$	= 0, 2, 38	; ſin = + ſin 2, 38	
r	= 8, 16, 35		
$2\Phi-2\pi-r$	= 3, 16, 3	; ſin = + ſin 73, 57	
$2\Phi-2\pi-2r$	= 6, 29, 28	; ſin = - ſin 29, 28	

− 9,93797	− 9,9880	− 9,3655
− 4,24755	− 1,5111	− 0,7104
+ 4,23550	+ 1,4991*n*	+ 0,0759*i*
+ 9,6548	+ 9,6548	− 9,9505
− 2,8561	− 0,4208	− 9,6201
− 2,5109	− 0,0756*n*	+ 9,5706*i*
+ 9,7872	− 9,7970	− 9,9595
+ 2,8819	− 1,1761	− 2,2122
+ 2,6691	+ 0,9731	+ 2,1717
+ 8,6622	+ 9,9827	− 49, 2*y*
− 2,7896	+ 2,2355	
− 1,4518	+ 2,2182	

aeq. aff.	aeq. neg.	
+ 17199	− 324	+ 31, 6*n*
+ 467	− 28	− 1, 2*n*
+ 9	− 352	+ 1, 2*i*
+ 148	+ 17988	+ 0, 4*i*
+ 165	+ 17636	
+ 17988	+ 293, 56	
	+ 4, 53, 56	aequatio

Long. ☽ med.	=	10, 11, 23, 57
aeq.		+ 4, 53, 56
Long. ☽ calc.	=	10, 16, 17, 53
Long. ☽ obs.		10, 16, 16, 46

$0 = +1,7 + m + 30,4n + 1,6i - 49,2y$

§. 299.

§. 299. Decimae eclipsis medium obseruatum est Parisiis A. 1731. Jun. $19^d, 13^h, 55', 13''$ temp. med. Pro quo tempore colligitur

Longitudo solis vera $\theta =$	2^s,	28°,	$5'$,	$41''$
Anomalia solis vera $s =$	11,	19,	48,	47
Longitudo lunae media .	9,	1,	45,	1
Anomalia lunae media .	4,	15,	9,	43
Anomalia lunae vera $v =$	4,	10,	34,	21
Longitudo nodi vera $\pi =$	9,	8,	6,	38
Distantia nodi a sole . .	5,	19,	59,	3
Aequatio pro loco lunae .		+	5,	24
Longitudo lunae obseruata	8,	28,	11,	5

§. 300. Calculus ergo ita instituetur

$v =$	4, 10, 34, 21	;	$\sin v = + \sin 49, 25, 39$
			$\cos v = -$
$2v =$	8, 21, 9	;	$\sin 2v = - \sin 81, 9$
			$\cos 2v = -$
$r =$	4, 10, 34		
$s =$	11, 19, 49	;	$\sin s = - \sin 10, 11$
$r - s =$	4, 20, 45	;	$\sin = + \sin 39, 15$
$r + s =$	4, 0, 23	;	$\sin = + \sin 59, 37$
$\Phi - \pi =$	5, 20, 4		
$2\Phi - 2\pi =$	11, 10, 8	;	$\sin = - \sin 29, 52$
$r =$	4, 10, 34		
$2\Phi - 2\pi - r =$	6, 29, 34	;	$\sin = - \sin 29, 34$
$2\Phi - 2\pi - 2r =$	2, 19, 0	;	$\sin = + \sin 79, 0$

+

+ 9,88057	+ 9,8806	− 9,8131
− 4,24753	− 1,5111	− 0,7104
− 4,12810	− 1,3917*n*	+ 0,2100 *i*

− 9,9948	− 9,9948	− 9,1871
− 2,8561	− 0,4208	− 9,6201
+ 2,8509	+ 0,4156*n*	+ 8,8072 *i*

− 9,2475	+ 9,8012	+ 9,9358
+ 2,8819	− 1,1761	− 2,2122
− 2,1294	− 0,9773	− 2,1480

− 9,5313	− 9,6932	+ 98, 1 *y*
− 2,7896	+ 2,2355	
+ 2,3209	− 1,9287	

	aeq. aff.	aeq. neg.	
	+ 709	− 13431	− 24, 8 *n*
	+ 209	− 135	+ 2, 6 *n*
	+ 918	− 9	+ 3, 3 *i*
	− 13801	− 141	+ 0, 1 *i*
	− 12883	− 85	
	− 214, 43	− 13801	
aeq.	− 3, 34, 43		

Long. lunae media	9, 1, 45, 1
aeq.	− 3, 34, 43
Long. lunae calc.	8, 28, 10, 18,
Long. lunae obs.	8, 28, 11, 5

Ergo $o = -47'' + m - 22,2n + 3,4i + 98,1y$

§. 301. Eclipsis undecimae medium obseruatum est Parisiis A. 1732 Dec. $1^d, 9^h, 48', 23''$ temp. med. Pro quo tempore colligitur:

Longitudo solis vera θ =		8,	10,	3,	6
Anomalia solis vera s =		5,	1,	29,	50
Longitudo lunae media	.	2,	6,	8,	19
Anomalia lunae media .	.	7,	19,	24,	12
Anomalia lunae vera v =		7,	24,	19,	39
Longitudo nodi vera π =		8,	10,	41,	14
Distantia nodi a sole =		11,	29,	21,	52
Aequ. pro loco lunae .	.		+		21
Long. lunae obseruata .	.	2,	10,	3,	27

§. 302. Calculus ergo ita se habebit:

$v =$	7, 24, 19, 39	; sin v = − sin 54, 19, 39
		cos$v$ = −
$2v =$	3, 18, 39	; sin $2v$ = + sin 71, 21
		cos = −
$r =$	7, 24, 20	
$s =$	5, 1, 30	; sin s = + sin 28, 30
$r-s =$	2, 22, 50	; sin = + sin 82, 50
$r+s =$	0, 25, 50	; sin = + sin 25, 50
$\Phi-\pi =$	11, 29, 22	
$2\Phi-2\pi =$	11, 28, 44	; sin = + sin 1, 16
$r =$	7, 24, 40	
$2\Phi-2\pi-r =$	4, 4, 4	; sin = + sin 55, 56
$2\Phi-2\pi-2r =$	8, 9, 24	; sin = + sin 69, 24

−	9,90975	−	9,9097	−	9,7657
−	4,24753	−	1,5111	−	0,7104
+	4,15728	+	1,4208 *n*	+	0,4761 *i*
+	9,9766	+	9,9766	−	9,5048
−	2,8561	−	0,4208	−	9,6201
−	2,8327	−	0,3974 *n*	+	9,1249 *i*
+	9,6787	+	9,9969	+	9,6444
+	2,8819	−	1,1761	−	2,2122
+	2,5606	−	1,1730	−	1,8566
−	8,3445	+	9,9182	−	93, 6 *y*
−	2,7896	+	2,2355		
+	1,1341	+	2,1537		

aeq. aff.	aeq. neq.	
+ 14364	− 680	+ 26, 4 *n*
+ 364	− 15	− 2, 5 *n*
+ 14	− 72	+ 3, 0 *i*
+ 142	− 767	+ 0, 1 *i*
+ 14884	+ 14884	
	+ 14117	
	+ 235, 17	
	+ 3, 55, 17 aequatio	

Long. lunae media		2, 6, 8, 19
aeq.	+	3, 55, 17
Long. lunae calc.		2, 10, 3, 36
obs.		2, 10, 3, 27

$$0 = +9 + m + 23,9n + 3,1i - 93,6y$$

§. 303. Eclipſis duodecimae medium obſeruatum eſt Pariſiis A. 1736 Mart. 26^d, 12^h, $14'$, $36''$ temp. med. Pro quo tempore colligitur

Longitudo ſolis vera θ =	0ˢ,	6°,	35′,	42″
Anomalia ſolis vera s =	8,	27,	58,	24
Longitudo lunae media	6,	4,	5,	0
Anomalia lunae media	7,	3,	25,	43
Anomalia lunae vera v =	7,	7,	2,	56
Longitudo nodi vera π =	6,	6,	24,	31
Diſtantia nodi a ſole	6,	0,	11,	11
aeq. pro long. lunae		—		6
Longitudo lunae obſ.	6,	6,	35,	36

§. 304. Calculus ergo ita inſtituatur.

v =	7, 7, 2, 56	; ſin v	= − ſin	57, 2, 56
		coſ	= −	
$2v$ =	2, 14, 6	; ſin $2v$	= + ſin	74, 6
		coſ	= +	
r =	7, 7, 3			
s =	8, 27, 58	; ſin s	= − ſin	87, 58
$r-s$ =	10, 9, 5	; ſin	= − ſin	50, 55
$r+s$ =	4, 5, 1	; ſin	= + ſin	54, 59
$\varphi-\pi$ =	6, 0, 11			
$2\varphi-2\pi$ =	0, 0, 22	; ſin	= + ſin	0, 22
r =	7, 7, 3			
$2\varphi-2\pi-r$ =	4, 23, 19	; ſin	= + ſin	36, 41
$2\varphi-2\pi-2r$ =	9, 16, 16	; ſin	= − ſin	73, 44

— 9,77995	− 9,7799	− 9,9021
— 4,24753	− 1,5111	− 0,7104
+ 4,02748	+ 1,2910*n*	+ 0,6125*i*

+ 9,9831	+ 9,9831	+ 9,4377
— 2,8561	− 0,4208	− 9,6201
— 2,8392	− 0,4039*n*	− 9,0578*i*

— 9,9997	− 9,8900	+ 9,9133
+ 2,8819	− 1,1761	− 2,2122
— 2,8816	+ 1,0661	− 2,1255

+ 7,8061	+ 9,7763	− 96, 0*y*
— 2,7896	+ 2,2355	
— 0;5957	+ 2,0118	

	aeq. aff.	aeq. neg.	
	+ 10653	− 691	+ 19, 6*n*
	+ 12	− 761	− 2, 5*n*
	+ 103	− 133	+ 4, 1*i*
	+ 10768	− 4	− 0, 1*i*
	— 1589	− 1589	
	+ 9179		
	+ 152, 59		
aeq. =	+ 2,32,59		

Long. ☾ med.		6,	4,	5,	0
aeq.	+		2,	32,	59
Long. ☽ calc.		6,	6,	37,	59
obs.		6,	6,	35,	36

$$\circ = + 2', 23'' + m + 17, 1n + 4,0i - 96, 0y$$

§. 305. Elipſis decima tertiae medium obſeruatum eſt Pariſiis A. 1736 Sept. 19^d, 14^h, $59'$, $36''$ temp. med. Pro quo tempore colligitur

Longitudo ſolis vera θ =		5^s,	$27°$,	$21'$,	$39''$,
Anomalia ſolis vera s =		2,	18,	43,	51
Longitudo lunae media	. .	11,	27,	48,	53
Anomalia lunae media	. .	0,	7,	25,	42
Anomalia lunae vera v =		0,	6,	40,	44
Longitudo nodi vera		5,	27,	15,	4
Diſtantia nodi a ſole	. .	0,	0,	6,	35
aeq. pro long. lunae				—	4
Longitudo lunae obſeruata		11,	27,	21,	35

§. 306. Calculus ergo ita inſtituetur

$v =$	0, 6, 40, 44	; ſin v = + ſin 6, 40, 50	
		coſ. v = +	
$2v =$	0, 13, 21	; ſin $2v$ = + ſin 13, 21	
		coſ $2v$ = +	
$r =$	0, 6, 41		
$s =$	2, 18, 44	; ſin s = + ſin 88, 44	
$r - s =$	9, 17, 57	; ſin	= − ſin 72, 3
$r + s =$	2, 25, 25	; ſin	= + ſin 85, 25
$\phi - \pi =$	0, 0, 6		
$2\phi - 2\pi =$	0, 0, 12	; ſin	= + ſin 0, 12
$r =$	0, 6, 41		
$2\phi - 2\pi - r =$	11, 23, 31	; ſin	= − ſin 6, 29
$2\phi - 2\pi - 2r =$	11, 16, 50	; ſin	= − ſin 13, 10

+

$$+ \quad 9,06561 \quad + \quad 9,0656 \quad + \quad 9,9970$$
$$- \quad 4,24753 \quad - \quad 1,5111 \quad - \quad 0,7104$$
$$- \quad 3,31314 \quad - \quad 0,5767n \quad - \quad 0,7074i$$

$$+ \quad 9,3634 \quad + \quad 9,3634 \quad + \quad 9,9881$$
$$- \quad 2,8561 \quad - \quad 0,4208 \quad - \quad 9,6201$$
$$- \quad 2,2195 \quad - \quad 9,7842n \quad - \quad 9,6082i$$

$$+ \quad 9,9915 \quad - \quad 9,9783 \quad + \quad 9,9986$$
$$+ \quad 2,8819 \quad - \quad 1,1751 \quad - \quad 2,2122$$
$$+ \quad 2,8734 \quad + \quad 1,1534 \quad - \quad 2,2108$$

$$+ \quad 7,5429 \quad - \quad 9,0527 \quad - \quad 22,6y$$
$$- \quad 2,7896 \quad + \quad 2,2355$$
$$- \quad 0,3325 \quad - \quad 1,2882$$

aeq. aff.	aeq. neg.	
		$-\quad 3,8n$
$+\quad 747$	$-\quad 2057$	$-\quad 0,6n$
$+\quad 14$	$-\quad 166$	
$+\quad 761$	$-\quad 2$	$-\quad 5,1i$
$-\quad 2406$	$-\quad 19$	$-\quad 0,4i$
$-\quad 1645$	$-\quad 2406$	
$-\quad 27',25''$	aequatio	

Long. ☽ med.	11, 27, 48, 53
aeq.	$-$ 27, 25
Long. ☽ calc.	11, 27, 21, 28
Long. ☽ obſ.	11, 27, 21, 35

$$\bullet = -0,7'' + m - 4,4n - 5,5i - 22,6y$$

§. 307.

§. 307. Ex his ergo tredecim eclipsibus nacti sumus aequationes, ex quibus cum tabularum, quibus sum vsus, correctiones, tum verus valor aequationis ab angulo $2\Phi - 2\pi - 2r$ pendentis definiri debebit:

Aequationes autem inde ortae sunt sequentes.

I.	$o = +156'' + m - 29,1n - 2,8i - 99,8y$
II.	$o = -27 + m + 32,4n - 1,3i + 79,2y$
III.	$o = +30 + m + 32,4n + 0,2i + 25,6y$
IV.	$o = +12 + m - 6,2n - 5,5i - 30,7y$
V.	$o = -160 + m + 23,4n - 4,0i + 99,5y$
VI.	$o = -102 + m - 16,3n + 4,1i + 98,2y$
VII.	$o = +82 + m - 3,9n + 4,7i + 2,1y$
VIII.	$o = -16 + m - 30,6n + 1,4i + 39,9y$
IX.	$o = +67 + m + 30,4n + 1,6i - 49,2y$
X.	$o = -47 + m - 22,2n + 3,4i - 98,1y$
XI.	$o = +9 + m + 23,9n + 3,1i - 93,6y$
XII.	$o = +143 + m + 17,1n + 4,0i - 96,0y$
XIII.	$o = -7 + m - 4,4n - 5,5i - 22,6y$

§. 308.

§. 308. Hic statim commode euenit, vt errores calculi ab obseruationibus infra tria minuta prima subsistant, qui autem infra sesquiminutum primum deprimuntur, simul ac litterae y valor tribuitur vnitati fere aequalis. Hincque ergo cognoscimus valorem ipsius y, quem quinario maiorem inueneramus, merito nobis fuisse suspectum, cum iam perspiciamus, eum vnitatem superare non posse. Quamobrem ponamus $y = 1$, seu in formula nostra pro longitudine lunae scribamus terminum $100''$ sin $(2\Phi - 2\pi - 2r)$. Quod autem ad litteras m, n et i attinet, tentanti mox patebit, quoscunque ipsis valores tribuamus, errores inde non admodum posse diminui; interim tamen decem circiter minutis secundis diminuentur, si ponatur $y = \frac{4}{5}$; $n = \frac{1}{2}$; $i = -3$ et $m = -4$; quo facto errores vix vnum minutum primum superabunt.

CAPUT XVIII.

CONSTITUTIO ELEMENTORUM PRO TABULIS LUNARIBUS.

§. 309.

Tabulae autem, quibus in praecedenti calculo ſum vſus, praebent pro meridiano Pariſino ad epocham 1701 ſeu ad meridiem diei vltimi anni 1700 tempore medio

Longitudinem Lunae mediam	$5^s, 20°, 19', 47''$
et Anomaliam Lunae mediam	6 , 13 , 26 , 51

Hinc accuratius habebimus haec elementa pro eodem tempore eodemque loco ſcilicet

Longitudinem Lunae mediam	$5^s, 20°, 19', 43''$
Anomaliam Lunae mediam	6 , 13 , 24 , 0
unde Longitudo Apogei	11 , 6 , 55 , 43

§. 310. Si haec elementa comparemus cum Tabulis aſtronomicis Cel. Caſſini et Monnierii, reperiemus pro eodem tempore et loco

	Caſſini	Monnier
Long. mediam Lunae	5, 20, 18, 19	5, 20, 19, 28
Anom. mediam Lunae	6, 13, 10, 48	6, 13, 13, 2
Long. Apogei	11, 7, 7, 27	11, 7, 6, 26

Hic quidem longitudo media ſatis conuenit cum ea, quam ex obſeruationibus concluſimus; verum anomalia media inuenta ſuperat Caſſinianam $13', 12''$, Monnierianam autem $11'$, quod diſcrimen ſatis eſt notabile.

Verum

Verum ſi perpendamus motum lunae a tam multis variisque inaequalitatibus perturbari, mirum ſane non eſt, anomaliam mediam per ſolas obſeruationes accuratius definiri non potuiſſe; praeſertim cum error 15′ in anomalia media commiſſus in loco lunae ad ſummum errorem 1′, 45″ gignere valeat.

§. 311. Excentricitatem autem orbitae lunaris, quam ſtatueram $= 0,0545$ iam $\frac{1}{20000}$ vel $0,00005$ augeri oportet, ita vt nunc ſit excentricitatis valor $k = 0,05455$; qui a ſupra aſſumto tam parum diſcrepat, vt anomalia vera inde ex media collecta pro ſatis exacta haberi poſſit: aequationes autem ab excentricitate pendentes aliquod augmentum capient, quod nunc quidem diligentius definiri oportet. Primum ergo formulam pro longitudine lunae inuentam hinc corrigamus; deinde vero etiam formulas pro diſtantia lunae a terra, pro eius motu momentaneo, et pro loco nodi veraque inclinatione orbitae lunaris ad eclipticam hinc euoluamus.

§. 312. Ante omnia autem oportebit formulam exhibere. cuius ope ex data quauis anomalia lunae media p elicere liceat, conuenientem anomaliam veram r. Ac ſubſtituto quidem pro k vero eius valore nunc invento, coefficientibusque in minuta ſecunda conuerſis, formula ſupra (§. 306) exhibita ſequentem induet formam:

$$r = p - 22495'' \sin p + 766'' \sin 2p - 36'' \sin 3p$$
$$\quad 4,352086 \qquad 2,884229 \qquad 1,55630$$

 Huius

Huius ergo formulae ope haud difficulter tabula computabitur, quae ad ſingulos anomaliae mediae gradus exhibeat valores anomaliae verae.

§. 313. Inuenta autem anomalia vera r, ſi habeatur quoque anomalia vera ſolis s, vna cum angulo η et longitudinibus Φ, θ, π ſaltem proxime, formula longitudinem veram Φ datae mediae ξ reſpondentem exhibens, ſequenti modo habebitur expreſſa:

			log. coeff.	
$\Phi = \xi$	$-$	$22466''\sin r$	4,351535	I
	$-$	$462 \sin 2r$	2,66456	
	$-$	$11 \sin 3r$	1,0518	
	$+$	$701 \sin s$	2,84572	II
	$+$	$4 \sin 2s$	0,602	
	$+$	$141 \sin (r-s)$	2,1492	III
	$-$	$118 \sin (r+s)$	2,0719	IV
	$-$	$175 \sin \eta$	2,2430	V
	$+$	$2115 \sin 2\eta$	3,32531	
	$+$	$4 \sin 3\eta$	0,602	
	$-$	$8 \sin 4\eta$	0,903	
	$+$	$59 \sin (\eta-r)$	1,7708	VI
	$+$	$352 \sin (2\eta-2r)$	2,5465	
	$-$	$2729 \sin (2\eta-r)$	3,67477	VII
	$-$	$93 \sin (4\eta-2r)$	1,9685	
	$+$	$56 \sin (2\eta+r)$	1,7482	VIII
	$+$	$59 \sin (4\eta-r)$	1,7708	IX
	$-$	$49 \sin (\eta+s)$	1,6902	X
	$-$	$76 \sin (2\eta-s)$	1,8808	XI
	$-$	$57 \sin (2\eta+s)$	1,7559	XII
	$+$	$154 \sin (2\eta-r+s)$	2,1875	XIII

$+$

+	45	$\sin(2\eta-r-s)$	1,6532	XIV
—	411	$\sin(2\Phi-2\pi)$	2,6138	XV
—	205	$\sin(2\theta-2\pi)$	2,3117	XVI
—	6	$\sin(4\theta-4\pi)$	0,778	
+	187	$\sin(2\Phi-2\pi-r)$	2,2718	XVII
+	80	$\sin(2\Phi-2\pi-2r)$	1,9031	XVIII
—	15	$\sin(2\theta-2\pi-r)$	1,176	XIX
—	10	$\sin(2\theta-2\pi+r)$	1,000	XX

§. 314. Inaequalitates has ita diſpoſui, vt eas, quae vna tabula comprehendi poſſunt, coniunctim expoſuerim, quo facilius calculus expediri queat. Hinc igitur patet omiſſis iis inaequalitatibus, quae 10″ non ſuperant, locum lunae per viginti inaequalitates corrigi debere, antequam vera eius longitudo obtineatur.

§. 315. Haec autem expreſſio adhuc iſto defectu laborat, quod pleraeque inaequalitates ipſam lunae longitudinem veram Φ, quae tamen demum quaeritur, inuoluant, ideoque calculus, cum longitudo lunae etiamnunc eſt incognita, commode expediri non poſſit. Quoniam tamen ſufficit longitudinem lunae proxime tantum noſſe, cum longitudo media per quatuor priores inaequalitates fuerit correcta, ea pro ſequentibus inaequalitatibus loco longitudinis verae vſurpari poterit, ſicque tandem longitudo lunae multo exactior reperietur. Quo facto ſi accuratior deſideretur, omnes inaequalitates poſt 4 priores denuo ad calculum reuocari conueniet, iisque euolutis longitudo lunae vera prodibit, quae nulla amplius correctione indigebit. Interim

tamen

tamen ne calculum per ſe ſatis taedioſum bis repetere opus ſit, non difficulter hanc expreſſionem ita transformare licet, vt locus lunae per quatuor tantum priores inaequalitates correctus ſine errore in ſequentibus loco ϕ adhiberi poſſit.

§. 316. Cum autem longitudo lunae iam per obſeruationes fuerit cognita, haec expreſſio ſine vlla immutatione ad calculum accommodabitur, vt hoc modo conſenſus theoriae cum veritate exploretur. In inaequalitatibus enim determinandis pro littera ϕ vbique longitudo lunae obſeruata introducetur, calculoque peracto patebit, quantum locus lunae per calculum definitus etiamnunc diſcrepet ab eius loco vero obſeruato. Atque ſi hoc modo plurimae obſeruationes calculo ſubiiciantur, ex aberrationibus a veritate non ſolum elementa, quibus haec formula innititur, accuratius definire licebit, ſed etiam inaequalitates, quae nondum ſatis certae videntur, inde emendari poterunt. Quin etiam nouae inaequalitates, quas per Theoriam determinare non licuerat, hoc modo forte certius colligi poterunt.

§. 317. Antequam autem huiusmodi calculi ſpecimen exhiberi queat, neceſſe eſt vt aequationem pro loco nodi vero inueniendo ad calculum accommodemus. Formulae autem ſupra (219) exhibitae, ſi pro r ſubſtituamus valorem inuentum $r = p - 2k \sin r - \frac{3}{4} kk \sin 2r$, pars: Conſt. $- 0,004053\,p$ indicabit longitudinem nodi mediam. Hincque longitudo nodi vera erit

$\pi =$

			Log coeff.
π = Long. med.	$-$	$107'' \sin r$	2, 0294
	$-$	$6 \sin 2r$	0, 778
	$+$	$551 \sin s$	2, 7411
	$-$	$453 \sin 2\eta$	2, 6561
	$-$	$129 \sin (2\eta - r)$	2, 1106
	$-$	$33 \sin (2\eta + r)$	1, 518
	$+$	$55 \sin (2\eta - 2r)$	1, 740
	$+$	$420 \sin (2\Phi - 2\pi)$	2, 6232
	$+$	$98 \sin (2\Phi - 2\pi - r)$	1, 991
	$+$	$30 \sin (2\Phi - 2\pi + r)$	1, 477
	$+$	$235 \sin (2\Phi - 2\pi - 2r)$	2, 3711
	$+$	$5426 \sin (2\theta - 2\pi)$	3, 73448
	$+$	$75 \sin (4\theta - 4\pi)$	1, 875
	$-$	$53 \sin (2\theta - 2\pi - r)$	1, 724
	$+$	$53 \sin (2\theta - 2\pi + r)$	1, 724
	$-$	$90 \sin (2\theta - 2\pi - s)$	1, 954
	$-$	$32 \sin (2\theta - 2\pi + s)$	1, 505

§. 318. In hoc calculo plerasque inaequalitates omittere licet, ſiquidem tantum longitudinem lunae inveſtigare ſit propoſitum: manifeſtum enim eſt, etiamſi in loco nodi error plurium minutorum primorum committatur, inde vix errorem aliquot minutorum ſecundorum in longitudinem lunae redundare. Quodſi vero eclipſis cuiuspiam omnia phaenomena diligenter definire velimus, tum locum nodi exactiſſime cognitum eſſe oportet. Praeterea vero pro latitudine aſſignanda vera inclinatio orbitae lunaris ad eclipticam ex media ϵ accuratiſſime erit definienda ope huius formulae:

$\varrho = \epsilon$

		Log coeff.
$\varrho = \epsilon$	$- 2'' \cos r$	0, 30
	$- 48 \cos 2\eta$	1, 681
	$+ 11 \cos(2\eta - r)$	1, 041
	$+ 3 \cos(2\eta + r)$	0, 48
	$+ 36 \cos(2\Phi - 2\pi)$	1, 556
	$+ 9 \cos(2\Phi - 2\pi - r)$	0, 95
	$+ 3 \cos(2\Phi - 2\pi + r)$	0, 48
	$+ 23 \cos(2\Phi - 2\pi - 2r)$	1, 362
	$+ 484 \cos(2\theta - 2\pi)$	2, 6848
	$+ 9 \cos(4\theta - 4\pi)$	0, 95
	$- 5 \cos(2\theta - 2\pi - r)$	0, 70
	$+ 5 \cos(2\theta - 2\pi - + r)$	0, 70
	$- 7 \cos(2\theta - 2\pi - s)$	0, 84
	$- 3 \cos(2\theta - 2\pi + s)$	0, 48

Tabula autem pro diſtantia lunae a terra, vnde eius parallaxis et diameter apparens definiatur, ex formulis ſupra exhibitis facile conſtruetur.

ADDI-

ADDITAMENTUM
CONTINENS ALIAS METHODOS
INUESTIGANDI MOTUS LUNAE
INAEQUALITATES.

Qui methodum ante deſcriptam accuratius euoluerit, eam quidem in ſe ſpectatam ſatis bonam atque plerisque lunae inaequalitatibus definiendis aptam deprehendet; interim tamen fateri cogor, eam non ſolum maxime eſſe operoſam, ſed etiam ita comparatam, vt plures inaequalitates, quae tamen motum lunae imprimis afficere videntur, non ſatis exacte exhibeat, et quaſi in dubio relinquat. Cauſa huius incertitudinis manifeſto in hoc eſt ſita, quod omnes inaequalitates ita inter ſe ſunt connexae, vt nullius valor verus accurate definiri poſſit, quin ſimul reliquae inaequalitates omnes fuerint cognitae. Cum igitur eiusmodi methodo approximandi ſim vſus, vt primo quasdam inaequalitates tanquam cognitas aſſumſerim, ex quibus deinceps reliquas definiuerim, probe notandum eſt ab his inuentis iterum priores, quae erant aſſumtae, leuem quandam mutationem pati; quae ſi ſtatim ab initio nota fuiſſet, etiam reliquarum valores aliquantillum mutati prodiiſſent: at quaedam inaequalitates adeo ſunt lubricae, vt facta vel minima mutatione in iis, a quibus pendent, inde non exiguam alterationem trahant. Huc imprimis pertinet motus apogei, cuius inueſtigatio omnes omnino inaequalitates implicat, ita vt ſine harum cognitione neutiquam accurate definiri queat.

Cum igitur haec methodus iſtis tantis incommodis ſit obnoxia, aliam maxime diuerſam tentaui viam, quae ab iis eſſet libera, etiamſi negare nequeam, etiam hanc ſuis non carere incommodis, quae tamen prorſus alius ſunt generis. Ex quo confido his duabus diuerſis methodis combinandis haud exiguum fructum in veram motuum lunarium cognitionem eſſe redundaturum. Praecipuum autem diſcrimen verſatur in electione anomaliae, quae in ſuperiore methodo non ita eſt aſſumta, vt diſtantia lunae a terra fieret vel maxima vel minima, ſi anomalia vel $= 0$ vel $= 180°$ ſtatuatur: neque enim differentiale diſtantiae dx euaneſcit, quando ſinus anomaliae in nihilum abit, ſed praeterea etiamnunc ab elongatione ſolis a luna ſeu angulo η pendet. Ita ſecundum hanc methodum neque apogaeum lunae neque perigaeum ibi ſtatuitur, ubi angulus, quem motus lunae directio cum radio vectore facit, eſt rectus; ſed plerumque in alia puncta incidunt, quae ab iis locis, vbi luna terrae vel eſt proxima, vel ab ea maxime remota, notabiliter ſint diuerſa. Etſi autem in hoc calculo non verae lineae abſidum poſitio conſideratur, hinc tamen methodus minime vitioſa eſt reputanda; propterea quod non eſt quaeſtio, quo nomine quaepiam orbitae lunaris puncta appellentur, dummodo cunctae inaequalitates recte exprimantur. Sed quoniam circa has ipſas inaequalitates nonnulla grauiora dubia ſunt orta, haud abs re fore arbitror, et alteram methodum hic proponere.

I. Sit

I.

Sit igitur vt ante: Maſſa ſolis $=\odot$; terrae $=♁$ et lunae $=☽$; atque vis attractiua terrae in diſtantia d vt $\frac{1}{dd}-\frac{1}{bb}$; manente vi ſolis quadrato diſtantiae exacte proportionali. Tum vero ſit

Longitudo lunae $=\varphi$; latitudo $=\psi$; et diſtantia curtata $=x$

Longitudo ſolis $=\theta$; eiusque a terra diſtantia $=y$

Longitudo nodi aſcendentis lunae $=\pi$ et inclinatio ad eclipticam $=\varrho$

ac ponatur breuitatis ergo elongatio lunae a ſole $\varphi-\theta=\eta$ et diſtantia $\sqrt{}(xx \text{ ſec. } \psi^2 - 2xy \text{ coſ } \eta + yy) = z$.

Quibus poſitis ſupra §. 20. vidimus motum lunae his quatuor aequationibus contineri:

$$\text{I.}\quad 2dxd\varphi + xdd\varphi = -\tfrac{1}{2}dt^2.\odot\left(\frac{y}{z^3}-\frac{1}{yy}\right)\text{ ſin }\eta$$

$$\text{II.}\quad ddx - xd\varphi^2 = -\tfrac{1}{2}dt^2\,(♁+☽)\text{ coſ }\psi^3\left(\frac{1}{xx}-\frac{1}{bb}\right)$$

$$-\tfrac{1}{2}dt^2.\odot\left(\frac{x-y\text{ coſ }\eta}{z^3}+\frac{\text{coſ }\eta}{yy}\right)$$

$$\text{III.}\quad d\pi = -\tfrac{1}{2}dt^2.\odot\left(\frac{y}{z^3}-\frac{1}{yy}\right)\frac{\text{ſin }(\varphi-\pi)\text{ ſin }(\theta-\pi)}{xd\varphi}$$

$$\text{IV.}\quad dl\text{tang}\,\varrho = \frac{d\pi}{\text{tang }(\varphi-\pi)},\ \text{et tang }\psi = \text{tg }\varrho\text{ coſ}(\varphi-\pi)$$

vbi elementum temporis dt ſumtum eſt pro conſtante.

II.

Quatenus hic motus ſolis ingreditur, is pro regulari atque regulis Kepleri conformi haberi poterit: habebimus ergo

$$2 dy d\theta + y dd\theta = o \quad \text{et} \quad ddy - y d\theta^2 = -\tfrac{1}{2} dt^2 . \frac{\odot + \text{♁}}{yy}$$

vnde ſi ponamus orbitae ſolaris:

ſemiparametrum $= c$; excentricitatem $= e$ et anomaliam veram $= u$

erit $y = \frac{c}{1 - e \operatorname{cof} u}$; $du = d\theta = \frac{dt}{yy} \sqrt{\tfrac{1}{2} c (\odot + \text{♁})}$

Sit a ſemiaxis tranſuerſus orbitae ſolis, ac tempore $= t$ ſol motu medio abſoluat angulum $= \omega$, quo pro menſura temporis t vtamur: erit ergo $d\omega = \frac{dt}{aa} \sqrt{\tfrac{1}{2} a (\odot + \text{♁})}$

ideoque $\tfrac{1}{2} dt^2 = \frac{a^3 d\omega^2}{\odot + \text{♁}}$. At eſt $a = \frac{c}{1 - ee}$. Hinc ergo fit

$$du = d\theta = \frac{a d\omega}{yy} \sqrt{ac} = \frac{aa d\omega}{yy} \sqrt{(1 - ee)} = \frac{d\omega (1 - e \operatorname{cof} u)^2}{(1 - ee) \sqrt{(1 - ee)}}$$

ſicque tam du quam $d\theta$ per elementum $d\omega$ loco temporis introductum expreſſimus. Quia autem maſſa ſolis $\odot$ maſſam terrae ♁ tam enormiter excedit, ſine errore pro $\tfrac{1}{2} dt^2$ ſcribi poterit $\frac{a^3 d\omega^2}{\odot}$, eruntque noſtrae aequationes pro luna:

$$\text{I.} \quad 2 dx d\Phi + x dd\Phi = - a^3 d\omega^2 \left(\frac{y}{z^3} - \frac{1}{yy} \right) \operatorname{fin} \eta$$

$$\text{II.} \quad ddx - x d\Phi^2 = - \frac{a^3 (\text{♁} + ☽) d\omega}{\odot} \operatorname{cof} \psi^3 \left(\frac{1}{xx} - \frac{1}{bb} \right)$$

$$- a^3 d\omega^2 \left(\frac{x - y \operatorname{cof} \eta}{z^3} + \frac{\operatorname{cof} \eta}{yy} \right)$$

III. $d\pi$

III. $d\pi = -\frac{a^3 d\omega^2}{x d\Phi}\left(\frac{y}{z^3} - \frac{1}{yy}\right)$ ſin $(\Phi-\pi)$ ſin $(\theta-\pi)$

IV. $d.l\,\text{tang}\,\varrho = \frac{d\pi}{\text{tg}\,(\Phi-\pi)}$; atque ob $\text{tg}\,\psi = \text{tg}\,\varrho\,\text{cſ}(\Phi-\pi)$, habebitur proxime $\text{coſ}\,\psi^3 = 1 - \frac{3}{4}\,\text{tg}\,\varrho^2 - \frac{3}{4}\,\text{tg}\,\varrho^2\,\text{cſ}\,2(\Phi-\pi)$.

III.

Incipiamus a duabus aequationibus prioribus, ac ponamus breuitatis gratia

$$a^3\left(\frac{y}{z^3} - \frac{1}{yy}\right)\text{ſin}\,\eta = \text{M} \quad \text{et}$$

$$\frac{a^3(♄ + ☽)}{☉}\,\text{coſ}\,\psi^3\left(\frac{1}{xx} - \frac{1}{bb}\right) + a^3\left(\frac{x - y\,\text{coſ}\,\eta}{z^3} + \frac{\text{coſ}\,\eta}{yy}\right) = \frac{\text{A}}{xx} + \text{N}$$

quandoquidem haec poſterior expreſſio terminum inuoluit formae $\frac{\text{A}}{xx}$ prae ceteris incomparabiliter maiorem; atque habebimus has duas aequationes:

$$2dxd\Phi + xdd\Phi = -\text{M}d\omega^2 \quad \text{et} \quad ddx - xd\Phi^2 = -\frac{\text{A}d\omega^2}{xx} - \text{N}\,d\omega^2$$

quarum prior per $2x^3 d\Phi$ multiplicata ob $d\omega$ conſtans habebit integrale:

$$x^4\,d\Phi^2 = -2d\omega^2 \int \text{M}x^3\,d\Phi$$

Tum prior multiplicata per $2xd\Phi$ addatur ad poſteriorem per $2dx$ multiplicatam, eritque, aggregatum:

$$2xdxd\Phi^2 + 2xxd\Phi dd\Phi + 2dxddx = -2\text{M}xd\omega^2 d\Phi - \frac{2\text{A}d\omega^2 dx}{xx} - 2\text{N}d\omega^2 dx$$

Cuius integrale erit:

$$dx^2 + xxd\Phi^2 = +\frac{2\text{A}d\omega^2}{x} - 2d\omega^2 \int(\text{M}xd\Phi + \text{N}dx)$$

IV.

Ponantur formulae integrales, quae in his expressionibus insunt:

$$-\int M x^3 d\phi = P \quad \text{et} \quad -\int (M x d\phi + N dx) = Q$$

vt habeamus has duas aequationes:

$$x^4 d\phi^2 = 2 P d\omega^2 \quad \text{et} \quad dx^2 + xx d\phi^2 = \frac{2 A d\omega^2}{x} + 2 Q d\omega^2$$

vnde cum sit $xx d\phi^2 = \frac{2 P d\omega^2}{xx}$ erit

$$dx^2 = 2 d\omega^2 \left(Q + \frac{A}{x} - \frac{P}{xx}\right) \quad \text{et} \quad dx = \mp d\omega \sqrt{2}\left(Q + \frac{A}{x} - \frac{P}{xx}\right)$$

sicque differentiale dx per $d\omega$ exprimitur. Deinde vero habetur

$$d\phi = \frac{d\omega}{xx} \sqrt{2 P}$$

estque per hypothesin:

$$dP = -M x d\omega \sqrt{2P} \quad \text{et} \quad dQ = -\frac{M d\omega}{x}\sqrt{2P} \mp N d\omega \sqrt{2}\left(Q + \frac{A}{x} - \frac{P}{xx}\right)$$

vbi quidem signorum ambiguorum inferius locum habere statuamus, quia motum ab apogeo numerare in animo est, ita vt hinc exeundo distantia x minuatur.

V.

Cum igitur differentiale dx in apogeo et perigeo euanescat, necesse est vt his locis formula irrationalis $\sqrt{\left(Q + \frac{A}{x} - \frac{P}{xx}\right)}$ in nihilum abeat, in reliquis autem locis valorem sortiatur realem. Commodissime ergo haec formula per sinum cuiuspiam anguli v exhibebitur, qui cum in apogeo euanescat, in perigeo autem duobus re-

ctis

ctis aequalis fiat, anomaliam lunae referet: idque ſenſu vero, ita vt diſtantia x in apogeo prodeat maxima, in perigeo vero minima. Sit igitur vt formam motus regularis ſequamur:

ſemilatus rectum orbitae lunaris $= p$
excentricitas orbitae $= q$
et anomalia vera lunae $= v$

eritque hinc per eandem legem diſtantia $x = \frac{p}{1 - q \cos v}$.
Verum hic quantitates p et q, quae in motu regulari eſſent conſtantes, nunc pro variabilibus ſunt habendae, earumque variabilitas per variabilitatem quantitatum P et Q, quae in motu regulari itidem ſunt conſtantes, determinari debebit.

VI.

Subſtituamus ergo valorem aſſumtum $x = \frac{p}{1 - q \cos v}$ in formula irrationali $\sqrt{\left(Q + \frac{A}{x} - \frac{P}{xx}\right)}$, quae abibit in

$$\frac{1}{p} \sqrt{(Qpp + Ap(1 - q \cos v) - P(1 - q \cos v)^2)}$$

et euoluta dabit

$$\frac{1}{p} \sqrt{(Qpp + Ap - P - Apq \cos v + 2Pq \cos v - Pqq \cos v^2)}$$

quae vt reducatur ad formam V ſin v, ſtatuatur

primo $2P - Ap = 0$
tum vero $Qpp + Ap - P = Pqq$

ac noſtra formula fiet $= \frac{1}{p} \sqrt{Pqq \sin v^2} = \frac{q \sin v}{p} \sqrt{P}$,
habebimusque

dx

$$dx = -\frac{q\,d\omega \sin v}{p} \sqrt{2P} \quad \text{et}$$

$$dQ = -\frac{M\,d\omega}{x} \sqrt{2P} + \frac{Nq\,d\omega \sin v}{p} \sqrt{2P}$$

VII.

Cum iam ſit $2P - Ap = 0$; erit $P = \frac{1}{2}Ap$: quo valore in altera formula ſubſtituto orietur:

$$Qpp + \tfrac{1}{2}Ap = \tfrac{1}{2}Apqq \quad \text{ſeu} \quad Q = -\frac{A}{2p}(1-qq)$$

Sumantur nunc differentialia; eritque

$dP = -Mx\,d\omega \sqrt{2P} = \frac{1}{2}A\,dp$, quae ob $2P = Ap$ abit in hanc

$$-Mx\,d\omega \sqrt{Ap} = \tfrac{1}{2}A\,dp, \text{ ſiue } dp = -\frac{2Mx\,d\omega}{A}\sqrt{Ap}$$

vel etiam $\sqrt{Ap} = -\int Mx\,d\omega$

Simili modo erit

$$dQ = +\frac{A\,dp(1-qq)}{2pp} + \frac{Aq\,dq}{p} = -\frac{Mx\,d\omega(1-qq)}{pp}\sqrt{Ap} + \frac{Aq\,dq}{p}$$

ideoque

$$\frac{Aq\,dq}{p} = M\,d\omega\left(\frac{x(1-qq)}{pp} - \frac{1}{x}\right)\sqrt{Ap} + \frac{Nq\,d\omega \sin v}{p}\sqrt{Ap}$$

At eſt $\frac{x(1-qq)}{pp} - \frac{1}{x} = \frac{x}{pp}\left(1 - qq - \frac{pp}{xx}\right) = \frac{x}{pp}(1 \cdot qq \cdot 1 + 2q\cos v - qq\cos v^2)$

ſiue $\quad \frac{x(1-qq)}{pp} - \frac{1}{x} = \frac{qx}{pp}(2\cos v - q - q\cos v^2)$

Hinc ergo colligitur:

$$dq = \frac{Mx\,d\omega}{Ap}(2\cos v - q - q\cos v^2)\sqrt{Ap} + \frac{N\,d\omega \sin v}{A}\sqrt{Ap} \text{ ſiue}$$

$$dq = d\omega\left(\frac{M}{A}\left(2\cos v - \frac{q\sin v^2}{1-q\cos v}\right) + \frac{N}{A}\sin v\right)\sqrt{Ap}$$

VIII.

VIII.

Inuenta iam relatione differentialium dx, dp et dq ad differentiale temporis $d\omega$ ſcilicet:

$$dx = -\frac{q\,d\omega \sin v}{q} \surd Ap; \quad dp = -\frac{2Mx\,d\omega}{A} \surd Ap$$

$$\text{et } dq = d\omega\left(\frac{M}{A}\left(2\cos v - \frac{q \sin v^2}{1-q\cos v}\right) + \frac{N}{A}\sin v\right)\surd Ap$$

ſupereſt, vt quoque relationem elementi anomaliae dv definiamus. Cum igitur ſit

$x = \frac{p}{1-q\cos v}$, erit $1 - q\cos v = \frac{p}{x}$; hincque differentiando

$$q\,dv \sin v = dq \cos v + \frac{dp}{x} - \frac{p\,dx}{xx};$$

ſubſtituantur valores pro dq, dp et dx inuenti; ac diuiſione facta per $q \sin v$ prodibit

$$dv = \frac{d\omega}{xx}\surd Ap - \frac{d\omega}{q}\left(\frac{M}{A}\left(2\sin v + \frac{q\sin v\cos v}{1-q\cos v}\right) - \frac{N}{A}\cos v\right)\surd Ap$$

Pro elemento autem longitudinis $d\Phi$ ob $2P = Ap$, ex antecedentibus habemus:

$$d\Phi = \frac{d\omega}{xx}\surd Ap = \frac{d\omega(1-q\cos v)^2}{pp}\surd Ap$$

IX.

Ex his formulis ſtatim ſe offert motus apogei; cum enim longitudo apogei ſit $= \Phi - v$, erit eius differentiale pro tempuſculo $d\omega$:

$$d\Phi - dv = \frac{d\omega}{q}\left(\frac{M}{A}\left(2\sin v + \frac{q\sin v\cos v}{1-q\cos v}\right) - \frac{N}{A}\cos v\right)\surd Ap$$

cuius ergo integrale praebebit verum motum apogei cum omnibus inaequalitatibus, quibus perturbatur. Vnde

 qui-

quidem perſpicitur , quod per ſe eſt manifeſtum , ſi quantitates M et N euaneſcerent, motum apogei fore nullum, ſeu apogeum perpetuo in loco fixo eſſe permanſurum. Deinde etiam iuuabit notaſſe has formulas:

$$d. \; q\cos v = -q\,d\Phi\sin v + \frac{2M}{A}\,d\omega\,V\,Ap$$

$$d. \; q\sin v = +q\,d\Phi\cos v + d\omega\Big(\frac{N}{A}-\frac{M}{A}\cdot\frac{q\sin v}{1-q\cos v}\Big)V\,Ap$$

Tandem quoque habemus ex motu ſolis $d\,u = d\,\theta = \frac{d\omega\,(1-e\cos u)^2}{(1-ee)\,V(1-ee)}$ ideoque

$$d\eta = d\Phi - d\theta = d\omega\Big(\frac{(1-q\cos v)}{pp}\,V\,Ap-\frac{(1-e\cos u)^2}{(1-ee)V(1-ee)}\Big)$$

X.

Inuentis nunc omnium differentialium relationibus ad elementum temporis $d\omega$, euoluamus valores litterarum M et N, ac primo quidem cum ſit $z = V(yy-2xy\cos\eta + xx\,\sec.\psi^2)$; quoniam quantitas z nonniſi in terminis minimis occurrit, pro ſec. ψ tuto unitas ſcribi poterit, et quia y tantopere excedit x, erit proxime

$$\frac{1}{z^3} = \frac{1}{y^3} + \frac{3x}{y^4}\cos\eta + \frac{3xx}{2\,y^5}(5\cos\eta^2-1) \quad \text{ſiue}$$

$$\frac{1}{z^3} = \frac{1}{y^3} + \frac{3x}{y^4}\cos\eta + \frac{3xx}{4\,y^5}(3+5\cos2\eta)$$

Ideoque hinc habebitur :

$$\frac{y}{z^3} - \frac{1}{yy} = \frac{3x}{y^3}\cos\eta + \frac{3xx}{4\,y^4}(3+5\cos2\eta)$$

Vnde

Vnde obtinemus:

$$M = a^3\left(\frac{3x}{2y^3}\sin 2\eta + \frac{3xx}{8y^4}(\sin\eta + 5\sin 3\eta)\right)$$

$$N = \frac{a^3(♁ + ☽)}{☉}\cos\psi^3\left(\frac{1}{xx} - \frac{1}{bb}\right) - \frac{A}{xx}$$

$$- a^3\left(\frac{x}{2y^3}(1 + 3\cos 2\eta) + \frac{3xx}{8y^4}(3\cos\eta + 5\cos 3\eta)\right)$$

XI.

Cum sit proxime $\cos\psi^3 = 1 - \frac{3}{4}\tang\rho^2 - \frac{3}{4}\tang\rho^2\cos 2(\Phi - \pi)$, eius valor vnitate erit minor, atque ex parte constante, et parte variabili constabit, quae illa multo erit minor. Ponatur ergo

$\cos\psi^3 = \lambda + \Pi$; vt sit $\Pi = 1 - \lambda - \frac{3}{4}\tang\rho^2 - \frac{3}{4}\tang\rho^2\cos 2(\Phi - \pi)$

vbi λ denotat partem constantem vnitate proxime aequalem, Π vero partem variabilem.

Erit ergo:

$$N = \frac{\lambda a^3(♁ + ☽)}{☉}\left(\frac{1}{xx} - \frac{1}{bb}\right) - \frac{A}{xx} + \frac{a^3(♁ + ☽)}{☉}\Pi\left(\frac{1}{xx} - \frac{1}{bb}\right)$$

$$- a^3\left(\frac{x}{2y^3}(1 + 3\cos 2\eta) + \frac{3xx}{8y^4}(3\cos\eta + 5\cos 3\eta)\right)$$

Statuatur nunc $A = \frac{\lambda a^3(♁ + ☽)}{☉}$; vt fiat

$$N = -\frac{A}{bb} + A\Pi\left(\frac{1}{xx} - \frac{1}{bb}\right)$$

$$- a^3\left(\frac{x}{2y^3}(1 + 3\cos 2\eta) + \frac{3xx}{8y^4}(3\cos\eta + 5\cos 3\eta)\right)$$

ac

ac ponatur breuitatis gratia: $p = b(1+\xi)$

erit $\frac{\sqrt{Ap}}{pp} = \sqrt{\frac{A}{b^3(1+\xi)^3}} = (1-\frac{3}{2}\xi+\frac{15}{8}\xi^2)\sqrt{\frac{A}{b^3}}$

ob ξ prae 1 vehementer paruum, ſitque porro:

$$\sqrt{\frac{A}{b^3}} = \sqrt{\frac{\lambda a^3(♁+☽)}{☉}} = m,$$

atque habebitur $d\Phi = md\omega\,(1-\frac{3}{2}\xi+\frac{15}{8}\xi^2)\,(1-q\cos v)^2$

XII.

Subſtituantur nunc pro x et y valores $\frac{p}{1-q\cos v}$ et $\frac{c}{1-e\cos u}$, eritque

$$M = a^3\left(\frac{3p(1-e\cos u)^3}{2c^3(1-q\cos v)}\sin 2\eta + \frac{3pp(1-e\cos u)^4}{8c^4(1-q\cos v)^2}(\sin\eta+5\sin 3\eta)\right)$$

$$N = -\frac{A}{bb} + A\Pi\left(\frac{(1-q\cos v)^2}{pp} - \frac{1}{bb}\right)$$

$$-a^3\left(\frac{p(1-e\cos u)^3}{2c^3(1-q\cos v)}(1+3\cos 2\eta) + \frac{3pp(1-e\cos u)^4}{8c^4(1-q\cos v)^2}(3\cos\eta+5\cos 3\eta)\right)$$

vbi quidem quoque terminus $\frac{A\Pi}{bb}$ prae termino $\frac{A}{bb}$ omitti poteſt. Nunc vt hinc valores $\frac{M}{A}\sqrt{Ap}$ et $\frac{N}{A}\sqrt{Ap}$ commode exprimantur, erit

$$\frac{a^3 b}{Ac^3}\sqrt{Ab} = \frac{a^3}{mc^3} = \frac{1}{m(1-ee)^3} = \frac{1+3ee}{m}$$

quoniam in his terminis minimis pro $1-ee$ ſcribere licet 1. Tum vero ſit $\frac{b}{c} = n$, eritque n fractio valde parua.

XIII.

XIII.

Factis ergo his ſubſtitutionibus, ob $p = b\,(1+\xi)$ habebimus:

$$\frac{M}{A}VAp = \frac{3\,(1+3ee)}{2m}\,\frac{(1-e\,\text{coſ}\,u)^3}{1-q\,\text{coſ}\,v}\,(1+\tfrac{3}{2}\xi)\ \text{ſin}\ 2\eta$$
$$+\frac{3n}{8m}\,\frac{(1-e\,\text{coſ}\,u)^4}{(1-q\,\text{coſ}\,v)^2}\,(1+\tfrac{5}{2}\xi)\,(\text{ſin}\,\eta+5\,\text{ſin}\,3\eta)$$

Pro altera valore $\frac{N}{A}VAp$ ſtatuatur terminus minimus:

$$\frac{VAb}{bb} = V\,\frac{\lambda a^3 b\,(\text{♁}+\text{☽})}{\odot b^4} = i\ ;\ \text{eritque}$$

$$\frac{N}{A}VAp = -\frac{(1+3ee)}{2m}\,\frac{(1-e\,\text{coſ}\,u)^3}{1-q\,\text{coſ}\,v}\,(1+\tfrac{3}{2}\xi)\,(1+3\,\text{coſ}\,2\eta)$$
$$-\frac{3n}{8m}\,\frac{(1-e\,\text{coſ}\,u)^4}{(1-q\,\text{coſ}\,v)^2}\,(1+\tfrac{5}{2}\xi)\,(3\,\text{coſ}\,\eta+5\,\text{coſ}\,3\eta)$$
$$+\,m\,(1-q\,\text{coſ}\,v)^2\,(1-\tfrac{3}{2}\xi)\,\Pi - i$$

vbi notari oportet, terminos per n multiplicatos ratione praecedentium eſſe minimos; tum vero quantitates ξ et Π atque multo magis i eſſe fractiones prae vnitate fere euaneſcentes.

XIV.

Quoniam hi ipſi termini quantitates M et N inuoluentes ſunt valde parui, in iis ſine errore altiores poteſtates vtriusque excentricitatis q et e negligi posſunt. In terminis ergo primis ſimpliciter per m diuiſis excentricitates tantum ad duas dimenſiones intro-

 ducan-

ducantur, in terminis autem per $\frac{n}{m}$ multiplicatis penitus omittantur, quia fractio n iam fere quadrato excentricitatis q aequiualet. In termino autem littera minima Π affecto, quia is per numerum m satis magnum, vtpote 13 fere, est multiplicatus, excentricitas q vnius dimensionis retineatur.

His obseruatis habebimus:

$$\frac{M}{A}VAp = \begin{cases} + \frac{3}{2m}(1 + \frac{9}{2}ee + \frac{1}{2}qq)\,\text{sin}\,2\eta + \frac{3q}{4m}\,\text{sin}\,(2\eta - v) \\ + \frac{3q}{4m}\,\text{sin}\,(2\eta + v) - \frac{9e}{4m}\,\text{sin}\,(2\eta - u) - \frac{9e}{4m}\,\text{sin}\,(2\eta + u) \\ + \frac{3qq}{8m}\,\text{sin}\,(2\eta - 2v) + \frac{3qq}{8m}\,\text{sin}\,(2\eta + 2v) \\ + \frac{9ee}{8m}\,\text{sin}\,(2\eta - 2u) + \frac{9ee}{8m}\,\text{sin}\,(2\eta + 2u) \\ - \frac{9eq}{8m}\,\text{sin}\,(2\eta - v + u) - \frac{9eq}{8m}\,\text{sin}\,(2\eta + v - u) \\ - \frac{9eq}{8m}\,\text{sin}\,(2\eta - v - u) - \frac{9eq}{8m}\,\text{sin}\,(2\eta + v + u) \\ + \frac{9}{4m}\xi\,\text{sin}\,2\eta + \frac{9}{8m}q\xi\,\text{sin}\,(2\eta - v) + \frac{9}{8m}q\xi\,\text{sin}\,(2\eta + v) \\ - \frac{27}{8m}e\xi\,\text{sin}\,(2\eta - u) - \frac{27}{8m}e\xi\,\text{sin}\,(2\eta + u) \\ + \frac{3n}{8m}\,\text{sin}\,\eta + \frac{15n}{8m}\,\text{sin}\,3\eta \end{cases}$$

$\frac{N}{A}VAp =$

$$\frac{N}{A}\sqrt{Ap}=\left\{\begin{array}{l}
-\frac{1}{2m}(1+\frac{9}{2}ee+\frac{1}{2}qq)-\frac{3}{2m}(1+\frac{9}{2}ee+\frac{1}{2}qq)\cos 2\eta \\
-\frac{q}{2m}\cos v+\frac{3e}{2m}\cos u \\
-\frac{3q}{4m}\cos(2\eta-v)-\frac{3q}{4m}\cos(2\eta+v) \\
+\frac{9e}{4m}\cos(2\eta-u)+\frac{9e}{4m}\cos(2\eta+u) \\
-\frac{qq}{4m}\cos 2v+\frac{3eq}{4m}\cos(v-u)+\frac{3eq}{4m}\cos(v+u) \\
-\frac{3ee}{4m}\cos 2u \\
-\frac{3qq}{8m}\cos(2\eta-2v)-\frac{3qq}{8m}\cos(2\eta+2v) \\
-\frac{9ee}{8m}\cos(2\eta-2u)-\frac{9ee}{8m}\cos(2\eta+2u) \\
+\frac{9eq}{8m}\cos(2\eta-v+u)+\frac{9eq}{8m}\cos(2\eta+v-u) \\
+\frac{9eq}{8m}\cos 2\eta-v-u)+\frac{9eq}{8m}\cos(2\eta+v+u) \\
-\frac{3}{4m}\xi-\frac{9}{4m}\xi\cos 2\eta-\frac{3q}{8m}\xi\cos v \\
-\frac{9q}{8m}\xi\cos(2\eta-v)-\frac{9q}{8m}\xi\cos(2\eta+v) \\
+\frac{9e}{4m}\xi\cos u+\frac{27e}{8m}\xi\cos(2\eta-u) \\
+\frac{27e}{8m}\xi\cos(2\eta+u)-\frac{9n}{8m}\cos\eta-\frac{15n}{8m}\cos 3\eta \\
+m\Pi-2mq\Pi\cos v-\frac{3}{2}m\xi\Pi-t
\end{array}\right.$$

XV.

XV.

Quaeramus igitur valores euolutos nostrorum differentialium ad elementum temporis applicatorum: ac primo quidem habebimus:

$$\frac{d\Phi}{d\omega} = m(1+\tfrac{1}{2}qq) - 2mq\cos v + \tfrac{1}{2}mqq\cos 2v - \tfrac{3}{2}m(1+\tfrac{1}{2}qq)\xi$$
$$+ 3mq\xi\cos v - \tfrac{3}{4}mqq\xi\cos 2v + \tfrac{15}{8}m\xi\xi$$

$\frac{du}{d\omega} = \frac{d\theta}{d\omega} = 1 + 2ee - 2e\cos u + \tfrac{1}{2}ee\cos 2u$; vnde concludimus

$$\frac{d\eta}{d\omega} = m(1+\tfrac{1}{2}qq) - 1 - 2ee - 2mq\cos v + 2e\cos u + \tfrac{1}{2}mqq\cos 2v$$
$$- \tfrac{1}{2}ee\cos 2u - \tfrac{3}{2}m(1+\tfrac{1}{2}qq)\xi + 3mq\xi\cos v$$
$$- \tfrac{3}{4}mqq\xi\cos 2v + \tfrac{15}{8}m\xi\xi$$

Deinde cum sit $\frac{dp}{d\omega} = -2x.\frac{M}{A}\sqrt{Ap} = -\frac{2b(1+\xi)}{1-q\cos v}.\frac{M}{A}\sqrt{Ap}$,

ob $p = b(1+\xi)$ erit $\frac{d\xi}{d\omega} =$

$$\left(-2(1+\tfrac{1}{2}qq) - 2q\cos v - qq\cos 2v - 2\xi - 2q\xi\cos v\right)\frac{M}{A}\sqrt{Ap}$$

ac valorem pro $\frac{M}{A}\sqrt{Ap}$ inuentum substituendo obtinebimus sequentes formulas:

$\frac{d\xi}{d\omega} =$

$$\frac{d\xi}{d\omega} = \left\{\begin{array}{l}
-\frac{3}{m}(1+\frac{9}{2}ee+\frac{3}{2}qq)\sin 2\eta - \frac{3q}{m}\sin(2\eta-v) - \frac{3q}{m}\sin(2\eta+v) \\
+\frac{9e}{2m}\sin(2\eta-u) + \frac{9e}{2m}\sin(2\eta+u) \\
-\frac{9qq}{4m}\sin(2\eta-2v) - \frac{9qq}{4m}\sin(2\eta+2v) \\
-\frac{9ee}{4m}\sin(2\eta-2u) - \frac{9ee}{4m}\sin(2\eta+2u) \\
+\frac{9eq}{2m}\sin(2\eta-v+u) + \frac{9eq}{2m}\sin(2\eta+v-u) \\
+\frac{9eq}{2m}\sin(2\eta-v-u) + \frac{9eq}{2m}\sin(2\eta+v+u) \\
-\frac{15}{2m}\xi\sin 2\eta - \frac{15q}{2m}\xi\sin(2\eta-v) - \frac{15q}{2m}\xi\sin(2\eta+v) \\
+\frac{45e}{4m}\xi\sin(2\eta-u) + \frac{45e}{4m}\xi\sin(2\eta+u) \\
-\frac{3n}{4m}\sin\eta - \frac{15n}{4m}\sin 3\eta
\end{array}\right.$$

XVI.

Porro cum sit $\frac{q\sin v^2}{1-q\cos v} = \frac{q-q\cos 2v}{2(1-q\cos v)} =$ $\frac{1}{2}q-\frac{1}{2}q\cos 2v + \frac{1}{4}qq\cos v - \frac{1}{4}qq\cos 3v$; erit

$$\frac{dq}{d\omega} = (2\cos v - \frac{1}{2}q + \frac{1}{2}q\cos 2v - \frac{1}{4}qq\cos v + \frac{1}{4}qq\cos 3v)\frac{M}{A}\sqrt{Ap} + \sin v . \frac{N}{A}\sqrt{Ap}$$

Facta ergo substitutione valorum pro $\frac{M}{A}\sqrt{Ap}$ et $\frac{N}{A}\sqrt{Ap}$ inuentorum, habebitur:

Oo $\qquad \frac{dq}{d\omega} =$

$$\frac{dq}{d\omega} = \left\{ \begin{aligned} & + \frac{9}{4m}\left(1 + \tfrac{9}{2}ee + \tfrac{5}{12}qq\right) \sin(2\eta - v) + \frac{3}{4m}\left(1 + \tfrac{9}{2}ee + \tfrac{3}{4}qq\right) \\ & \sin(2\eta + v) - \frac{1}{2m}\left(1 + \tfrac{9}{2}ee + \tfrac{1}{4}qq\right) \sin v \\ & + \frac{3q}{4m} \sin 2\eta + \frac{3q}{2m} \sin(2\eta - 2v) + \frac{3q}{4m} \sin(2\eta + 2v) - \frac{q}{4m} \sin 2v \\ & - \frac{27e}{8m} \sin(2\eta - v - u) - \frac{27e}{8m} \sin(2\eta - v + u) - \frac{9e}{8m} \sin(2\eta + v - u) \\ & - \frac{9e}{8m} \sin(2\eta + v + u) + \frac{3e}{4m} \sin(v - u) + \frac{3e}{4m} \sin(v + u) \\ & + \frac{15qq}{16m} \sin(2\eta - 3v) + \frac{9qq}{16m} \sin(2\eta + 3v) - \frac{qq}{8m} \sin 3v \\ & - \frac{9eq}{8m} \sin(2\eta - u) - \frac{9eq}{8m} \sin(2\eta + u) - \frac{9eq}{4m} \sin(2\eta - 2v + u) \\ & - \frac{9eq}{4m} \sin(2\eta - 2v - u) - \frac{9eq}{8m} \sin(2\eta + 2v - u) - \frac{9eq}{8m} \sin(2\eta + 2v + u) \\ & + \frac{27ee}{16m} \sin(2\eta - v - 2u) + \frac{27ee}{16m} \sin(2\eta - v + 2u) \\ & + \frac{9ee}{16m} \sin(2\eta + v - 2u) + \frac{9ee}{16m} \sin(2\eta + v + 2u) \\ & + \frac{3eq}{8m} \sin(2v - u) + \frac{3eq}{8m} \sin(2v + u) \\ & - \frac{3ee}{8m} \sin(v - 2u) - \frac{3ee}{8m} \sin(v + 2u) \\ & + \frac{27}{8m}\xi \sin(2\eta - v) + \frac{9}{8m}\xi \sin(2\eta + v) - \frac{3}{4m}\xi \sin v \end{aligned} \right.$$

$$+ \frac{9q}{8m}$$

$$\left|\begin{array}{l} +\frac{9q}{8m}\xi\sin 2\eta+\frac{9q}{4m}\xi\sin(2\eta-2v)+\frac{9q}{8m}\xi\sin(2\eta+2v) \\ -\frac{3q}{8m}\xi\sin 2v+\frac{9e}{8m}\xi\sin(v-u)+\frac{9e}{8m}\xi\sin(v+u) \\ -\frac{81e}{16m}\xi\sin(2\eta-v-u)-\frac{81e}{16m}\xi\sin(2\eta-v+u) \\ -\frac{27e}{16}\xi\sin(2\eta+v-u)-\frac{27e}{16m}\xi\sin(2\eta+v+u) \\ +\frac{15n}{16m}\sin(\eta-v)-\frac{3n}{16m}\sin(\eta+v) \\ +\frac{45n}{16m}\sin(3\eta-v)+\frac{15n}{16m}\sin(3\eta+v) \\ +m\Pi\sin v-mq\Pi\sin 2v-\tfrac{3}{2}m\xi\Pi\sin v-i\sin v \end{array}\right.$$

XVII.

Deinde cum sit $\frac{q\sin v\cos v}{1-q\cos v}=\frac{q\sin 2v}{2(1-q\cos v)}=$ $=\frac{1}{2}q\sin 2v+\frac{1}{4}qq\sin v+\frac{1}{4}qq\sin 3v$; erit pro motu elementari apogei :

$$\frac{q(d\Phi-dv)}{d\omega}=(2\sin v+\tfrac{1}{2}q\sin 2v+\tfrac{1}{4}qq\sin v$$
$$+\tfrac{1}{4}qq\sin 3v)\frac{M}{A}\sqrt{Ap}-\cos v.\frac{N}{A}\sqrt{Ap}$$

ac facta substitutione obtinebitur :

 $\frac{q(d\Phi\ dv)}{d\omega}=$

$$\frac{q(d\Phi-dv)}{d\omega}=\left\{\begin{aligned}
&+\frac{9}{4m}\left(1+\tfrac{9}{2}ee+\tfrac{7}{12}qq\right)\cos(2\eta-v)-\frac{3}{4m}\left(1+\tfrac{9}{2}ee+\tfrac{1}{4}qq\right)\\
&\qquad\cos(2\eta+v)+\frac{1}{2m}\left(1+\tfrac{9}{2}ee+\tfrac{3}{4}qq\right)\cos v\\
&+\frac{3q}{4m}\cos 2\eta+\frac{3q}{2m}\cos(2\eta-2v)-\frac{3q}{4m}\cos(2\eta+2v)\\
&+\frac{q}{4m}\cos 2v+\frac{q}{4m}-\frac{3e}{4m}\cos(v-u)-\frac{3e}{4m}\cos(v+u)\\
&-\frac{27e}{8m}\cos(2\eta-v-u)-\frac{27e}{8m}\cos(2\eta-v+u)\\
&+\frac{9e}{8m}\cos(2\eta+v-u)+\frac{9e}{8m}\cos(2\eta+v+u)\\
&+\frac{15qq}{16m}\cos(2\eta-3v)-\frac{9qq}{16m}\cos(2\eta+3v)+\frac{qq}{8m}\cos 3v\\
&-\frac{9eq}{8m}\cos(2\eta-u)-\frac{9eq}{8m}\cos(2\eta+u)-\frac{3eq}{4m}\cos u\\
&-\frac{3eq}{8m}\cos(2v-u)-\frac{3eq}{8m}\cos(2v+u)\\
&-\frac{9eq}{4m}\cos(2\eta-2v+u)-\frac{9eq}{4m}\cos(2\eta-2v-u)\\
&+\frac{9eq}{8m}\cos(2\eta+2v-u)+\frac{9eq}{8m}\cos(2\eta+2v+u)\\
&+\frac{27ee}{16m}\cos(2\eta-v-2u)+\frac{27ee}{16m}\cos(2\eta-v+2u)\\
&-\frac{9ee}{16m}\cos(2\eta+v-2u)-\frac{9ee}{16m}\cos(2\eta+v+2u)\\
&+\frac{3ee}{8m}\cos(v-2u)+\frac{3ee}{8m}\cos(v+2u)
\end{aligned}\right.$$

$$+\frac{27}{8m}$$

$$\left|\begin{array}{l}
+\frac{27}{8m}\xi\cos(2\eta-v)-\frac{9}{8m}\xi\cos(2\eta+v)+\frac{3}{4m}\xi\cos v \\
+\frac{9q}{8m}\xi\cos 2\eta+\frac{9q}{4m}\xi c(2\eta-2v)-\frac{9q}{8m}\xi c(2\eta+2v) \\
+\frac{3q}{8m}\xi+\frac{3q}{8m}\quad\xi\cos 2v \\
-\frac{81e}{16m}\xi\cos(2\eta-v-u)+\frac{27e}{16m}\xi\cos(2\eta+v-u) \\
-\frac{81e}{16m}\xi\cos(2\eta-v+u)+\frac{27e}{16m}\xi\cos(2\eta+v+u) \\
-\frac{9e}{8m}\xi\cos(v-u)-\frac{9e}{8m}\xi\cos(v+u) \\
+\frac{15n}{16m}\cos(\eta-v)+\frac{3n}{16m}\cos(\eta+v) \\
+\frac{45n}{16m}\cos(3\eta-v)-\frac{15n}{16m}\cos(3\eta+v) \\
-m\Pi\cos v+mq\Pi+mq\Pi\cos 2v+\frac{3}{2}m\xi\Pi\cos v+i\,c v
\end{array}\right.$$

XVIII.

Euoluamus simili modo valorem differentialium $d\pi$ et $d\varrho$, et cum sit $\frac{y}{z^3}-\frac{1}{yy}=\frac{3x}{y^3}c\eta+\frac{3xx}{4y^4}(3+5c2\eta)$ et $d\Phi=\frac{d\omega}{xx}\sqrt{Ap}$; erit

$$d\pi=-\frac{a^3xd\omega}{\sqrt{Ap}}\left(\frac{3x}{y^3}\cos\eta+\frac{3xx}{4y^4}(3+5\cos 2\eta)\right)\sin(\theta-\pi)\sin(\Phi-\pi)$$

Substitutis autem valoribus $x=\frac{p}{1-qcv}$, $y=\frac{c}{1-ecu}$; $p=b(1+\xi)$; $\sqrt{Ap}=m\sqrt{b^3p}=mbb(1+\frac{1}{2}\xi)$, $\frac{a^3}{c^3}=\frac{1}{(1-ee)^3}=1+3ee$ et $\frac{b}{c}=n$, erit

$$d\pi=-\frac{d\omega\sin(\theta-\pi)\sin(\Phi-\pi)}{m}\left[\frac{3(1+\frac{3}{2}\xi)(1+3ee)(1-ecu)^3}{(1-q\cos v)^2}c\eta+\frac{3}{4}n(3+5c2\eta)\right]$$

 Negle-

Neglectis igitur terminis, qui nullum valorem ſenſibilem continent, habebimus

$$\frac{d\pi}{d\omega} = \begin{cases} -\frac{3}{4m}(1+\frac{9}{2}ee+\frac{3}{2}qq)-\frac{3}{4m}(1+\frac{9}{2}ee+\frac{3}{2}qq)\,\mathrm{cos}\,2\eta \\ +\frac{3}{4m}(1+\frac{9}{2}ee+\frac{3}{2}qq)\,\mathrm{cos}\,2(\Phi-\pi)+\frac{3}{4m}(1+\frac{9}{2}ee+\frac{3}{2}qq)\,\mathrm{cos}\,2(\theta-\pi) \\ -\frac{3q}{2m}\,\mathrm{cos}\,v-\frac{3q}{4m}\,\mathrm{cos}\,(2\eta-v)-\frac{3q}{4m}\,\mathrm{cos}\,(2\eta+v) \\ +\frac{9e}{4m}\,\mathrm{cos}\,u+\frac{9e}{8m}\,\mathrm{cos}\,(2\eta-u)+\frac{9e}{8m}\,\mathrm{cos}\,(2\eta+u) \\ +\frac{3q}{4m}\,\mathrm{cos}\,(2\Phi-2\pi-v)+\frac{3q}{4m}\,\mathrm{cos}\,(2\Phi-2\pi+v) \\ +\frac{3q}{4m}\,\mathrm{cos}\,(2\theta-2\pi-v)+\frac{3q}{4m}\,\mathrm{cos}\,(2\theta-2\pi+v) \\ -\frac{9e}{8m}\,\mathrm{cos}\,(2\Phi-2\pi-u)-\frac{9e}{8m}\,\mathrm{cos}\,(2\Phi-2\pi+u) \\ -\frac{9e}{8m}\,\mathrm{cos}\,(2\theta-2\pi-u)-\frac{9e}{8m}\,\mathrm{cos}\,(2\theta-2\pi+u) \\ -\frac{9}{8m}\xi-\frac{9}{8m}\xi\,\mathrm{cos}\,2\eta \\ +\frac{9}{8m}\xi\,\mathrm{cos}\,(2\Phi-2\pi)+\frac{9}{8m}\xi\,\mathrm{cos}\,(2\theta-2\pi) \\ -\frac{11n}{16m}\,\mathrm{cos}\,\eta+\frac{3n}{8m}\,\mathrm{cos}\,(\Phi+\theta-2\pi)-\frac{5n}{16m}\,\mathrm{cos}\,3\eta \\ +\frac{5n}{16m}\,\mathrm{cos}\,(3\Phi-\theta-2\pi)+\frac{5n}{16m}\,\mathrm{cos}\,(3\theta-\Phi-2\pi) \end{cases}$$

XIX.

XIX.

Simili autem modo praecedentem valorem per tang $(\Phi - \pi)$ diuidendo prodibit differentiale logarithmi tangentis inclinationis ϱ, erit enim

$$
\frac{d.\,l\tan g\,\varrho}{d\omega} =
\begin{cases}
+ \dfrac{3}{4m}\,(1+\tfrac{9}{2}ee+\tfrac{3}{2}qq)\sin 2\eta - \dfrac{3}{4m}\,(1+\tfrac{9}{2}ee+\tfrac{3}{2}qq) \\[2ex]
\qquad \sin 2\,(\Phi-\pi) - \dfrac{3}{4m}\,(1+\tfrac{9}{2}ee+\tfrac{3}{2}qq)\sin 2\,(\theta-\pi) \\[2ex]
+ \dfrac{3q}{4m}\sin(2\eta-v) + \dfrac{3q}{4m}\sin(2\eta+v) \\[2ex]
- \dfrac{9e}{8m}\sin(2\eta-u) - \dfrac{9e}{8m}\sin(2\eta+u') \\[2ex]
- \dfrac{3q}{4m}\sin(2\Phi-2\pi-v) - \dfrac{3q}{4m}\sin(2\Phi-2\pi+v) \\[2ex]
- \dfrac{3q}{4m}\sin(2\theta-2\pi-u) - \dfrac{3q}{4m}\sin(2\theta-2\pi+u) \\[2ex]
+ \dfrac{9e}{8m}\sin(2\Phi-2\pi-u) + \dfrac{9e}{8m}\sin(2\Phi-2\pi+u) \\[2ex]
+ \dfrac{9e}{8m}\sin(2\theta-2\pi-u) + \dfrac{9e}{8m}\sin(2\theta-2\pi+u) \\[2ex]
+ \dfrac{9}{8m}\xi\sin 2\eta - \dfrac{9}{8m}\xi\sin(2\Phi-2\pi) - \dfrac{9}{8m}\xi\sin(2\theta-2\pi) \\[2ex]
+ \dfrac{n}{16m}\sin\eta - \dfrac{3n}{8m}\sin(\Phi+\theta-\pi) + \dfrac{5n}{16m}\sin 3\eta \\[2ex]
- \dfrac{5n}{16m}\sin(3\Phi-\theta-2\pi) - \dfrac{5n}{16m}\sin(3\theta-\Phi-2\pi)
\end{cases}
$$

XX.

XX.

Quo iam facilius has formulas admodum complicatas euoluere queamus, quadruplicis generis terminos distingui conuenit. Primum scilicet genus eos complectitur terminos, qui tantum ab excentricitate orbitae lunaris pendent, neque excentricitatem solis, neque parallaxin solis seu literam n, neque inclinationem orbitae lunaris seu litteram Π inuoluunt. Ad secundum genus refero terminos, qui ad primum genus insuper excentricitatem solis adiungunt. Ad tertium autem eos, qui praeterea parallaxin solis seu litteram n inducunt. In quarto autem eas inaequalitates, quae insuper ab obliquitate orbitae lunaris proueniunt, complexurus sum. Ab inaequalitatibus ergo primi generis exordiar, ideoque cum excentricitatem solis e, tum eius parallaxin, tum quoque obliquitatem orbitae lunaris reiiciam

INUESTIGATIO INAEQUALITATUM LUNAE PRIMI GENERIS.

XXI.

Neglectis ergo excentricitate solis cum eius parallaxi et obliquitate orbitae lunaris, has habebimus aequationes:

$\frac{d\xi}{d\omega} =$

$$\frac{d\xi}{d\omega} = \begin{cases} -\frac{3}{m}(1+\tfrac{3}{2}qq)\sin 2\eta - \frac{3q}{m}\sin(2\eta-v) - \frac{3q}{m}\sin(2\eta+v) \\ -\frac{9qq}{4m}\sin(2\eta-2v) - \frac{9qq}{4m}\sin(2\eta+2v) \\ -\frac{15}{2m}\xi\sin 2\eta - \frac{15q}{2m}\xi\sin(2\eta-v) - \frac{15q}{2m}\xi\sin(2\eta+v) \end{cases}$$

$$\frac{dq}{d\omega} = \begin{cases} +\frac{9}{4m}(1+\tfrac{5}{12}qq)\sin(2\eta-v) + \frac{3}{4m}(1+\tfrac{3}{4}qq)\sin(2\eta+v) \\ -\frac{1}{2m}(1+\tfrac{1}{4}qq)\sin v - i\sin v \\ +\frac{3q}{4m}\sin 2\eta + \frac{3q}{2m}\sin(2\eta-2v) + \frac{3q}{4m}\sin(2\eta+2v) \\ -\frac{q}{4m}\sin 2v \\ +\frac{15qq}{16m}\sin(2\eta-3v) + \frac{9qq}{16m}\sin(2\eta+3v) - \frac{qq}{8m}\sin 3v \\ +\frac{27}{8m}\xi\sin(2\eta-v) + \frac{9}{8m}\xi\sin(2\eta+v) - \frac{3}{4m}\xi\sin v \\ +\frac{9q}{8m}\xi\sin 2\eta + \frac{9q}{4m}\xi\sin(2\eta-2v) + \frac{9q}{8m}\xi\sin(2\eta+2v) \\ -\frac{3q}{8m}\xi\sin 2v \end{cases}$$

 $\frac{q(d\Phi\ dv)}{d\omega} =$

$$\frac{q(d\Phi - dv)}{d\omega} = \left\{ \begin{array}{l}
+\frac{9}{4m}(1+\tfrac{7}{12}qq)\operatorname{cos}(2\eta - v) - \frac{3}{4m}(1+\tfrac{1}{4}qq)\operatorname{cos}(2\eta + v) \\
+\frac{1}{2m}(1+\tfrac{3}{4}qq)\operatorname{cos} v + i \operatorname{cos} v \\
+\frac{3q}{4m}\operatorname{cos} 2\eta + \frac{3q}{2m}\operatorname{cos}(2\eta - 2v) - \frac{3q}{4m}\operatorname{cos}(2\eta + 2v) \\
+\frac{q}{4m}\operatorname{cos} 2v + \frac{q}{4m} \\
+\frac{15qq}{16m}\operatorname{cos}(2\eta - 3v) - \frac{9qq}{16m}\operatorname{cos}(2\eta + 3v) + \frac{qq}{8m}\operatorname{cos} 3v \\
+\frac{27}{8m}\xi\operatorname{cos}(2\eta - v) - \frac{9}{8m}\xi\operatorname{cos}(2\eta + v) + \frac{3}{4m}\xi\operatorname{cos} v \\
+\frac{9q}{8m}\xi\operatorname{c} 2\eta + \frac{9q}{4m}\xi\operatorname{c}(2\eta - 2v) - \frac{9q}{8m}\xi\operatorname{c}(2\eta + 2v) \\
+\frac{3q}{8m}\xi + \frac{3q}{8m}\xi\operatorname{cos} 2v
\end{array} \right.$$

$$\frac{d\Phi}{d\omega} = m(1+\tfrac{1}{2}qq) - 2mq\operatorname{cos} v + \tfrac{1}{2}mqq\operatorname{cos} 2v - \tfrac{3}{2}m(1+\tfrac{1}{2}qq)\xi$$
$$+ 3mq\xi\operatorname{cos} v - \tfrac{3}{4}mqq\xi\operatorname{cos} 2v + \tfrac{15}{8}m\xi\xi$$

$$\frac{d\eta}{d\omega} = m(1+\tfrac{1}{2}qq) - 1 - 2mq\operatorname{cos} v + \tfrac{1}{2}mqq\operatorname{cos} 2v - \tfrac{3}{2}m(1+\tfrac{1}{2}qq)\xi$$
$$+ 3mq\xi\operatorname{cos} v - \tfrac{3}{4}mqq\xi\operatorname{cos} 2v + \tfrac{15}{8}m\xi\xi$$

XXII.

Hic autem primo patet valores litterarum ξ et q ſine cognitis rationibus $\frac{d\eta}{d\omega}$ et $\frac{dv}{d\omega}$ definiri non poſſe, has autem viciſſim ipſas quantitates ξ et q inuoluere. Cum autem ad valores ξ et q inueniendos non opus ſit ra-tiones

tiones $\frac{d\eta}{d\omega}$ et $\frac{dv}{d\omega}$ eo praecisionis gradu nosse, quo ipsi illi valores desiderantur; patet si valores ξ et q prope tantum veri constent, iis in rationibus $\frac{d\eta}{d\omega}$ et $\frac{dv}{d\omega}$ adhibitis, eosdem multo exactiores repertum iri. Cum igitur, si motus esset regularis, foret $\xi = o$ et $q =$ constanti, hinc primam hypothesin constituamus. Sit ergo

$$\xi = o \quad \text{et} \quad q = g$$

et neglectis terminis, qui ob harum litterarum errores affici possent, vtpote valde paruis prae reliquis, habebimus proxime

$$\frac{d\Phi}{d\omega} = m(1 + \tfrac{1}{2}gg) - 2mg \operatorname{cof} v; \quad \frac{d\eta}{d\omega} = (1 + \tfrac{1}{2}gg) - 1 - 2mg \operatorname{cof} v$$

$$\text{et } \frac{d\Phi - dv}{d\omega} = \frac{9}{4mg}(1 + \tfrac{7}{12}gg)\operatorname{cof}(2\eta - v) - \frac{3}{4mg}(1 + \tfrac{1}{4}gg)\operatorname{cof}(2\eta + v)$$

$$+ \frac{1}{2mg}(1 + \tfrac{3}{4}gg)\operatorname{cof} v + \frac{i}{g}\operatorname{cof} v + \frac{1}{4m}$$

ideoque

$$\frac{dv}{d\omega} = m(1 + \tfrac{1}{2}gg) - \frac{1}{4m} - \left(2mg + \frac{1}{2mg} + \frac{3g}{8m} + \frac{i}{g}\right)\operatorname{cof} v$$

$$- \frac{9}{4mg}(1 + \tfrac{7}{12}gg)\operatorname{cof}(2\eta - v) + \frac{3}{4mg}(1 + \tfrac{1}{4}gg)\operatorname{cof}(2\eta + v)$$

XXIII.

Ponamus ad has formulas abbreuiandas:

$$m(1 + \tfrac{1}{2}gg) - 1 = \alpha; \qquad 2mg = \gamma$$

$$m(1 + \tfrac{1}{2}gg) - \frac{1}{4m} = \mathfrak{G}; \quad 2mg + \frac{1}{2mg} + \frac{3g}{8m} + \frac{i}{g} = \delta$$

 et

et neglectis quadratis gg in reliquis terminis, habebimus has formulas ſimpliciores:

$$\frac{d\eta}{d\omega} = \alpha - \gamma \cos v$$

$$\frac{dv}{d\omega} = \beta - \delta \cos v - \frac{9}{4mg}\cos(2\eta - v) + \frac{3}{4mg}\cos(2\eta + v)$$

Tum vero pro valoribus ξ et q propius inueniendis has aequationes:

$$\frac{d\xi}{d\omega} = -\frac{3}{m}(1+\tfrac{3}{2}gg)\sin 2\eta - \frac{3g}{m}\sin(2\eta - v) - \frac{3g}{m}\sin(2\eta + v)$$

$$\frac{dq}{d\omega} = +\frac{9}{4m}(1+\tfrac{5}{12}gg)\sin(2\eta - v) + \frac{3}{4m}(1+\tfrac{3}{4}gg)\sin(2\eta + v)$$

$$-\frac{1}{2m}(1+\tfrac{1}{4}gg)\sin v - i\sin v$$

$$+\frac{3g}{4m}\sin 2\eta + \frac{3g}{2m}\sin(2\eta - 2v) + \frac{3g}{4m}\sin(2\eta + 2v) - \frac{g}{4m}\sin 2v$$

XXIV.

Fingamus ergo primo:

$$\xi = \mathfrak{A}\cos 2\eta + \mathfrak{B}\cos(2\eta - v) + \mathfrak{C}\cos(2\eta + v)$$

vbi notandum eſt terminos binos poſteriores, vti in differentiali, multo eſſe minores primo. Quare cum etiam in differentialibus $d\eta$ et dv duplicis generis termini occurrant, quorum poſteriores prae primis ſint valde parui, in differentiatione ſolius primi termini totum differentialis $d\eta$ valorem pono, in duobus vero reliquis tantum valorem principalem; ſic prodibit

$$\frac{d\xi}{d\omega} = -2\alpha\mathfrak{A}\sin 2\eta + \gamma\mathfrak{A}\sin(2\eta - v) + \gamma\mathfrak{A}\sin(2\eta + v)$$

$$-(2\alpha - \beta)\mathfrak{B} \quad -(2\alpha + \beta)\mathfrak{C}$$

Collato ergo hoc differentiali cum forma propoſita obtinetur: $\mathfrak{A} =$

$$\mathfrak{A} = \frac{3}{2m\alpha}(1+\tfrac{3}{2}gg)$$

$$(2\alpha-\beta)\mathfrak{B} = \gamma\mathfrak{A} + \frac{3g}{m} \quad \text{ergo} \quad \mathfrak{B} = \frac{3(\gamma+2\alpha g)}{2m\alpha(2\alpha-\beta)}$$

$$(2\alpha+\beta)\mathfrak{C} = \gamma\mathfrak{A} + \frac{3g}{m} \quad \text{ergo} \quad \mathfrak{C} = \frac{3(\gamma+2\alpha g)}{2m\alpha(2\alpha+\beta)}$$

XXV.

Simili modo fingatur:

$$q = g + A\cos(2\eta - v) + B\cos(2\eta + v) + C\cos v$$
$$+ D\cos 2\eta + E\cos(2\eta - 2v) + F\cos(2\eta + 2v) + G\cos 2v$$
$$+ H\cos 4\eta + J\cos(4\eta - 2v) + K\cos(4\eta + 2v)$$

vbi linea prior continet terminos multo maiores, quam binae inferiores. Hinc ergo fit differentiando secundum regulam supra datam:

$$\frac{dq}{d\omega} = -(2\alpha-\beta)A\sin(2\eta-v) - (2\alpha+\beta)B\sin(2\eta+v) - \beta C\sin v$$
$$+\left(\tfrac{1}{2}(2\gamma-\delta)A + \tfrac{1}{2}(2\gamma+\delta)B + \frac{3}{2mg}C - 2\alpha D\right)\sin 2\eta$$
$$+\left(\tfrac{1}{2}(2\gamma-\delta)A - \frac{9}{8mg}C - 2(\alpha-\beta)E\right)\sin(2\eta-2v)$$
$$+\left(\tfrac{1}{2}(2\gamma+\delta)B - \frac{3}{8mg}C - 2(\alpha+\beta)F\right)\sin(2\eta+2v)$$
$$+\left(\tfrac{1}{2}\delta C - \frac{3A+9B}{8mg} - 2\beta G\right)\sin 2v$$
$$+\left(\frac{3A+9B}{8mg} - 4\alpha H\right)\sin 4\eta$$
$$+\left(-\frac{9A}{8mg} - 2(2\alpha-\beta)J\right)\sin(4\eta-2v)$$
$$+\left(-\frac{3B}{8mg} - 2(2\alpha+\beta)K\right)\sin(4\eta+2v)$$

 Hinc-

Hincque elicientur ſequentes coefficientium valores:

$$(2\alpha-\beta)\,A = -\frac{9}{4m}(1+\tfrac{5}{12}gg)$$

$$(2\alpha+\beta)\,B = -\frac{3}{4m}(1+\tfrac{3}{4}gg)$$

$$\beta C = \frac{1}{2m}(1+\tfrac{1}{4}gg)+i$$

$$2\alpha D = \tfrac{1}{2}(2\gamma-\delta)A+\tfrac{1}{2}(2\gamma+\delta)B+\frac{3}{2mg}C-\frac{3g}{4m}$$

$$2(\alpha-\beta)E = \tfrac{1}{2}(2\gamma-\delta)A-\frac{9}{8mg}C-\frac{3g}{2m}$$

$$2(\alpha+\beta)F = \tfrac{1}{2}(2\gamma+\delta)A-\frac{3}{8mg}C-\frac{3g}{4m}$$

$$2\beta G = -\frac{3A+9B}{8mg}+\tfrac{1}{2}\delta C+\frac{g}{4m}$$

$$4\alpha H = \frac{3A+9\beta}{8mg};\quad 2(2\alpha-\beta)J = -\frac{9}{8mg}A$$

$$2(2\alpha+\beta)K = -\frac{3}{8mg}B$$

XXVI.

Cum igitur his inuentis valoribus ſit multo verius:

$$\xi = \mathfrak{A}\operatorname{coſ}2\eta \text{ et } q = g + A\operatorname{coſ}(2\eta-v) + B\operatorname{coſ}(2\eta+v) + C\,\mathrm{cſ}v$$

vbi terminos minores data opera adhuc omitto, quia fortaſſe correctione egent, praecedentes operationes multo accuratius inſtituere atque ad ordinem terminorum vlteriorem progredi poterimus. Obtinebimus ergo:

$$\frac{d\Phi}{d\omega} = m\,(1+\tfrac{1}{2}gg-C) - 2mg\operatorname{coſ}v$$

$$-m(\tfrac{3}{2}\mathfrak{A}+A+B)\mathrm{cſ}2\eta - mA\,\mathrm{cſ}(2\eta-2v) - mB\,\mathrm{cſ}(2\eta+2v) + m(\tfrac{1}{2}gg-C)\mathrm{cſ}2v$$

hincque $\frac{d\eta}{d\omega} = \frac{d\Phi}{d\omega} - 1.$

Porro

Porro ob $\frac{1}{q} = \frac{1}{g} - \frac{A}{gg}\cos(2\eta - v) - \frac{B}{gg}\cos(2\eta + v) - \frac{C}{gg}\cos v$ erit

$$\frac{d\Phi - dv}{d\omega} = \frac{9}{4mg}(1 + \tfrac{7}{12}gg)\cos(2\eta - v) - \frac{3}{4mg}(1 + \tfrac{1}{4}gg)\cos(2\eta + v)$$
$$+ \frac{1}{2mg}(1 + \tfrac{3}{2}gg) c v + \frac{i}{g} c v + \frac{1}{4m}\left(1 - \frac{9A + 3B - 2C}{2gg}\right)$$
$$+ \frac{1}{4m}\left(3 - \frac{A - B - 3C}{gg}\right) c\, 2\eta + \frac{1}{4m}\left(6 - \frac{2A - 9C}{2gg}\right) c(2\eta - 2v)$$
$$- \frac{1}{4m}\left(3 + \frac{2B - 3C}{2gg}\right) c(2\eta + 2v) + \frac{1}{4m}\left(1 + \frac{3A - 9B - 2C}{2gg}\right) c\, 2v$$
$$+ \frac{3A - 9B}{8mgg}\cos 4\eta - \frac{9A}{8mgg}\cos(4\eta - 2v) + \frac{3B}{8mgg}\cos(4\eta + 2v)$$

XXVII.

Ponatur ad abbreuiandum:

$$m(1 + \tfrac{1}{2}gg - C) - 1 = \alpha \quad ; \quad 2mg = \gamma$$
$$m(\tfrac{3}{2}\mathfrak{A} + A + B) = \varepsilon \quad ; \quad \text{vt sit}$$

$$\frac{d\eta}{d\omega} = \alpha - \gamma\cos v - \varepsilon\cos 2\eta$$
$$- mA\cos(2\eta - 2v) - mB\cos(2\eta + 2v) + m(\tfrac{1}{2}gg - C)\cos 2v$$

Porro sit

$$m(1 + \tfrac{1}{2}gg - C) - \frac{1}{4m}\left(1 - \frac{9A + 3B - 2C}{2gg}\right) = \mathfrak{G}$$

$$2mg + \frac{1}{2mg} + \frac{3g}{8m} + \frac{i}{g} = \delta$$

$$+ m(\tfrac{3}{2}\mathfrak{A} + A + B) + \frac{1}{4m}\left(3 - \frac{A - B - 3C}{gg}\right) = \zeta$$

*m*A

$$mA + \frac{1}{4m}\left(6 - \frac{2A-9C}{2gg}\right) = \eta$$

$$mB - \frac{1}{4m}\left(3 + \frac{2B-3C}{2gg}\right) = \theta$$

$$m(C - \tfrac{1}{2}gg) + \frac{1}{4m}\left(1 + \frac{3A-9B-2C}{2gg}\right) = \varkappa$$

vt habeatur

$$\frac{dv}{d\omega} = \beta - \delta \operatorname{cof} v - \frac{9}{4mg}\operatorname{cof}(2\eta - v) + \frac{3}{4mg}\operatorname{cof}(2\eta + v)$$

$$-\zeta \operatorname{cof} 2\eta - \eta \operatorname{cof}(2\eta - 2v) - \theta \operatorname{cof}(2\eta + 2v) - \varkappa \operatorname{cof} 2v$$

$$-\frac{3A+9B}{8mgg}\operatorname{cof} 4\eta + \frac{9A}{8mgg}\operatorname{cof}(4\eta - 2v) - \frac{3B}{8mgg}\operatorname{cof}(4\eta + 2v)$$

vbi caueatur, ne coefficientes η, θ, cum angulis cognominibus confundantur.

XXVIII.

Opus plane non eſt, vt valores litterarum ξ et q accuratius determinemus, atque ad plures terminos, quam ante inuenimus, expediamus; verum hos ipſos terminos, quos ante inuenimus, accuratius obtinebimus, ſi litteris α et β eos valores tribuemus, quos nunc eis conuenire collegimus. Pluribus autem terminis non indigebimus tam ad longitudinem lunae Φ, quam ad eius anomaliam veram v ſatis exacte definiendam. Verum ad hoc ipſum negotium valores differentiales $\frac{d\Phi}{d\omega}$ et $\frac{d\Phi - dv}{d\omega}$, ac praecipue hunc poſteriorem, quo motus apogei continetur, accuratius euolui oportet, quoniam imprimis in motu medio apogei minimae particulae ingentis momenti eſſe poſſunt.

XXIX.

XXIX.

Cum igitur accuratius quam adhuc assumsimus sit

$$\xi = \mathfrak{A}\cos 2\eta + \mathfrak{B}\cos(2\eta - v) + \mathfrak{C}\cos(2\eta + v) \quad \text{et}$$

$$q = g + A\cos(2\eta - v) + B\cos(2\eta + v) + C\cos v$$
$$+ D\cos 2\eta + E\cos(2\eta - 2v) + F\cos(2\eta + 2v) + G\cos 2v$$
$$+ H\cos 4\eta + J\cos(4\eta - 2v) + K\cos(4\eta + 2v)$$

erit terminus ad quartum vsque ordinem extensis

I. II.

$$\frac{d\Phi}{d\omega} = m(1 + \tfrac{1}{2}gg - C) - (2mg - \tfrac{3}{2}mgC + mG)\cos v$$

III.

$$-m(\tfrac{3}{2}\mathfrak{A} + A + B)\cos 2\eta - mA\cos(2\eta - 2v) - mB\cos(2\eta + 2v)$$
$$- m(C - \tfrac{1}{2}gg)\cos 2v$$

IV.

$$+ m(\tfrac{3}{2}g\mathfrak{A} - \tfrac{3}{2}\mathfrak{B} + gA + \tfrac{1}{2}gB - D - E)\cos(2\eta - v)$$
$$+ m(\tfrac{3}{2}g\mathfrak{A} - \tfrac{3}{2}\mathfrak{C} + gB + \tfrac{1}{2}gA - D - F)\cos(2\eta + v)$$
$$+ m(\tfrac{1}{2}gA - E)\cos(2\eta - 3v) + m(\tfrac{1}{2}gB - F)\cos(2\eta + 3v)$$
$$+ m(\tfrac{1}{2}gC - G)\cos 3v$$
$$- m(H + J)\cos(4\eta - v) - m(H + K)\cos(4\eta + v) - mJ\cos(4\eta - 3v)$$
$$- mK\cos(4\eta + 3v)$$

vnde cum esset ante $\gamma = 2mg$, nunc accuratius erit

$$\gamma = 2mg - \tfrac{3}{2}mgC + mG$$

XXX.

Deinde cum nunc quoque sit accuratius:

II.

$$\frac{1}{q} = \left(\frac{1}{g} + \frac{AA + BB + CC}{2g^3}\right)$$

III.

$$-\frac{A}{gg}\cos(2\eta - v) - \frac{B}{gg}\cos(2\eta + v) - \frac{C}{gg}\cos v$$

IV.

$$+\left(\frac{(A+B)C}{g^3} - \frac{D}{gg}\right)\cos 2\eta + \left(\frac{AC}{g^3} - \frac{E}{gg}\right)\cos(2\eta - 2v)$$

$$+\left(\frac{BC}{g^3} - \frac{F}{gg}\right)\cos(2\eta + 2v) + \left(\frac{2AB + CC}{2g^3} - \frac{G}{gg}\right)\cos 2v$$

$$+\left(\frac{AB}{g^3} - \frac{H}{gg}\right)\cos 4\eta + \left(\frac{AA}{2g^3} - \frac{J}{gg}\right)\cos(4\eta - 2v)$$

$$+\left(\frac{BB}{g2^3} - \frac{K}{gg}\right)\cos(4\eta + 2v)$$

Hinc quoque ad terminos quarti ordinis vsque valor formulae $\frac{d\Phi - dv}{d\omega}$ definiri posset, sed expressio prodiret tantopere complicata, vt eius euolutio summam requireret patientiam; neque tamen hic labor vllius foret vsus, nisi forte in motu apogei exactius eruendo: ipsae enim inaequalitates nullius forent momenti; propterea quod error in anomalia commissus multo minorem errorem in longitudine producit.

XXXI.

XXXI.

Ponatur ergo longitudo apogei:

$$\Phi - v = \text{Const.}$$
$$+ A' \sin(2\eta - v) + B' \sin(2\eta + v) + C' \sin 2v$$
$$+ \Delta\omega + D' \sin 2\eta + E' \sin(2\eta - 2v) + F' \sin(2\eta + 2v) + G' \sin 2v$$
$$+ H' \sin 4\eta + J \sin(4\eta - 2v) + K \sin(4\eta + 2v)$$

et erit differentiando:

$$\frac{d\Phi - dv}{d\omega} =$$

$$(2\alpha - \beta) A' \cos(2\eta - v) + (2\alpha + \beta) B' \cos(2\eta + v) + \beta C' \cos v$$
$$+ \Delta - \tfrac{1}{2}\delta C' + \frac{9A'}{8mg} + \frac{3B'}{8mg} - \varepsilon D' - (mA - \eta) E'$$
$$- (mB + \theta) F' - \kappa G' - \frac{9AJ'}{8mgg} - \frac{3BK'}{3mgg}$$
$$\cos 2\eta \left(-\tfrac{1}{2}(2\gamma - \delta) A' - \tfrac{1}{2}(2\gamma + \delta) B' - \frac{3C'}{4mg} + 2\alpha D' \right.$$
$$\cos(2\eta - 2v) \left(-\tfrac{1}{2}(2\gamma - \delta) A' - \frac{9C'}{8mg} + 2(\alpha - \beta) E' \right.$$
$$\cos(2\eta + 2v) \left(-\tfrac{1}{2}(2\gamma + \delta) B' + \frac{3C'}{8mg} + 2(\alpha + \beta) F' \right.$$
$$\cos 2v \left(-\tfrac{1}{2}\delta C' - \frac{3A'}{8mg} - \frac{9B'}{8mg} + 2\beta G' \right.$$
$$\cos 4\eta \left(-\frac{3A'}{8mg} - \frac{9B'}{8mg} + 4\alpha H' \right.$$
$$\cos(4\eta - 2v) \left(\frac{9A'}{8mg} + 2(2\alpha - \beta) J' \right.$$
$$\cos(4\eta + 2v) \left(\frac{3B'}{8mg} + 2(2\alpha + \beta) K' \right.$$

XXXIII.

Calculo autem praecipue in primis terminis accuratius expedito eſt:

$$\frac{d\Phi - dv}{d\omega} =$$

$$+ \frac{1}{4mg}\operatorname{cof}(2\eta - v)\left(9 + \tfrac{21}{4}gg + \frac{27\,AA + 18\,BB + 15\,CC}{4gg}\right.$$

$$\left. - \frac{3\,AB + 2\,AC + BC}{gg} - \frac{2D - 2E + 3G + 3H - 9J}{2g}\right)$$

$$+ \frac{1}{4mg}\operatorname{cof}(2\eta + v)\left(-3 - \tfrac{3}{4}gg - \frac{6\,AA - 9\,BB + 15\,CC}{4gg}\right.$$

$$\left. + \frac{9AB + AC + 2BC}{gg} - \frac{2D - 2F - 9G - 9H + 3K}{2g}\right)$$

$$+ \frac{1}{2mg}\operatorname{cof} v\left(1 + \tfrac{3}{4}gg + \frac{2\,AA + 2\,BB + 3\,CC}{4gg}\right.$$

$$\left. + \frac{AB + 6AC + 6BC}{2gg} - \frac{3D - 3E - 3F - G}{2g} + 2mi\right)$$

$$+ \frac{1}{4m}\left(1 - \frac{9\,A + 3\,B - 2\,C}{2gg}\right)$$

$$+ \frac{1}{4m}\left(3 - \frac{A - B - 3C}{gg}\right)\operatorname{cof}2\eta + \frac{1}{4m}\left(1 + \frac{3A - 9B - 2C}{2gg}\right)\operatorname{cof}2v$$

$$+ \frac{1}{4m}\left(6 - \frac{2A - 9C}{2gg}\right)\operatorname{cf}(2\eta - 2v) - \frac{1}{4m}\left(3 + \frac{2B - 3C}{2gg}\right)\operatorname{cf}(2\eta + 2v)$$

$$+ \frac{3A - 9B}{8mgg}\operatorname{cof}4\eta - \frac{9A}{8mgg}\operatorname{cof}(4\eta - 2v) + \frac{3B}{8mgg}\operatorname{cof}(4\eta + 2v)$$

Simili

Simili autem modo ex valore ipsius $\frac{dq}{d\omega}$ accuratius erit

$$(2\alpha-\beta)\,A = -\frac{1}{4m}\left(9+\tfrac{15}{4}gg+\tfrac{9}{2}C\right)$$

$$(2\alpha+\beta)\,B = -\frac{1}{4m}\left(3+\tfrac{9}{4}gg+3C\right)$$

$$\beta C = \frac{1}{2m}\left(1+\tfrac{1}{4}gg+\tfrac{3}{4}A+2mi\right)$$

XXXIII.

Comparatione autem instituta reperitur:

$$(2\alpha-\beta)\,A' = \frac{1}{4mg}\left(9+\tfrac{21}{9}gg+\frac{27AA+18BB+15CC}{4gg}\right.$$
$$\left.-\frac{3AB+2AC+BC}{gg}-\frac{2D-2E+3G+3H-9J}{2g}\right)$$

seu

$$(2\alpha-\beta)A' = -\frac{1}{g}(2\alpha-\beta)A+\frac{1}{4mg}\left(\tfrac{3}{2}gg-\tfrac{9}{2}C+\frac{27AA+18BB+15CC}{4gg}\right.$$
$$\left.-\frac{3AB+2AC+BC}{gg}-\frac{2D-2E+3G+3H-9J}{2g}\right)$$

$$(2\alpha+\beta)B' = +\frac{1}{g}(2\alpha+\beta)B+\frac{1}{4mg}\left(\tfrac{3}{2}gg+3C-\frac{6AA-9BB+15CC}{4gg}\right.$$
$$\left.+\frac{9AB+AC+2BC}{gg}-\frac{2D-2F-9G-9H+3K}{2g}\right)$$

$$\beta C' = +\frac{1}{g}\beta C+\frac{1}{2mg}\left(\tfrac{1}{2}gg-\tfrac{3}{4}A+\frac{2AA+2BB+3CC}{4gg}\right.$$
$$\left.+\frac{AB+6AC+6BC}{2gg}-\frac{3D-3E-3F-G}{2g}\right)$$

 Quibus

Quibus valoribus ſubſtitutis obtinebitur pro apogei motu medio, qui in termino $\Delta\omega$ continetur:

$$\Delta = \frac{1}{4m} + \frac{2mg\delta - 1}{4mgg}C$$

$$+ \frac{\delta}{4\beta mg}\left(\tfrac{1}{2}gg - \tfrac{3}{4}A + \frac{2AA + 2BB + 3CC}{4gg}\right.$$

$$\left. + \frac{AB + 6AC + 6BC}{2gg} - \frac{3D - 3E - 3F - G}{2g}\right)$$

$$- \frac{9}{32(2\alpha - \beta)mmgg}\left(\tfrac{3}{2}gg - \tfrac{9}{2}C + \frac{27AA + 18BB + 15CC}{4gg}\right.$$

$$\left. - \frac{3AB + 2AC + BC}{gg} - \frac{2D - 2E + 3G + 3H - 9J}{2g}\right)$$

$$- \frac{3}{32(2\alpha + \beta)mmgg}\left(\tfrac{3}{2}gg + 3C - \frac{6AA - 9BB + 15CC}{4gg}\right.$$

$$\left. + \frac{9AB + AC + 2BC}{gg} - \frac{2D - 2F - 9G - 9H + 3K}{2g}\right)$$

$$+ \varepsilon D' + (mA - \eta)E' + (mB + \theta)F' + \varkappa G' + \frac{9AJ'}{8mgg} + \frac{3BK'}{8mgg}$$

Quae expreſſio, cum omnino ſit ſimilis illi, quae methodo praecedente eſt inuenta, nullum etiam dubium relinquit, quin et hinc motus apogei proditurus ſit obſeruationibus conformis; ideoque littera illa i omitti poterit.

XXXIV.

Hinc igitur patet ad motum apogei definiendum valores litterarum A, B, C et A′, B′, C′ ſumma accuratione inueſtigari debere, qui cum conſtent partibus duplicis ordinis, etiam ſi partes poſterioris ordinis prae primo

primo admodum videantur paruae, eas tamen omni cura euolui oportet, propterea quod pro motu apogei partes primi ordinis ſe deſtruunt. Quod cum in determinatione reliquorum coefficientium vſu non eueniat, in his quoque non erit opus, vt partes iſtae minores in computum ducantur, ſed ſufficiet partibus principalibus vti. Scilicet etſi determinatio litterae Δ maxime eſt lubrica, atque a reliquorum coefficientium exactiſſimis valoribus pendet, reliqui tamen coefficientes tantam ſollertiam minime requirunt, ſed ſatis exacte ſine tanta opera definiri poſſunt.

XXXV.

Valores ergo reliquorum coefficientium ſequenti modo neglectis exiguis particulis ita ſe habebunt,

$$(2\alpha-\beta)\,A' = \frac{9}{4mg}\;;\quad (2\alpha+\beta)\,B' = -\frac{3}{4mg}\;;\quad \beta\,C' = \frac{1}{2mg}.$$

$$2\alpha D' = \tfrac{1}{2}(2\gamma-\delta)A' + \tfrac{1}{2}(2\gamma+\delta)B' + \frac{3C'}{4mg} + \frac{1}{4m}\left(3-\frac{A-B-3C}{gg}\right)$$

$$2(\alpha-\beta)E' = \tfrac{1}{2}(2\gamma-\delta)A' + \frac{9C'}{8mg} + \frac{1}{4m}\left(6-\frac{2A-9C}{2gg}\right)$$

$$2(\alpha+\beta)F' = \tfrac{1}{2}(2\gamma+\delta)B' - \frac{3C'}{8mg} - \frac{1}{4m}\left(3+\frac{2B-3C}{2gg}\right)$$

$$2\beta G' = \tfrac{1}{2}\delta C' + \frac{3A'+9B'}{8mg} + \frac{1}{4m}\left(1+\frac{3A-9B-2C}{2gg}\right)$$

$$4\alpha H' = \frac{3A'+9B'}{8mg} + \frac{8A-9B}{8mgg} = 0$$

$$2(2\alpha-\beta)J' = -\frac{9A'}{8mg} - \frac{9A}{8mgg} = 0 \quad\Big|\quad 2(2\alpha+\beta)K' = -\frac{3B'}{8mg} + \frac{3B}{8mgg} = 0$$

ob $A' = -\frac{A}{g}$; $B' = \frac{B}{g}$ et $C' = \frac{C}{g}$ proxime.

XXXVI.

XXXVI.

Cum autem ſit proxime: $\gamma = 2mg$; $\delta = 2mg + \frac{1}{2mg}$; his valoribus quoque ſubſtitutis fiet:

$$(2\alpha-\beta)A' = \frac{9}{4mg};\ (2\alpha+\beta)B' = -\frac{3}{4mg};\ \beta C' = \frac{1}{2mg};\ \text{ſiue:}$$

$$A' = -\frac{A}{g};\quad B' = \frac{B}{g};\quad C' = \frac{C}{g};$$

$$2\alpha D' = \frac{3}{4m} - mA + 3mB;$$

$$2(\alpha-\beta)E' = \frac{3}{2m} - mA$$

$$2(\alpha+\beta)F' = -\frac{3}{4m} + 3mB$$

$$2\beta G' = \frac{1}{4m} + mC$$

et reliqui coefficientes H', J', K' pro euaneſcentibus ſunt habendi. Valores autem litterarum A, B, C, etc. §. 25. ſunt exhibiti.

XXXVII.

Quaeramus nunc quoque longitudinem lunae Φ, huncque in finem fingamus:

$$\Phi = \text{Conſt.}$$

$$+\mathfrak{A}'\omega + \mathfrak{B}'\sin v + \mathfrak{C}'\sin 2\eta + \mathfrak{D}'\sin(2\eta-2v) + \mathfrak{E}'\sin(2\eta+2v) + \mathfrak{F}'\sin 2v$$
$$+\mathfrak{G}'\sin(2\eta-v) + \mathfrak{H}'\sin(2\eta+v) + \mathfrak{J}'\sin(2\eta-3v) + \mathfrak{K}'\sin(2\eta+3v) + \mathfrak{L}'\sin 3v$$
$$+\mathfrak{M}'\sin(4\eta-v) + \mathfrak{N}'\sin(4\eta+v) + \mathfrak{P}'\sin(4\eta-3v) + \mathfrak{Q}'\sin(4\eta+3v)$$

ac

ac differentiatione inſtituta obtinebimus:

$$\frac{d\Phi}{d\omega} = + \mathfrak{A}' - \tfrac{1}{2}\delta\mathfrak{B}'$$

$$+ \cos v \left(\beta\mathfrak{B}' - \tfrac{1}{2}\kappa\mathfrak{B}' + \frac{9\mathfrak{D}'}{4mg} + \frac{3\mathfrak{E}'}{4mg} - \delta\mathfrak{F}' \right.$$

$$+ \cos 2\eta \left(- \frac{3\mathfrak{B}'}{4mg} + 2\alpha\mathfrak{C}' \right.$$

$$+ \cos(2\eta - 2v) \left(- \frac{9\mathfrak{B}'}{8mg} + 2(\alpha - \beta)\mathfrak{D}' \right.$$

$$+ \cos(2\eta + 2v) \left(+ \frac{3\mathfrak{B}'}{8mg} + 2(\alpha + \beta)\mathfrak{E}' \right.$$

$$+ \cos 2v \left(- \tfrac{1}{2}\delta\mathfrak{B}' + 2\beta\mathfrak{F}' \right.$$

$$+ \cos(2\eta - v) \left(- \tfrac{1}{2}\zeta\mathfrak{B}' - \tfrac{1}{2}\eta\mathfrak{B}' - \gamma\mathfrak{C}' - (\gamma - \delta)\mathfrak{D}' + \frac{3\mathfrak{F}'}{4mg} + (2\alpha - \beta)\mathfrak{G}' \right.$$

$$+ \cos(2\eta + v) \left(- \tfrac{1}{2}\zeta\mathfrak{B}' - \tfrac{1}{2}\theta\mathfrak{B}' - \gamma\mathfrak{C}' - (\gamma + \delta)\mathfrak{E}' - \frac{9\mathfrak{F}'}{4mg} + (2\alpha + \beta)\mathfrak{H}' \right.$$

$$+ \cos(2\eta - 3v) \left(- \tfrac{1}{2}\eta\mathfrak{B}' - (\gamma - \delta)\mathfrak{D}' - \frac{9\mathfrak{F}'}{4mg} + (2\alpha - 3\beta)\mathfrak{I}' \right.$$

$$+ \cos(2\eta + 3v) \left(- \tfrac{1}{2}\theta\mathfrak{B}' - (\gamma + \delta)\mathfrak{E}' + \frac{3\mathfrak{F}'}{4mg} + (2\alpha + 3\beta)\mathfrak{K}' \right.$$

$$+ \cos 3v \left(- \tfrac{1}{2}\kappa\mathfrak{B}' - \frac{3\mathfrak{D}'}{4mg} - \frac{9\mathfrak{E}'}{4mg} - \delta\mathfrak{F}' + 3\beta\mathfrak{L}' \right.$$

$$+ \cos(4\eta - v) \left(- \frac{3A + 9B}{16mgg}\mathfrak{B}' + \frac{9A}{16mgg}\mathfrak{B}' - \frac{3\mathfrak{D}'}{4mg} + (4\alpha - \beta)\mathfrak{M}' \right.$$

$$+ \cos(4\eta + v) \left(- \frac{3A + 9B}{16mgg}\mathfrak{B}' - \frac{3B}{16mgg}\mathfrak{B}' - \frac{9\mathfrak{E}'}{4mg} + (4\alpha + \beta)\mathfrak{N}' \right.$$

$$+ \cos(4\eta - 3v) \left(+ \frac{9A}{16mgg}\mathfrak{B}' + \frac{9\mathfrak{D}'}{4mg} + (4\alpha - 3\beta)\mathfrak{P}' \right.$$

$$+ \cos(4\eta + 3v) \left(- \frac{3B}{16mgg}\mathfrak{B}' + \frac{3\mathfrak{E}'}{4mg} + (4\alpha + 3\beta)\mathfrak{Q}' \right.$$

XXXVIII.

Comparata iam hac forma cum valore ipſius $\frac{d\Phi}{d\omega}$ in §. 29. exhibito, obtinebitur

$$\mathfrak{A}' = \tfrac{1}{2}\delta\mathfrak{B}' + m(1 + \tfrac{1}{2}gg - C)$$

$$\beta\mathfrak{B}' = \tfrac{1}{2}\kappa\mathfrak{B}' - \frac{9\mathfrak{D}'-3\mathfrak{E}'}{4mg} + \delta\mathfrak{F}' - 2mg + \tfrac{3}{2}mg\,C - m\,G$$

$$2\alpha\mathfrak{C}' = \frac{3\mathfrak{B}'}{4mg} - m(\tfrac{3}{2}\mathfrak{A} + A + B)$$

$$2(\alpha-\beta)\mathfrak{D}' = \frac{9\mathfrak{B}'}{8mg} - m\,A$$

$$2(\alpha+\beta)\mathfrak{E}' = -\frac{3\mathfrak{B}'}{8mg} - m\,B$$

$$2\beta\mathfrak{F}' = \tfrac{1}{2}\delta\mathfrak{B}' - m(C - \tfrac{1}{2}gg)$$

$$(2\alpha-\beta)\mathfrak{G}' = \tfrac{1}{2}(\zeta+\eta)\mathfrak{B}' + \gamma\mathfrak{C}' + (\gamma-\delta)\mathfrak{D}' - \frac{3\mathfrak{F}'}{4mg} + m(\tfrac{3}{2}g\mathfrak{A} - \tfrac{3}{2}\mathfrak{B} + gA + \tfrac{1}{2}gB - D - E)$$

$$(2\alpha+\beta)\mathfrak{H}' = \tfrac{1}{2}(\zeta+\theta)\mathfrak{B}' + \gamma\mathfrak{C}' + (\gamma+\delta)\mathfrak{E}' + \frac{9\mathfrak{F}'}{4mg} + m(\tfrac{3}{2}g\mathfrak{A} - \tfrac{3}{2}\mathfrak{C} + gB + \tfrac{1}{2}gA - D - F)$$

$$(2\alpha-3\beta)\mathfrak{J}' = \tfrac{1}{2}\eta\mathfrak{B}' + (\gamma-\delta)\mathfrak{D}' + \frac{9\mathfrak{F}'}{4mg} + m(\tfrac{1}{2}gA - E)$$

$$(2\alpha+3\beta)\mathfrak{K}' = \tfrac{1}{2}\theta\mathfrak{B}' + (\gamma+\delta)\mathfrak{E}' - \frac{3\mathfrak{F}'}{4mg} + m(\tfrac{1}{2}gB - F)$$

$$3\beta\mathfrak{L}' = \tfrac{1}{2}\kappa\mathfrak{B}' + \frac{3\mathfrak{D}'+9\mathfrak{E}'}{4mg} + \delta\mathfrak{F}' + m(\tfrac{1}{2}gC - G)$$

$$(4\alpha-\beta)\mathfrak{M}' = -\frac{6A-9B}{16mgg}\mathfrak{B}' + \frac{3\mathfrak{D}'}{4mg} - m(H+J)$$

$$(4\alpha+\beta)\mathfrak{N}' = +\frac{3A-6B}{16mgg}\mathfrak{B}' + \frac{9\mathfrak{E}'}{4mg} - m(H+K)$$

$$(4\alpha-3\beta)\mathfrak{P}' = -\frac{9A}{16mgg}\mathfrak{B}' - \frac{9\mathfrak{D}'}{4mg} - m\,J$$

$$(4\alpha+3\beta)\mathfrak{Q}' = +\frac{3B}{16mgg}\mathfrak{B}' - \frac{3\mathfrak{E}'}{4mg} - m\,K$$

XXXIX.

XXXIX.

Inuentis iam valoribus litterarum $p = b(1+\xi)$ et q vna cum anomalia vera v, diſtantia curtata lunae a terra $x = \frac{p}{1-q\,\mathrm{coſ}\,v}$ cognoſcetur: ac ſi deinceps latitudinis lunae ψ ratio habebitur, erit diſtantia vera $= \frac{p}{(1-q\,\mathrm{cſ}\,v)\,\mathrm{cſ}\,\psi}$. In Aſtronomia autem non tam diſtantia lunae, quam eius diameter apparens et parallaxis requiri ſolet; quarum vtraque cum ſit diſtantiae lunae a terra reciproce proportionalis, erit tam diameter apparens quam parallaxis vt $\frac{(1-q\,\mathrm{coſ}\,v)\,\mathrm{coſ}\,\psi}{p}$; vnde ſi vtriusque valor medius ex obſeruationibus fuerit definitus, ad quoduis tempus valor verus aſſignari poterit. Sit igitur ſiue diametri apparentis ſiue parallaxis horizontalis valor medius $= \sigma$, eritque is pro tempore dato $= \frac{b\sigma}{p}(1-q\,\mathrm{coſ}\,v)\,\mathrm{coſ}\,\psi$. Eſt autem proxime $\mathrm{coſ}\,\psi = 1 - \frac{1}{4}\,\mathrm{tang}\,\rho^2 - \frac{1}{4}\,\mathrm{tg}\,\rho^2\,\mathrm{cſ}\,2(\Phi-\pi) = \frac{2}{3} + \frac{\lambda+\Pi}{3}$, et $\frac{b}{p} = 1 - \xi + \xi\xi$: vnde fit diameter ſeu parallaxis $= \frac{1}{3}\sigma(2+\lambda+\Pi)(1-\xi+\xi\xi)(1-q\,\mathrm{coſ}\,v)$, quae euoluitur in hanc expreſſionem: ob $\frac{2+\lambda}{3} = 1$ proxime:

$$\tfrac{1}{3}(2+\lambda)\sigma\,[1 - q\,\mathrm{coſ}\,v - \xi + q\xi\,\mathrm{coſ}\,v + \xi\xi + \tfrac{1}{3}\Pi - \tfrac{1}{3}q\Pi\,\mathrm{coſ}\,v]$$

XL.

Pro praeſenti ergo caſu, quo parallaxin ſolis, eiusque excentricitatem vna cum inclinatione orbitae lunaris negligimus, erit lunae diameter apparens vel parallaxis horizontalis

$$= \tfrac{1}{3}(2+\lambda)\sigma \text{ mult. per}$$

$$1 - \tfrac{1}{2}C - (g + \tfrac{1}{2}G)\cos v$$
$$- \tfrac{1}{2}(2\mathfrak{A}+A+B)\, c\!f\, 2\eta - \tfrac{1}{2}A\, c\!f(2\eta-2v) - \tfrac{1}{2}B\, c\!f(2\eta+2v) - \tfrac{1}{2}C\, c\!f\, 2v$$
$$- \tfrac{1}{2}(2\mathfrak{B}+D+E)\cos(2\eta-v) - \tfrac{1}{2}(2\mathfrak{C}+D+F)\cos(2\eta+v)$$
$$- \tfrac{1}{2}E\cos(2\eta-3v) - \tfrac{1}{2}F\cos(2\eta+3v) - \tfrac{1}{2}G\cos 3v$$
$$- \tfrac{1}{2}(H+J)\, c\!f(4\eta-v) - \tfrac{1}{2}(H+K)\, c\!f(4\eta+v) - \tfrac{1}{2}J\, c\!f(4\eta-3v) - \tfrac{1}{2}K\, c\!f(4\eta+3v)$$

vbi quidem factor constans $\tfrac{1}{3}(2+\lambda)\sigma$ omitti potest, siquidem tantum proportio vel diametri apparentis vel parallaxis horizontalis desideretur.

XLI.

Si nunc hos valores in numeris euoluere velimus, ex obseruationibus primum colligimus has determinationes:

$$\mathfrak{A}' = 13{,}3682;\ \Delta = 0{,}1123 \text{ et proxime } g = 0{,}05445$$

ac postremo quidem valore ipsius g tantum in terminis minimis vtar, in maioribus ipsam litteram g relicturus, vt deinceps ex collatione calculi cum obseruationibus accuratius fortasse determinari possit. Habemus ergo

$$13{,}3682 = \tfrac{1}{2}\delta\mathfrak{B}' + m(1 + \tfrac{1}{2}gg - C)$$

vnde ob $\mathfrak{B}'$, gg et C numeros admodum paruos, statim prope colligitur $m = 13{,}3682$. Tum vero est prope

$$\mathfrak{B}' = -\frac{2mg}{\mathfrak{E}};\ \mathfrak{E} = m \text{ et } \delta = 2mg + \frac{1}{2mg} \text{ seu } \mathfrak{E} = 13{,}3682;$$

$\delta = 2,$

$\delta = 2,1419$; hinc $\frac{1}{2}\delta\mathfrak{B}' = -0,1165$, ergo accuratius
$m(1+\frac{1}{2}gg - C) = 13,4847 = \alpha+1$ et $\alpha = 12,4847$

Porro ob $C = \frac{1}{2mm}$ erit satis exacte $m = 13,5039$

vnde ex valoribus A et B proxime collectis fit $\beta = 13,0644$
$\gamma = 26,9524g$.

At valor ipsius δ duabus constat partibus, altera per g multiplicata altera diuisa, quibus separatim expressis erit

$\delta = 27,0355\,g + 0,0370.\,\frac{1}{g} = 2,1521$ proxime.

XLII.

Hinc iam computo instituto sequentes supra assumtorum coefficientium eruuntur valores numerici:

$\mathfrak{A} = 0,008931$; $\mathfrak{B} = 0,03895g = 0,00209$; $\mathfrak{C} = 0,01219g = 0,00064$
ideoque

$\xi = 0,008931\,cs2\eta + 0,03895\,g\,cs(2\eta - v) + 0,01219\,g\,cs(2\eta + v)$

Deinde reperitur:

$A = -0,013995$; $B = -0,001460$; $C = +0,002834$

$D = -0,001213.g + 0,00002198.\frac{1}{g} = -0,000280$ proxime

$E = +0,25834.g - 0,00001889.\frac{1}{g} = +0,014012$ proxime

$F = -0,00225.g - 0,00000207.\frac{1}{g} = -0,000161$ proxime

$G = +0,00218.g + 0,00001221.\frac{1}{g} = +0,000340$ proxime

$H = -0,00001022.\frac{1}{g} = -0,000184$

$J = +0,00004897.\frac{1}{g} = +0,000882$

$K = +0,00000053.\frac{1}{g} = +0,000009$

XLIII.

XLIII.

Hinc porro pro motu apogei eiusque inaequalitatibus colligitur: $\Delta = 0,1123$; qui quidem valor ex obſeruationibus eſt deſumtus

$$A' = -0,013995 \cdot \frac{1}{g} = -0,25703 \text{ proxime}$$

$$B' = -0,001460 \cdot \frac{1}{g} = -0,02682 \text{ proxime}$$

$$C' = +0,002834 \cdot \frac{1}{g} = +0,05205 \text{ proxime}$$

$D' = +0,007432$	$F' = -0,002249$
$E' = -0,259170$	$G' = -0,002176$

in minutis ſecundis

$A' =$	$-53018''$	$= -14°, 43', 38''$
$B' =$	-5532	$= -1°, 32, 12$
$C' =$	$+10736$	$= +2, 58, 56$
$D' =$	$+1533$	$= +0, 25, 33$
$E' =$	-53459	$= -14, 50, 59$
$F' =$	-464	$= -0, 7, 44$
$G' =$	$+449$	$= +0, 7, 29$

Ergo longitudo apogei in minutis ſecundis

$$\Phi - v = \text{Conſt.}$$

$$\begin{aligned} &+0,1123\omega - 53018'' \sin(2\eta - v) + 1533'' \sin 2\eta \\ &\qquad - 5532 \sin(2+v) - 53459 \sin(2\eta - 2v) \\ &\qquad + 10736 \sin v - 464 \sin(2\eta + 2v) \\ &\qquad\qquad + 449 \sin 2v \end{aligned}$$

XLIV.

XLIV.

Iam pro longitudine ipsa inuenienda habentur primo ex §. 27. valores: $\gamma = 1,46756$

$\delta = +2,15210$; $\epsilon = -0,027791$; $\zeta = +0,07138$

$\eta = -0,06974$; $\theta = -0,039809$; $\iota = -0,070920$

Deinde cum sit proxime

$$\mathfrak{C}\mathfrak{B}' = -2mg \quad \text{seu} \quad \mathfrak{B}' = -0,11256$$

erit quoque proxime

$$\mathfrak{C}' = -0,003485 \quad ; \quad \mathfrak{D}' = -0,014456$$

$$\mathfrak{E}' = +0,001509 \quad ; \quad \mathfrak{F}' = -0,005334$$

Hinc ergo accuratius elicietur $\mathfrak{B}' = -0,11019$, ideoque hic et reliqui conficientes tam absolute quam in numeris secundis erunt:

absolute		in minutis secundis	
$\mathfrak{B}' = -0,11019$	. .	$\mathfrak{B}' = -22728''$	$= -6°, 18', 4''$
$\mathfrak{C}' = -0,00339$	. .	$\mathfrak{C}' = -700$	$= -0, 11, 40$
$\mathfrak{D}' = -0,01742$	. .	$\mathfrak{D}' = -3594$	$= -0, 59, 54$
$\mathfrak{E}' = +0,00149$	. .	$\mathfrak{E}' = +306$	$= +0, 5, 6$
$\mathfrak{F}' = -0,00524$	. .	$\mathfrak{F}' = -1081$	$= -0, 18, 1$
$\mathfrak{G}' = -0,01824$	. .	$\mathfrak{G}' = -3762$	$= -1, 2, 42$
$\mathfrak{H}' = -0,00056$	. .	$\mathfrak{H}' = -115$	$= -0, 1, 55$
$\mathfrak{I}' = +0,01368$	. .	$\mathfrak{I}' = +2823$	$= +0, 47, 3$
$\mathfrak{K}' = +0,00023$	. .	$\mathfrak{K}' = +47$	$= +0, 0, 47$
$\mathfrak{L}' = -0,00062$	. .	$\mathfrak{L}' = -128$	$= -0, 2, 8$
$\mathfrak{M}' = -0,00119$	. .	$\mathfrak{M}' = -246$	$= -0, 4, 6$
$\mathfrak{N}' = +0,00020$	. .	$\mathfrak{N}' = +41$	$= +0, 0, 41$
$\mathfrak{P}' = +0,00184$	. .	$\mathfrak{P}' = +379$	$= +0, 6, 19$
$\mathfrak{Q}' = -0,00001$	. .	$\mathfrak{Q}' = -2$	$= -0, 0, 2$

XLV.

XLV.

Hinc ergo ſi ad datum tempus iam cognita ſit anomalia lnnae vera v cum angulo η, longitudo lunae per aequationes in minutis ſecundis expreſſas erit

$$\phi = \text{Conſt.}$$

$$\begin{array}{llll}
+13,3682\omega - 22728'' \sin v & - 700'' \sin 2\eta \\
- 1081 \sin 2v & - 3594 \sin(2\eta - 2v) \\
- 128 \sin 3v & + 306 \sin(2\eta + 2v) \\
- 3762'' \sin(2\eta - v) & - 246'' \sin(4\eta - v) \\
- 115 \sin(2\eta + v) & + 41 \sin(4\eta + v) \\
+ 2823 \sin(2\eta - 3v) & + 379 \sin(4\eta - 3v) \\
+ 47 \sin(2\eta + 3v) & - 2 \sin(4\eta + 3v)
\end{array}$$

vbi Conſt. $+ 13,3682\omega$ denotat longitudinem mediam; in reliquis autem terminis continentur inaequalitates periodicae pro hac hypotheſi.

XLVI.

Inde iam viciſſim anomalia vera lunae v colligitur, vt ſit $v =$

$$\begin{array}{llll}
13,2559\omega - 33464'' \sin v & - 2233'' \sin 2\eta \\
- 1530 \sin 2v & + 49864 \sin(2\eta - 2v) \\
- 128 \sin 3v & + 770 \sin(2\eta + 2v) \\
+ 49256 \sin(2\eta - v) & - 246 \sin(4\eta - v) \\
+ 5417 \sin(2\eta + v) & + 41 \sin(4\eta + v) \\
+ 2823 \sin(2\eta - 3v) & + 379 \sin(4\eta - 3v) \\
+ 47 \sin(2\eta + 3v) & - 2 \sin(4\eta + 3v)
\end{array}$$

vbi primus terminus $13,2559\omega$ deſignat anomaliam mediam lunae, quae ſit $= \zeta$: tum ex ea primum quaeratur ano-

anomalia Kepleriana, quae ſcilicet a ſola excentricitate pendet, ſitque ea $= \vartheta$, vt ſit

$$\vartheta = \zeta - 33464'' \sin \vartheta - 1530'' \sin 2\vartheta - 128'' \sin 3\vartheta$$

vnde quidem facile tabulae conſtruentur. Tum ſtatuatur $v = \vartheta + z$, et quia angulus z eſt modicus, inde is ſatis prope poterit definiri. Interim tamen expedire videtur aliquot operationibus iterandis iſtam anomaliam veram v determinari; dum ſcilicet primum valor non nimis a veritate abhorrens pro v aeſtimando aſſumitur, ex eoque deinceps exactior colligitur; qui ſi nimis ab aſſumto diſcrepare reperiatur, ex hoc denuo exactior quaeratur, donec nulla amplius correctione fuerit opus.

XLVII.

Formula denique, cui tam diameter lunae apparens geocentrica quam parallaxis horizontalis eſt proportionalis, ex §. 40. reperitur

$$\begin{array}{ll}
1 - 0{,}05470 \cos v & - 0{,}00120 \cos 2\eta \\
\quad - 0{,}00142 \cos 2v & + 0{,}00700 \cos(2\eta - 2v) \\
\quad - 0{,}00017 \cos 3v & + 0{,}00073 \cos(2\eta + 2v) \\
\quad - 0{,}00898 \cos(2\eta - v) & - 0{,}00035 \cos(4\eta - v) \\
\quad - 0{,}00042 \cos(2\eta + v) & + 0{,}00009 \cos(4\eta + v) \\
\quad - 0{,}00701 \cos(2\eta - 3v) & - 0{,}00044 \cos(4\eta - 3v) \\
\quad + 0{,}00008 \cos(2\eta + 3v) & - 0{,}00001 \cos(4\eta + 3v)
\end{array}$$

quorum quidem terminorum plures, qui pro parallaxi infra aliquot minuta ſecunda ſubſiſtunt, tuto omitti poterunt. His igitur tribus formulis pro anomalia vera v, longitudine Φ et parallaxi ſeu diametro apparente inuentis motus lunae contineretur, ſi quidem tam ſolis parallaxis

laxis quam eius excentricitas et inclinatio orbitae lunaris ad eclipticam negligatur. Hae autem ſunt inaequalitates praecipuae, quae etiam ad reliquas eruendas adhiberi debent ; vnde nunc ad inaequalitates ab excentricitate ſolis oriundas progrediamur.

INUESTIGATIO INAEQUALITATUM LUNAE SECUNDI GENERIS SEU AB EXCENTRICITATE SOLIS PENDENTIUM.

XLVIII.

Formulae noſtrae differentiales, quatenus ab excentricitate orbitae ſolaris pendent, omiſſis terminis, quos iam conſtat eſſe minimos, erunt

$$\frac{d\xi}{d\omega} = \text{Praec.} + \frac{9e}{2m}\,\text{ſin}\,(2\eta - u) + \frac{9e}{2m}\,\text{ſin}\,(2\eta + u)$$

$$\frac{dq}{d\omega} = \text{Praec.} + \frac{3e}{4m}\,\text{ſin}\,(v-u) + \frac{3e}{4m}\,\text{ſin}\,(v+u)$$
$$- \frac{27e}{8m}\,\text{ſin}\,(2\eta - v - u) - \frac{27e}{8m}\,\text{ſin}\,(2\eta - v + u)$$
$$- \frac{9e}{8m}\,\text{ſin}\,(2\eta + v - u) - \frac{9e}{8m}\,\text{ſin}\,(2\eta + v + u)$$

$$\frac{q(d\Phi - dv)}{d\omega} = \text{Pr.} - \frac{3e}{4m}\,\text{coſ}\,(v-u) - \frac{3e}{4m}\,\text{coſ}\,(v+u)$$
$$- \frac{27e}{8m}\,\text{coſ}\,(2\eta - v - u) - \frac{27e}{8m}\,\text{coſ}\,(2\eta - v + u)$$
$$+ \frac{9e}{8m}\,\text{coſ}\,(2\eta + v - u) + \frac{9e}{8m}\,\text{coſ}\,(2\eta + v + u)$$

Quan-

Quanquam enim nunc tam ξ quam q etiam ab excentricitate e pendeant, tamen in his formulis, in quas hae quantitates ingrediuntur, haec mutatio earum ſine errore pro nihilo haberi poteſt; quoniam hi termini per ſe ſunt minimi, et quia iam terminos ab e et q ſimul pendentes omiſimus. Tum vero erit

$$\frac{d\Phi}{d\omega} = m(1+\tfrac{1}{2}qq) - 2mq\,\mathrm{coſ}\,v + \tfrac{1}{2}mqq\,\mathrm{coſ}\,2v - \tfrac{3}{2}m\xi + 3mq\xi\,\mathrm{coſ}\,v$$

et $\frac{du}{d\omega} = \frac{d\theta}{d\omega} = 1 + 2ee - 2e\,\mathrm{coſ}\,u$

XLIX.

Ad formulas has integrandas ſeu tantum ad eas integralium partes inueniendas, quae ab excentricitate ſolis e pendent, opus eſt vt formularum $\frac{d\eta}{d\omega}$, $\frac{dv}{d\omega}$ et $\frac{du}{d\omega}$ primum habeamus partes principales, tum vero etiam eas quae a ſimplici ſolis excentricitate e pendent: habebimus ergo primo

$$\frac{d\eta}{d\omega} = m(1+\tfrac{1}{2}gg) - 1 - 2ee - 2mg\,\mathrm{coſ}\,v + 2e\,\mathrm{coſ}\,u$$

$$\frac{dv}{d\omega} = m(1+\tfrac{1}{2}gg) - 2mg\,\mathrm{coſ}\,v + \frac{3e}{4mg}\,\mathrm{coſ}(v-u) + \frac{3e}{4mg}\,\mathrm{coſ}(v+u)$$
$$- \frac{1}{4m}\left(1 - \frac{9A+3B-2C}{2gg}\right) + \frac{27e}{8mg}\,\mathrm{cſ}(2\eta-v-u) + \frac{27e}{8mg}\,\mathrm{cſ}(2\eta-v+u)$$
$$- \frac{9e}{8mg}\,\mathrm{cſ}(2\eta+v-u) - \frac{9e}{8mg}\,\mathrm{cſ}(2\eta+v+u)$$

ſeu introducendis, vt ſupra §. 27. breuitatis gratia, litteris

$$\alpha = m(1+\tfrac{1}{2}gg - C) - 2ee \quad ; \quad \gamma = 2mg$$

$$\beta = m(1+\tfrac{1}{2}gg - C) - \frac{1}{4m}\left(1 - \frac{9A+3B-2C}{2gg}\right); \quad \delta = 2mg + \frac{1}{2mg} + \frac{3g}{8m}$$

erit:

erit: $\frac{d\eta}{d\omega} \alpha - \gamma \cos v + 2e \cos u$

$$\frac{dv}{d\omega} = 6 - \delta \cos v - \frac{9}{4mg}\cos(2\eta - v) + \frac{3}{4mg}\cos(2\eta + v)$$

$$+ \frac{3e}{4mg}\cos(v-u) + \frac{3e}{4mg}\cos(v+u) + \frac{27e}{8mg}\cos(2\eta - v - u)$$

$$+ \frac{27e}{8mg}\,\mathrm{cs}(2\eta - v + u) - \frac{9e}{8mg}\,\mathrm{cs}(2\eta + v - u) - \frac{9e}{8mg}\,\mathrm{cs}(2\eta + v + u)$$

et $\frac{du}{d\omega} = 1 - 2e \cos u$.

L.

Fingamus nunc primo:

$$\xi = \mathfrak{A}\,\mathrm{cs}\,2\eta + \mathfrak{B}\,\mathrm{cs}(2\eta - v) + \mathfrak{C}\,\mathrm{cs}(2\eta + v) + \mathfrak{P}\,\mathrm{cs}(2\eta - u) + \mathfrak{Q}\,\mathrm{cs}(2\eta + u)$$

ac differentiando eos tantum ſumamus terminos, qui formulae differentiali reſpondent, quandoquidem reliquos iam inuenimus: eritque

$$\frac{d\xi}{d\omega} = -2e\,\mathfrak{A}\sin(2\eta - u) - 2e\,\mathfrak{A}\sin(2\eta + u)$$

$$-(2\alpha - 1)\,\mathfrak{P} \quad -(2\alpha + 1)\,\mathfrak{Q}$$

vnde colligitur:

$$(2\alpha - 1)\,\mathfrak{P} = -\frac{9e}{2m} - 2e\,\mathfrak{A}\,; \quad (2\alpha + 1)\,\mathfrak{Q} = -\frac{9e}{2m} - 2e\,\mathfrak{A}$$

Cum igitur ſit $e = 0,0168$, erit in numeris:

$$\mathfrak{P} = -0,000247 \quad \text{et} \quad \mathfrak{Q} = -0,000227.$$

LI.

Fingatur porro: $q = g$

$$+ A\cos(2\eta - v) + B\cos(2\eta + v)\,C\cos v + M\cos(v-u) + N\cos(v+u)$$

$$+ P\cos(2\eta - v - u) + Q\cos(2\eta - v + u) + R\,\mathrm{cs}(2\eta + v - u) + S\,\mathrm{cs}(2\eta + v + u)$$

ac

ac differentiando obtinebitur : $\frac{dq}{d\omega} =$

$$-2eA\sin(2\eta-v-u)-2eA\sin(2\eta-v+u)-2eB\sin(2\eta+v-u)-2eB\sin(2\eta+v+u)$$
$$-(2\alpha-\beta-1)P \quad -(2\alpha-\beta+1)Q \quad -(2\alpha+\beta-1)R \quad -(2\alpha+\beta+1)S$$
$$-(\beta-1)M\sin(v-u)-(\beta+1)H\sin(v+u)$$

Comparatione ergo instituta reperietur :

$$(\beta-1)M=-\frac{3e}{4m} \quad ; \quad (\beta+1)N=-\frac{3e}{4m}$$
$$(2\alpha-\beta-1)P=\frac{27e}{8m}-2eA \quad ; \quad (2\alpha\ \beta+1)Q=\frac{27e}{8m}-2eA$$
$$(2\alpha+\beta-1)R=\frac{9e}{8m}-2eB \quad ; \quad (2\alpha+\beta+1)S=\frac{9e}{8m}-2eB$$

et in numeris

$$M=-0{,}00008 \quad ; \quad P=+0{,}00042 \quad ; \quad R=+0{,}00004$$
$$N=-0{,}00006 \quad ; \quad Q=+0{,}00036 \quad ; \quad S=+0{,}00004$$

LII.

Hic autem in differentiatione neglеximus partes ipsius $\frac{dv}{d\omega}$ ab excentricitate e pendentes, quarum tamen eodem iure ratio haberi debuisset, atque partis in differentiali $\frac{d\eta}{d\omega}$; inde autem multo plures termini accedent ad valorum ipsius q, ponatur ergo ob hos terminos :

$$q = g$$
$$+A\cos(2\eta-v)+B\cos(2\eta+v)+C\cos v+M\cos(v-u)$$
$$+N\cos(v+u)+D\cos(2\eta-u)+E\cos(2\eta+u)$$
$$+P\cos(2\eta-v-u)+Q\cos(2\eta-v+u)+R\cos(2\eta+v-u)$$
$$+S\cos(2\eta+v+u)+K\cos(2v-u)+L\cos(2v+u)$$

$$+F\cos(2\eta-2v-u)+G\cos(2\eta-2v+u)+H\cos(2\eta+2v-u)$$
$$+J\cos(2\eta+2v+u)+T\cos(4\eta-u)+V\cos(4\eta+u)$$
$$+W\cos(4\eta-2v-u)+X\cos(4\eta-2v+u)+Y\cos(4\eta+2v-u)$$
$$+Z\cos(4\eta+2v+u)$$

et ſumto differentiali pleno reperiotur:

$$\frac{dq}{d\omega}=+\sin(2\eta-v-u)\ [-2eA-(2\alpha-\beta-1)P]$$
$$+\sin(2\eta-v+u)\ [-2eA-(2\alpha-\beta+1)Q]-(\beta-1)M\sin(v-u)$$
$$+\sin(2\eta\mp v-u)\ [-2eB-(2\alpha+\beta-1)R]$$
$$+\sin(2\eta+v+u)\ [-2eB-(2\alpha+\beta+1)S]-(\beta+1)N\sin(v+u)$$
$$+\sin(2\eta-u)\left(+\frac{3eA}{8mg}-\frac{3eB}{8mg}-\frac{27eC}{16mg}-\frac{9eC}{16mg}-(2\alpha-1)D\right)$$
$$+\sin(2\eta+u)\left(+\frac{3eA}{8mg}-\frac{8eB}{8mg}-\frac{27eC}{16mg}-\frac{9eC}{16mg}-(2\alpha+1)E\right)$$
$$+\sin(2\eta-2v+u)\left(+\frac{3eA}{8mg}+\frac{27eC}{16mg}-(2\alpha-2\beta+1)G\right)$$
$$+\sin(2\eta-2v-u)\left(+\frac{3eA}{8mg}+\frac{27eC}{16mg}-(2\alpha-2\beta-1)F\right)$$
$$+\sin(2\eta+2v-u)\left(-\frac{3eB}{8mg}+\frac{9eC}{16mg}-(2\alpha+2\beta-1)H\right)$$
$$+\sin(2\eta+2v+u)\left(-\frac{3eB}{8mg}+\frac{9eC}{16mg}-(2\alpha+2\beta+1)J\right)$$
$$+\sin u\left(+\frac{27eA}{16mg}-\frac{27eA}{16mg}+\frac{9eB}{16mg}-\frac{9eB}{16mg}-\frac{3eC}{8mg}+\frac{3eC}{8mg}\right)$$
$$+\sin(4\eta-2v-u)\left(+\frac{27eA}{16mg}-(4\alpha-2\beta-1)W\right)$$
$$+\sin(4\eta-2v+u)\left(+\frac{27eA}{16mg}-(4\alpha-2\beta+1)X\right)$$

+

$$+\sin(4\eta+2v-u)\left(+\frac{9eB}{16mg}-(4\alpha+2\beta-1)\,Y\right)$$

$$+\sin(4\eta+2v+u)\left(+\frac{9eB}{16mg}-(4\alpha+2\beta+1)\,Z\right)$$

$$+\sin(2v-u)\left(+\frac{9eA}{16mg}-\frac{27eB}{16mg}-\frac{3eC}{8mg}-(2\beta-1)\,K\right)$$

$$+\sin(2v+u)\left(+\frac{9eA}{16mg}-\frac{27eB}{16mg}-\frac{3eC}{8mg}-(2\beta+1)\,L\right)$$

$$+\sin(4\eta-u)\left(-\frac{9eA}{16mg}-\frac{27eB}{16mg}-(4\alpha-1)\,T\right)$$

$$+\sin(4\eta+u)\left(-\frac{9eA}{16mg}-\frac{27eB}{16mg}-(4\alpha+1)\,V\right)$$

vnde reperitur:

$D = -0,000010$	;	$H = +0,000001$	
$E = -0,000010$	;	$J = +0,000001$	
$F = +0,000005$	;	$K = -0,000006$	
$G = +0,000065$	;	$L = -0,000006$	
$T = +0,000004$	;	$X = -0,000022$	
$V = +0,000004$	;	$Y = -0,000000$	
$W = -0,000023$	;	$Z = -0,000000$	

LIII.

Ponamus nunc etiam pro motu apogei

$$\phi - v = \text{Const.} + \Delta\omega$$

$$+A'\sin(2\eta-v)+B'\sin(2\eta+v)+C'\sin v+M'\sin(v-u)+N'\sin(v+u)$$
$$+P'\sin(2\eta-v-u)+Q'\sin(2\eta-v+u)+R'\sin(2\eta+v-u)+S'\sin(2\eta+v+u)$$
$$+D'\sin(2\eta-u)+E'\sin(2\eta+u)+K'\sin(2v-u)+L'\sin(2v+u)+O'\sin u$$
$$+F'\sin(2\eta-2v-u)+G'\sin(2\eta-2v+u)+H'\sin(2\eta+2v-u)+J'\sin(2\eta+2v+u)$$
$$+W'\sin(4\eta-2v-u)+X'\sin(4\eta-2v+u)+Y'\sin(4\eta+2v-u)+Z'\sin(4\eta+2v+u)$$
$$+T'\sin(4\eta-u)+V'\sin(4\eta+u)$$

et

et ſumto differentiali pleno reperietur:

$$\frac{d\Phi-dv}{d\omega}=\Delta+\cos(2\eta-v-u)\ [2eA'+(2\alpha-\beta-1)P']$$

$$+\cos(2\eta-v+u)\ [2eA'+(2\alpha-\beta+1)Q']+(\beta-1)M'\cos(v-u)$$

$$+\cos(2\eta+v-u)\ [2eB'+(2\alpha+\beta-1)R']$$

$$+\cos(2\eta+v+u)\ [2eB'+(2\alpha+\beta+1)S']+(\beta+1)N'\cos(v+u)$$

$$+\cos(2\eta-u)\left(-\frac{3e}{8mg}A'+\frac{3e}{8mg}B'+\frac{27e}{16mg}C'-\frac{9e}{16mg}C'+(2\alpha-1)D'\right)$$

$$+\cos(2\eta+u)\left(-\frac{3e}{8mg}A'+\frac{3e}{8mg}B'+\frac{27e}{16mg}C'-\frac{9e}{16mg}C'+(2\alpha+1)E'\right)$$

$$+\cos(2\eta-2v-u)\left(-\frac{3e}{8mg}A'+\frac{27e}{16mg}C'+(2\alpha-2\beta-1)F'\right)$$

$$+\cos(2\eta-2v+u)\left(-\frac{3e}{8mg}A'+\frac{27e}{16mg}C'+(2\alpha-2\beta+1)G'\right)$$

$$+\cos(2\eta+2v-u)\left(+\frac{3e}{8mg}B'+\frac{9e}{16mg}C'+(2\alpha+2\beta-1)H'\right)$$

$$+\cos(2\eta+2v+u)\left(+\frac{3e}{8mg}B'+\frac{9e}{16mg}C'+(2\alpha+2\beta+1)J'\right)$$

$$+\quad\cos u\left(-\frac{27e}{16mg}A'-\frac{27e}{16mg}A'-\frac{9e}{16mg}B'-\frac{9e}{16mg}B'\right.$$

$$\left.+\frac{3e}{8mg}C'+\frac{3e}{8mg}C'+O'\right)$$

$$+\cos(4\eta-2v-u)\left(-\frac{27e}{16mg}A'+(4\alpha-2\beta-1)W'\right)$$

$$+\cos(4\eta-2v+u)\left(-\frac{27e}{16mg}A'+(4\alpha-2\beta+1)X'\right)$$

$$+\cos(4\eta+2v-u)\left(-\frac{9e}{16mg}B'+(4\alpha+2\beta-1)Y'\right)$$

$$+\cos(4\eta+2v+u)\left(-\frac{9e}{16mg}B'+(4\alpha+2\beta+1)Z'\right)$$

+

$+\cos(2v-u)\left(+\frac{9e}{16mg}A'+\frac{27e}{16mg}B'\mp\frac{3e}{8mg}C'+(2\beta-1)K'\right)$

$+\cos(2v+u)\left(+\frac{9e}{16mg}A'+\frac{27e}{16mg}B'+\frac{3e}{8mg}C'+(2\beta+1)L'\right)$

$+\cos(4\eta-u)\left(+\frac{9e}{16mg}A'+\frac{27e}{16mg}B'+(2\alpha-1)T'\right)$

$+\cos(4\eta+u)\left(+\frac{9e}{16mg}A'+\frac{27e}{16mg}B'+(2\alpha+1)V'\right)$

LIV.

Singuli iam hi termini multiplicentur per q, cuius valor quidem erit $=g$, quoniam hi termini in ſuo genere iam ſunt minimi: ſed quoniam valor $\frac{d\Phi-dv}{d\omega}$ adhuc hos terminos praecipuos continet:

$(2\alpha-\beta)A'\cos(2\eta-v)+(2\alpha+\beta)B'\cos(2\eta+v)+\beta C'\cos v$

ſi et hi per q uultiplicentur, inde naſcentur quoque termini angulum u inuoluentem, erit autem pro his, ſumtis partibus tantum praecipuis:

$$q=\text{Praec.}+P\cos(2\eta-v-u)+Q\cos(2\eta-v+u)$$

Ergo ad illos terminos per q multiplicatos inſuper accedent iſti:

$\cos u\ [\frac{1}{2}(2\alpha-\beta)PA'+\frac{1}{2}(2\alpha-\beta)QA']\qquad+\frac{1}{2}\beta PC'\cos(2\eta-u)$

$\cos(4\eta-2v-u)\ [\frac{1}{2}(2\alpha-\beta)PA'+\frac{1}{2}\beta PC']\qquad+\frac{1}{2}\beta QC'\cos(2\eta+u)$

$\cos(4\eta-2v+u)\ [\frac{1}{2}(2\alpha-\beta)QA'+\frac{1}{2}\beta QC']$

$\cos(2v+u)\ [\frac{1}{2}(2\alpha+\beta)PB'\qquad+\cos(4\eta-u)\ [\frac{1}{2}(2\alpha+\beta)PB'$

$\cos(2v-u)\ [\frac{1}{2}(2\alpha+\beta)QB'\qquad+\cos(4\eta+u)\ [\frac{1}{2}(2\alpha+\beta)QB'$

 LV.

LV.

Hinc ergo obtinentur ſequentes determinationes:

$$2eg\,A' + (2\alpha-\beta-1)\,g\,P' = -\frac{27e}{8m}$$

$$2eg\,A' + (2\alpha-\beta+1)\,g\,Q' = -\frac{27e}{8m}$$

$$2eg\,B' + (2\alpha+\beta-1)\,g\,R' = +\frac{9e}{8m}$$

$$2eg\,B' + (2\alpha+\beta+1)\,g\,S' = +\frac{9e}{8m}$$

$$(\beta-1)\,g\,M' = -\frac{3e}{4m} \quad ; \quad (\beta+1)\,g\,N' = -\frac{3e}{4m}$$

$$-\frac{3e}{8m}(A'-B') + \frac{9e}{8m}C' + (2\alpha-1)\,g\,D' + \tfrac{1}{2}\beta\,PC' = 0$$

$$-\frac{3e}{8m}(A'-B') + \frac{9e}{8m}C' + (2\alpha+1)\,g\,E' + \tfrac{1}{2}\beta\,QC' = 0$$

$$-\frac{3e}{8m}A' + \frac{27e}{16m}C' + (2\alpha-2\beta-1)\,g\,F' = 0$$

$$-\frac{3e}{8m}A' + \frac{27e}{16m}C' + (2\alpha-2\beta+1)\,g\,G' = 0$$

$$+\frac{3e}{8m}B' + \frac{9e}{16m}C' + (2\alpha+2\beta-1)\,g\,H' = 0$$

$$+\frac{3e}{8m}B' + \frac{9e}{16m}C' + (2\alpha+2\beta+1)\,g\,J' = 0$$

$$-\frac{27e}{8m}A' - \frac{9e}{8m}B' + \frac{3e}{8m}C' + g\,O' + \tfrac{1}{2}(2\alpha-\beta)(P+Q)\,A' = 0$$

$$-\frac{27e}{8m}A' + (4\alpha-2\beta-1)\,g\,W' + \tfrac{1}{2}(2\alpha-\beta)\,PA' + \tfrac{1}{2}\beta\,PC' = 0$$

$$-\frac{27e}{8m}A' + (4\alpha-2\beta+1)\,g\,X' + \tfrac{1}{2}(2\alpha-\beta)\,QA' + \tfrac{1}{2}\beta\,QC' = 0$$

$$-\frac{9e}{16m}B' + (4\alpha+2\beta-1)gY' = 0 \quad ; \quad -\frac{9e}{16m}B' + (4\alpha+2\beta+1)gZ' = 0$$

+

$$+\frac{9e}{16m}A'+\frac{27e}{16m}B'+\frac{3e}{8m}C'+(2\beta-1)gK'+\tfrac{1}{2}(2\alpha+\beta)QB'=0$$

$$+\frac{9e}{16m}A'+\frac{27e}{16m}B'+\frac{3e}{8m}C'+(2\beta+1)gL'+\tfrac{1}{2}(2\alpha+\beta)PB'=0$$

$$+\frac{9e}{16m}A'+\frac{27e}{16m}B'+(4\alpha-1)gT'+\tfrac{1}{2}(2\alpha+\beta)PB'=0$$

$$+\frac{9e}{16m}A'+\frac{27e}{16m}B'+(4\alpha+1)gV'+\tfrac{1}{2}(2\alpha+\beta)QB'=0$$

LVI.

Valores ergo horum coefficientium iam ad minuta ſecunda reductorum erunt; $O' = +310''$

$P' = -1285''$;	$M' = -293''$;	$F' = +401''$
$Q' = -1087$;	$N' = -251$;	$G' = +5412$
$R' = +148$;	$D' = -52$;	$H' = -2$
$S' = +141$;	$E' = -45$;	$J' = -2$

$W' = -91''$;	$K' = +61''$
$X' = -95$;	$L' = +61$
$Y' = -1$;	$T' = +35$
$Z' = -1$;	$V' = +31$

Vnde ob excentricitatem orbitae ſolaris erit:

$$\begin{aligned}\xi = &+0{,}008931\cos 2\eta &&-0{,}000247\cos(2\eta-u)\\ &+0{,}002090\cos(2\eta-v) &&-0{,}000227\cos(2\eta+u)\\ &+0{,}000640\cos(2\eta+v)\end{aligned}$$

$$\begin{aligned}q=g &-0{,}013995\cos(2\eta-v) &&-0{,}000280\cos 2\eta\\ &-0{,}001460\cos(2\eta+v) &&+0{,}014012\cos(2\eta-2v)\\ &+0{,}002834\cos v &&-0{,}000162\cos(2\eta+2v)\\ & &&+0{,}000340\cos 2v\\ &-0{,}000184\cos 4\eta &&+0{,}000420\cos(2\eta-v-u)\\ &+0{,}000882\cos(4\eta-2v) &&+0{,}000360\cos(2\eta-v+u)\\ &+0{,}000009\cos(4\eta+2v)\end{aligned}$$

$$\varphi - v = \text{Conſt.} + 0,1123\,\omega$$

$-53018''\sin(2\eta - v) + 1533''\sin 2\eta \quad -1285''\sin(2\eta - v - u)$
$- 5532 \sin(2\eta + v) - 53549 \sin(2\eta - 2v) - 1087 \sin(2\eta - v - u)$
$+10736 \sin v \quad - 464 \sin(2\eta + 2v) + 148 \sin(2\eta + v - u)$
$+ 449 \sin 2v \quad + 141 \sin(2\eta + v + u)$

$-293''\sin(v - u) + 401''\sin(2\eta + 2v - u) + 61''\sin(2v - u)$
$-251 \sin(v + u) + 5412 \sin(2\eta - 2v + u) + 61 \sin(2v + u)$
$- 52 \sin(2\eta - u) - 91 \sin(4\eta - 2v - u) + 35 \sin(4\eta - u)$
$- 45 \sin(2\eta + u) - 95 \sin(4\eta - 2v + u) + 31 \sin(4\eta + u)$
$+310 \sin u$

neglectis ſcilicet terminis minimis.

LVII.

Denique pro longitudine lunae vera φ inuenienda, cum ſit $\frac{d\varphi}{d\omega} = \text{Praec.}$

$+ mg.\ 0,00005 \cos(2\eta - v - u) \quad - m.\ 0,00005 \cos(2\eta - u)$
$+ mg.\ 0,00002 \cos(2\eta - v + u) \quad - m.\ 0,00002 \cos(2\eta + u)$
$+ mg.\ 0,00005 \cos(2\eta + v - u) \quad - m.\ 0,00042 \cos(2\eta - 2v - u)$
$+ mg.\ 0,00002 \cos(2\eta + v + u) \quad - m.\ 0,00036 \cos(2\eta - 2v + u)$
$+ mg.\ 0,00042 \cos(2\eta - 3v - u)$
$+ mg.\ 0,00036 \cos(2\eta - 3v + u)$

ponatur $\varphi = \text{Conſt.}$

$$+\mathfrak{A}\,\omega + \mathfrak{B}'\sin v + \mathfrak{D}'\sin(2\eta - 2v) + \mathfrak{G}'\sin(2\eta - v) + \mathfrak{J}'\sin(2\eta - 3v)$$

vna cum nouis terminis

$+ \mathfrak{a}'\sin(2\eta - v - u) + \mathfrak{e}'\sin(2\eta - u) + \mathfrak{g}'\sin(2\eta - 2v - u) + \mathfrak{l}'\sin u$
$+ \mathfrak{b}'\sin(2\eta - v + u) + \mathfrak{f}'\sin(2\eta + u) + \mathfrak{h}'\sin(2\eta - 2v + u) + \mathfrak{m}'\sin(2v - u)$
$+ \mathfrak{c}'\sin(2\eta + v - u) \quad + \mathfrak{i}'\sin(2\eta - 3v - u) + \mathfrak{n}'\sin(2v + u)$
$+ \mathfrak{d}'\sin(2\eta + v + u) \quad + \mathfrak{k}'\sin(2\eta - 3v + u)$

+ $\mathfrak{o}'$

$$+\mathfrak{o}'\sin(2\eta+2v-u) + \mathfrak{q}'\sin(v-u) + \mathfrak{s}'\sin(4v-u)$$
$$+\mathfrak{p}'\sin(2\eta+2v+u) + \mathfrak{r}'\sin(v+u) + \mathfrak{t}'\sin(4v+u)$$

pro reliquorum terminorum, quos forma differentialis requirit, coefficientibus ponamus litteram I.

LVIII.

Differentiatione iam per regulas praecedentes instituta erit: $\frac{d\Phi}{d\omega} =$ Praec.

$$+\cos u\left(\frac{3e}{8mg}\mathfrak{B}'+\frac{3e}{8mg}\mathfrak{B}'-\frac{27e}{16mg}\mathfrak{G}'-\frac{27e}{16mg}\mathfrak{G}'+\mathfrak{l}'\right)$$
$$+(2\alpha+\beta-1)\mathfrak{c}'\cos(2\eta+v-u)$$
$$+\cos(2v-u)\left(\frac{3e}{8mg}\mathfrak{B}'+\frac{9e}{16mg}\mathfrak{G}'-\frac{81e}{16mg}\mathfrak{J}'+(2\beta-1)\mathfrak{m}'\right)$$
$$+(2\alpha+\beta+1)\mathfrak{d}'\cos(2\eta+v+u)$$
$$+\cos(2v+u)\left(\frac{3e}{8mg}\mathfrak{B}'+\frac{9e}{16mg}\mathfrak{G}'-\frac{18e}{16mg}\mathfrak{J}'+(2\beta+1)\mathfrak{n}'\right)$$
$$+\cos(2\eta-u)\left(+\frac{27e}{16mg}\mathfrak{B}'-\frac{9e}{16mg}\mathfrak{B}'-\frac{3e}{8mg}\mathfrak{G}'+(2\alpha-1)\mathfrak{e}'\right)$$
$$+\cos(2\eta+u)\left(+\frac{27e}{16mg}\mathfrak{B}'-\frac{9e}{16mg}\mathfrak{B}'-\frac{3e}{8mg}\mathfrak{G}'+(2\alpha+1)\mathfrak{f}'\right)$$
$$+\cos(2\eta-2v-u)\left(+\frac{27e}{16mg}\mathfrak{B}'+2e\mathfrak{D}'-\frac{9e}{8mg}\mathfrak{G}'-\frac{9e}{8mg}\mathfrak{J}'\right.$$
$$\left.+(2\alpha-2\beta-1)\mathfrak{g}'\right)$$
$$+\cos(2\eta-2v+u)\left(+\frac{27e}{16mg}\mathfrak{B}'+2e\mathfrak{D}'-\frac{3e}{8mg}\mathfrak{G}'-\frac{9e}{8mg}\mathfrak{J}'\right.$$
$$\left.+(2\alpha-2\beta+1)\mathfrak{h}'\right)$$

 +

$$+\cos(4v-u)\left(+\frac{27e}{16mg}\mathfrak{J}'+(4\beta-1)\,\mathfrak{s}'\right)$$

$$+\cos(4v+u)\left(+\frac{27e}{16mg}\mathfrak{J}'+(4\beta+1)\,\mathfrak{t}'\right)$$

$$+\cos(2\eta+2v-u)\left(-\frac{9e}{16mg}\mathfrak{B}'+(2\alpha+2\beta-1)\,\mathfrak{v}'\right)$$

$$+\cos(2\eta+2v+u)\left(-\frac{9e}{16mg}\mathfrak{B}'+(2\alpha+2\beta+1)\,\mathfrak{p}'\right)$$

$$+\cos(2\eta-v-u)\left(-\frac{3e}{4mg}\mathfrak{D}'+2e\mathfrak{G}'+(2\alpha-\beta-1)\,\mathfrak{a}'\right)$$

$$+\cos(2\eta-3v+u)\left(-\frac{3e}{8mg}\mathfrak{D}'+2e\mathfrak{J}'+(2\alpha-3\beta+1)\,\mathfrak{f}'\right)$$

$$+\cos(2\eta-v+u)\left(-\frac{3e}{4mg}\mathfrak{D}'+2e\mathfrak{G}'+(2\alpha-\beta+1)\,\mathfrak{b}'\right)$$

$$+\cos(2\eta-3v-u)\left(-\frac{3e}{4mg}\mathfrak{D}'+2e\mathfrak{J}'+(2\alpha-3\beta-1)\,\mathfrak{j}'\right)$$

$$+\cos(v-u)\left(-\frac{27e}{8mg}\mathfrak{D}'+(\beta-1)\,\mathfrak{q}'\right)$$

$$+\cos(v+u)\left(-\frac{27e}{8mg}\mathfrak{D}'+(\beta+1)\,\mathfrak{r}'\right)$$

$$+\cos(4\eta-3v-u)\left(-\frac{27e}{8mg}\mathfrak{D}'+(4\alpha-3\beta-1)\,\mathfrak{l}\right)$$

$$+\cos(4\eta-3v+u)\left(-\frac{27e}{8mg}\mathfrak{D}'+(4\alpha-3\beta+1)\,\mathfrak{l}\right)$$

$$+\cos(3v-u)\left(+\frac{9e}{8mg}\mathfrak{D}'+(3\beta-1)\,\mathfrak{l}\right)$$

$$+\cos(3v+u)\left(+\frac{9e}{8mg}\mathfrak{D}'+(3\beta+1)\,\mathfrak{l}\right)$$

+

$$+\cos(4\eta-v-u)\left(+\frac{9e}{8mg}\mathfrak{D}'+(4\alpha-\beta-1)\,\mathrm{I}\right)$$

$$+\cos(4\eta-v+u)\left(+\frac{9e}{8mg}\mathfrak{D}'+(4\alpha-\beta+1)\,\mathrm{I}\right)$$

$$+\cos(4\eta-2v-u)\left(-\frac{27e}{16mg}\mathfrak{G}'+\frac{27e}{16mg}\mathfrak{J}'+(4\alpha-2\beta-1)\,\mathrm{I}\right)$$

$$+\cos(4\eta-2v+u)\left(-\frac{27e}{16mg}\mathfrak{G}'+\frac{27e}{16mg}\mathfrak{J}'+(4\alpha-2\beta+1)\,\mathrm{I}\right)$$

$$+\cos(4\eta-u)\left(+\frac{9e}{16mg}\mathfrak{G}'+(4\alpha-1)\,\mathrm{I}\right)$$

$$+\cos(4\eta+u)\left(+\frac{9e}{16mg}\mathfrak{G}'+(4\alpha+1)\,\mathrm{I}\right)$$

$$+\cos(2\eta-4v-u)\left(-\frac{9e}{8mg}\mathfrak{J}'+(2\alpha-4\beta\ \ 1)\,\mathrm{I}\right)$$

$$+\cos(2\eta-4v+u)\left(-\frac{9e}{8mg}\mathfrak{J}'+(2\alpha-4\beta+1)\,\mathrm{I}\right)$$

$$+\cos(4\eta-4v-u)\left(-\frac{81e}{3mg}\mathfrak{J}'+(4\alpha-4\beta-1)\,\mathrm{I}\right)$$

$$+\cos(4\eta-4v+u)\left(-\frac{81e}{8mg}\mathfrak{J}'+(4\alpha-4\beta+1)\,\mathrm{I}\right)$$

LIX.

Collectis hinc valoribus coefficientium assumtorum, obtinebitur longitudo lunae vt sequitur:

$\Phi =$

$$\phi = C + 13{,}3682\,\omega$$

$$\begin{array}{lll}
-22728'' \sin v & +2823'' \sin(2\eta-3v) & +100'' \sin u \\
-1081 \sin 2v & +47 \sin(2\eta+3v) & -23 \sin(v-u) \\
-128 \sin 3v & -246 \sin(4\eta-v) & -20 \sin(v+u) \\
-700 \sin 2\eta & +41 \sin(4\eta+v) & +22 \sin(2v-u) \\
-3594 \sin(2\eta-2v) & +379 \sin(4\eta-3v) & +21 \sin(2v+u) \\
+306 \sin(2\eta+2v) & -2 \sin(4\eta+3v) & +2 \sin(3v-u) \\
-3762 \sin(2\eta-v) & & +2 \sin(3v+u) \\
-115 \sin(2\eta+v) & & -2 \sin(4v-u) \\
 & & -2 \sin(4v+u)
\end{array}$$

$$\begin{array}{ll}
+17'' \sin(2\eta-u) & -1' \sin(2\eta-4v-u) \\
+19 \sin(2\eta+u) & -1 \sin(2\eta-4v+u) \\
+1 \sin(4\eta-u) & -11 \sin(4\eta-2v-u) \\
+1 \sin(4\eta+u) & -10 \sin(4\eta-2v+u) \\
+6 \sin(2\eta-v-u) & -28 \sin(4\eta-3v-u) \\
+5 \sin(2\eta-v+v) & -23 \sin(4\eta-3v+u) \\
+60 \sin(2\eta-2v-u) & -98 \sin(4\eta-4v-u) \\
-194 \sin(2\eta-2v+u) & -245 \sin(4\eta-4v+u) \\
-6 \sin(2\eta+2v-u) & +2 \sin(4\eta-v-u) \\
-6 \sin(2\eta+2v+u) & +2 \sin(4\eta-v+u) \\
+6 \sin(2\eta-3v-u) & \\
+8 \sin(2\eta-3v+u) &
\end{array}$$

LX.

Plurimae igitur prodeunt inaequalitates ab excentricitate ſolis pendentes, quarum nonnullae ita ſunt magnae,

gnae, vt ſine notabili errore omitti nequeant; cuiusmodi ſunt imprimis, quae ab angulis $2\eta-2v\mp u$ et $4\eta-4v\mp u$ pendent. Sed in his fere idem incommodum vſu venit, quo methodus praecedens premebatur, quod magnitudo harum inaequalitatum per Theoriam non ſatis accurate definiri queat. Cum enim pro his terminis inueniendis diuiſores $2\alpha-2\beta\mp 1$ et $4\alpha-4\beta\mp 1$ fiant perquam exigui, manifeſtum eſt in diuidendis terminos minimos neglectos non exigui fore momenti: praecipue cum pro litteris $\mathfrak{g}'$ et $\mathfrak{h}'$ termini maiores fere ſe mutuo deſtruxiſſent. Vnde cum ex valore Φ tantum termini maiores $\mathfrak{B}'$, $\mathfrak{D}'$, $\mathfrak{G}'$ et $\mathfrak{J}'$ eſſent adhibiti, perſpicuum eſt ſi etiam reliqui minores fuiſſent introducti, ex iis inſignem mutationem in valore coefficientium $\mathfrak{g}'$ et $\mathfrak{h}'$ orituram fuiſſe.

LXI.

De his autem inaequalitatibus tenendum eſt, eas per ſatis notabile temporis ſpatium vix immutari; nam inaequalitates ab angulo $2\eta-2v+u$, ob quantitatem $2\alpha-2\beta+1=-0,1594$ periodum habent annorum circiter $6\frac{1}{3}$ annorum, et interuallo 19 annorum ter tantum reuoluuntur: et inaequalitas ab angulo $4\eta-4v+u$ pendens ſpatio 29 annorum 19 periodos abſoluit. Ex quo cum iſtae inaequalitates per theoriam ſaltem propemodum fuerint definitae, eas deinceps per obſeruationes accuratius definiri conueniet: niſi forte quis laborem in ſe ſuſcipere voluerit, calculum hic adumbratum multo accuratius inſtituendi terminorumque hic omiſſorum rationem habendi; tum vero etiam valores ξ, q et $\Phi-v$

multo maiori ſtudio, quam hic feci, euolui oporteret, quoniam in horum determinatione multa neglexi, quae in calculo tandem ad notabilem quantitatem excreſcere potuiſſent.

LXII.

Interim tamen hic notari conuenit, hac methodo eas tantum inaequalitates prodire incertas, quae ſatis longis periodis abſoluuntur; quae incertitudo minus officit, cum per obſeruationes facilius emendari poſſit: praecedente vero methodo etiam aliae inaequalitates minoribus periodis circumſcriptae aliquantum incertae prodierunt, quod ſane ingens erat incommodum. Vnde ex hac parte haec methodus poſterior priori anteferenda videtur: verum ſi ingentem inaequalitatum numerum ſpectemus, quibus non ſolum lunae longitudo afficitur, ſed etiam longitudo apogei, calculus tantopere fit operoſus, vt etiamſi has formulas accuratiſſime euolverem, tamen in praxi difficillimi foret vſus. Quin etiam plurimae inaequalitates in motum apogei ingredi videntur, quarum effectum deinceps per alias longitudinis inaequalitates iterum deſtrui oportet, ita vt ſatius fuiſſet illas penitus omittere.

LXIII.

Multitudo autem harum inaequalitatum, quibus tam apogei, quam ipſius lunae longitudo turbatur, inde potiſſimum originem trahit, quod inaequalitates excentricitatis prae eius quantitate media admodum ſint notabiles, atque adeo quadrantem mediae quantitatis ſuperent; ita vt prae ea negligi minime queant. Multo plures autem

tem adhuc inaequalitates essent accessurae, si excentricitas lunae media adhuc esset minor, quo certe casu calculi difficultates insuperabiles euasissent: hoc vero ipso casu methodus prior multo tractabilior redderetur, tum enim pleraeque inaequalitates ibi multo minores prodirent. Atque ob hanc causam minus expedire videtur, anomaliam lunae ita constituere, vt eius sinus tam pro maximis quam pro minimis distantiis lunae a terra plane euanescat, etiamsi haec ratio naturae rei maxime consentanea videatur.

LXIV.

Cum igitur numerus inaequalitatum iam tantopere increuerit, facile perspicitur eum adhuc multo magis auctum iri, si eas inaequalitates, quae cum a parallaxi solis, tum ab eius inclinatione ad eclipticam essem euoluturus, quo labore propterea, cum eius vsus fere nullus futurus esset, supersedebo. Interim tamen hinc tantum colligere licet, inaequalitates ab angulis $2\eta-2v\mp u$ et $4\eta-4v\pm u$ ortas, minime esse contemnendas; quae cum methodo praecedente sint vel omissae vel non satis accurate determinatae, sine dubio causam in se continent, quod etiam accuratissimae tabulae per obseruationes emendatae adhuc vltra 4′ saepe a veritate aberrent.

LXV.

Sufficiat igitur methodum exposuisse, cuius ope inaequalitates lunae tam ratione apogei, quam longitudinis ac latitudinis verae ex anomalia hic adhibita determinari queant; neque propterea laborem calculi reliquarum inaequalitatum, quae vel ex ſolis parallaxi vel ex inclinatione orbitae lunaris ad eclipticam oriuntur, ſuſcipio; quippe quarum numerus, ſiquidem omnes, quae alicuius momenti eſſent futurae, perſequi vellem, in immenſum excreſceret. Non ſolum autem multitudo inaequalitatum hanc methodum omni vtilitate in praxi priuabit, ſed etiam ingentes aequationes, quas determinatio apogei, atque anomaliae inde pendentis requirit, ita ſunt comparatae, vt ipſae iam ſatis exactam tam longitudinis quam anomaliae cognitionem requirant; quae res etſi initio ſupponi poſſent, deinceps iterata eadem operatione accuratius definiendae, tamen quia correctio apogei vltra 30° gradus aſſurgere poteſt, calculus ob inaequalitatum multitudinem per ſe taediosſus, nimis crebro repeti deberet, antequam de concluſione certi eſſe poſſemus.

APPLICATIO FORMULARUM INUENTARUM AD ALIOS CALCULOS LUNARES.

LXVI.

Cum igitur calculus inaequalitatum motus lunae hactenus duplici modo ſit inſtitutus, dum priori anomalia vera regulis Keplerianis conformis eſt aſſumta, poſteriori vero ita conſtituta, vt eius ſinus tam pro maximis lunae a terra diſtantiis quam pro minimis prorſus euaneſceret, quorum vterque vti vidimus incommodis non caret: ita etiam infinitis aliis modis lunae inaequalitates repraeſentari poterunt, quos breuiter expoſuiſſe haud abs re re ſore arbitror. Nullum enim eſt dubium, quin inter hos infinitos modos quidam reperiantur, qui ipſi naturae rei magis ſint conſentanei, neque iis incommodis laborent, quibus vtrumque expoſitum non mediocriter impediri comperimus; etiamſi adhuc difficillimum videatur, inter hanc infinitam multitudinem modum conuenientiſſimum eligere.

LXVII.

Poſtquam autem inueſtigationem ab aequationibus differentio differentialibus ad aequationes ſimpliciter differentiales produximus, etiamſi ad hoc anomalia vera v cuius ſinus in maximis ac minimis lunae a terra diſtantiis euaneſcat, ſimus vſi, tamen haec conditio iam iterum exui poteſt. Cum enim tam ſinus quam coſinus ipſius v vbique per quantitatem q ſit multiplicatus, loco harum duarum variabilium q et v iam alias duas variabiles in calculum introducere poterimus, quod commodiſſime fiet ponendo $q \cos v = r$ et $q \sin v = s$, vt ſit $qq = rr + ss$ et $\tang v = \frac{s}{r}$, tum enim vi formularum §. IX. exhibitarum habebimus iſtas aequationes:

$$dr = -s d\Phi + \frac{2M}{A} d\omega \sqrt{Ap};$$

$$ds = r d\Phi + \left(\frac{N}{A} - \frac{Ms}{A(1-r)}\right) d\omega \sqrt{Ap}.$$

LXVIII.

Hinc autem porro erit: $x = \frac{p}{1-r}$;

$$dp = -\frac{2Mp\,d\omega}{A(1-r)} \sqrt{Ap} \quad \text{et} \quad d\Phi = \frac{d\omega(1-r)^2}{pp} \sqrt{Ap}, \text{ tum}$$

vero vt ante $du = d\theta = \frac{d\omega(1-e\cos u)^2}{(1-ee)\sqrt{(1-ee)}}$.

Deinde vero si statuamus $p = b(1+\xi)$, reliquasque denominationes in §§. 11, 12, 13. factas adhibeamus, obtinebimus:

$$\frac{M}{A}\sqrt{Ap} = \frac{3(1+3ee)}{2m} \frac{(1-e\cos u)^3}{1-r}(1+\tfrac{3}{2}\xi)\sin 2\eta$$
$$+\frac{3n}{8m}.\frac{(1-e\cos u)^4}{(1-r)^2}(1+\tfrac{5}{2}\xi)(\sin\eta+5\sin 3\eta)$$

$$\frac{N}{A}\sqrt{Ap} = -\frac{(1+3ee)}{2m}.\frac{(1-e\cos u)^3}{1-r}(1+\tfrac{3}{2}\xi)(1+3\cos 2\eta)$$
$$-\frac{3n}{8m}.\frac{(1-e\cos u)^4}{(1-r)^2}(1+\tfrac{5}{2}\xi)(3\cos\eta+5\cos 3\eta)$$
$$+m(1-r)^2(1-\tfrac{3}{2}\xi)\Pi - i$$

atque

$$x = \frac{b(1+\xi)}{1-r}\,; \quad d\xi = -\frac{2(1+\xi)\,d\omega}{1-r}.\frac{M}{A}\sqrt{Ap};$$

ac tandem:

$$d\Phi = m\,d\omega(1-\tfrac{3}{2}\xi+\tfrac{15}{8}\xi\xi)(1-r)^2$$

LXIX.

Hinc iam omnium differentialium rationes ad $d\omega$ habentur, erit enim

$$\frac{d\xi}{d\omega} = -\frac{2(1+\xi)}{1-r} \cdot \frac{M}{A} \sqrt{Ap}:$$

$$\frac{d\Phi}{d\omega} = m\left(1 - \tfrac{3}{2}\xi + \tfrac{15}{8}\xi\xi\right)(1-r)^2$$

$$\frac{du}{d\omega} = \frac{d\theta}{d\omega} = \frac{(1-e\cos u)^2}{(1-ee)\sqrt{(1-ee)}} \quad \text{et} \quad \frac{d\eta}{d\omega} = \frac{d\Phi - d\theta}{d\omega}.$$

$$\frac{dr}{d\omega} = -ms\left(1 - \tfrac{3}{2}\xi + \tfrac{15}{8}\xi\xi\right)(1-r)^2 + 2.\frac{M}{A}\sqrt{Ap}$$

$$\frac{ds}{d\omega} = mr\left(1 - \tfrac{3}{2}\xi + \tfrac{15}{8}\xi\xi\right)(1-r)^2 + \frac{N}{A}\sqrt{Ap} - \frac{s}{1-r}.\frac{M}{A}\sqrt{Ap}$$

$$\frac{d\pi}{d\omega} = -\frac{1}{m}\sin(\theta-\pi)\sin(\Phi-\pi)\left(\frac{3(1+3ee)(1+\tfrac{3}{2}\xi)}{(1-r)^2}\cos\eta + \tfrac{1}{4}n(3+5\cos 2\eta)\right)$$

$$\frac{d.l\,\mathrm{tg}\,\varrho}{d\omega} = -\frac{1}{m}\sin(\theta-\pi)\cos(\Phi-\pi)\left(\frac{3(1+3ee)(1+\tfrac{3}{2}\xi)}{(1-r)^2}\cos\eta + \tfrac{1}{4}n(3+5\cos 2\eta)\right)$$

at est $\Pi = 1 - \lambda - \frac{3}{4}\,\mathrm{tang}\,\varrho^2 - \frac{3}{4}\,\mathrm{tang}\,\varrho^2\cos 2(\Phi-\pi)$, vbi pro λ assumi potest $1 - \frac{3}{4}\,\mathrm{tang}\,\varepsilon^2$, denotante ε inclinationem mediam orbitae lunaris ad eclipticam, vt sit $\Pi = \frac{3}{4}\,\mathrm{tang}\,\varepsilon^2 - \frac{3}{4}\,\mathrm{tang}\,\varrho^2\,[1+\cos 2(\Phi-\pi)]$

LXX.

LXX.

Quodſi iam pro r ſtatueretur iſte valor $k \cos v$, ita vt k eſſet quantitas conſtans, oriretur modus initio traditus inaequalitates lunae repraeſentandi, foret enim tum v anomalia vera Kepleri et k denotaret excentricitatem orbitae lunaris. Vnde patet etiam inaequalitates lunae per methodum primam erutas, ex his formulis inueniri poſſe, neque ad hoc aequationibus ſecundi gradus eſſe opus. Reduceretur autem hoc caſu indoles differentio-differentialium ad inuentionem quantitatis s, quem in finem pro s aſſumi deberet ſeries quaedam ſinuum angulorum η, v, u et $\Phi-\pi$ formatorum cum indefinitis coefficientibus, quos deinceps determinare liceret: hoc autem modo ſolutio primum tradita eſſet proditura.

LXXI.

Cum ſit $p = b(1+\xi)$ et $\sqrt{A} = m\sqrt{b^3}$, ob $dx = -\frac{s d\omega}{p}\sqrt{A}p$, fiat $\frac{dx}{d\omega} = -\frac{mbs}{\sqrt{(1+\xi)}} = -mbs(1-\frac{1}{2}\xi+\frac{3}{8}\xi\xi)$, vnde patet ſi eiusmodi anomalia v introducatur, vt ſit $s = q \sin v$, ſiue q ſit quantitas conſtans ſiue variabilis, tum hanc anomaliam tam in maximis quam minimis diſtantiis ſinum euaneſcentem eſſe habituram. Ac ſi pro q quantitas vel conſtans vel ex angulis cognitis compoſita aſſumatur, tum inde coefficientes aſſumti ac praeterea valor litterae r determinabitur. Sin autem pro q eiusmodi quantitas incognita aſſumatur, vt ſit praeterea $r = q \cos v$, tum ſolutio ante expoſita reſultabit.

LXXII.

Semper autem vſus aſtronomicus exigit, vt anomalia vera quaedam angulo v contenta introducatur, id quod infinitis modis fieri poteſt. Quo autem quantitas r variabilitatem diſtantiarum lunae a terra accuratius exprimat, et valor ipſius ξ quam minimas mutationes ſubeat, neceſſe eſt, vt quantitas r huiusmodi contineat terminum $k \operatorname{cof} v$, vbi k excentricitatem deſignet, qui ſit quaſi eius pars praecipua; hocque etiam locum habet, ſi pro r ſumatur $q \operatorname{cof} v$, denotante q quantitatem variabilem, quippe cuius pars potior excentricitatem k praebere debet. Verum praeterea quantitas r alios terminos continere poteſt, qui ab angulo v vel pendeant vel non pendeant: ita poni poſſet: $r = k \operatorname{cof} v + A \operatorname{cof} 2\eta + B \operatorname{cof} 4\eta + C \operatorname{cof} (2\eta - v)$ etc. quo valore aſſumto litterae quoque s, ξ cum reliquis ſuos valores debitos obtinerent.

LXXIII.

Hoc modo illud incommodum euitari poteſt, quo methodum in hoc additamento traditam laborare vidimus, ſi excentricitas orbitae lunaris eſſet nimis parua, vel adeo euaneſcens; tum enim diſtantiae maximae et minimae non amplius ab anomalia penderent, ſed potius ab angulo η, atque imprimis quidem a coſinu dupli anguli 2η. Caſu ergo quo excentricitas plane euaneſcit, pro variabili r, cuius loco vtique noua variabilis introduci debet, non conueniet anomaliam v introducere, ſed praeſtabit aſſumi ſeriem coſinuum ex ſolis angulis 2η, u

et $\varphi-\pi$ conſtantem, quorum coefficientes etſi ſunt conſtantes, tamen quia terminorum numerus in infinitum excurrit, vicem novae variabilis ſuſtinebunt. Tum autem valor ipſius s ex ſimili ſerie ſinuum eorundem angulorum conſtabit.

LXXIV.

Quodſi ergo rem generatim pro quacunque excentricitate expedire velimus, poterimus ad hos terminos, qui ex hypotheſi excentricitatis euaneſcentis prodeunt, adhuc adiungere terminos ex anomalia v formatos. Ita neglectis tam inaequalitatibus parallacticis, quam iis quae tum ab excentricitate orbitae ſolaris, tum ab inclinatione orbitae lunaris ad eclipticam pendent, poni conueniet:

$$r = k\cos v + A\cos 2\eta + B\cos(2\eta-v) + C\cos(2\eta+v)$$
$$+ D\cos 4\eta + E\cos(4\eta-v) \text{ etc.}$$
$$s = \Delta k \sin v + \mathfrak{A}\sin 2\eta + \mathfrak{B}\sin(2\eta-v) + \mathfrak{C}\sin(2\eta+v)$$
$$+ \mathfrak{D}\sin 4\eta + \mathfrak{C}\sin(4\eta-v) \text{ etc.}$$
$$\xi = ..\cos v + ..\cos 2\eta + ..\cos(2\eta-v) + ..\cos(2\eta+v)$$
$$+ ..\cos 4\eta + ..\cos(4\eta-v) \text{ etc.}$$

Atque ſi hoc modo omnes angulorum 2η et v combinationes adhibeantur, hique valores in aequationibus ſupra datis ſubſtituantur, primo inde elicietur ratio $dv : d\omega$, ac deinceps coefficientes determinationes ſuas nanciſcentur.

LXXV.

Manebunt autem coefficientes vnius ſeriei veluti ipſius r indeterminati, propterea quod ipſa ſeries haec

ab

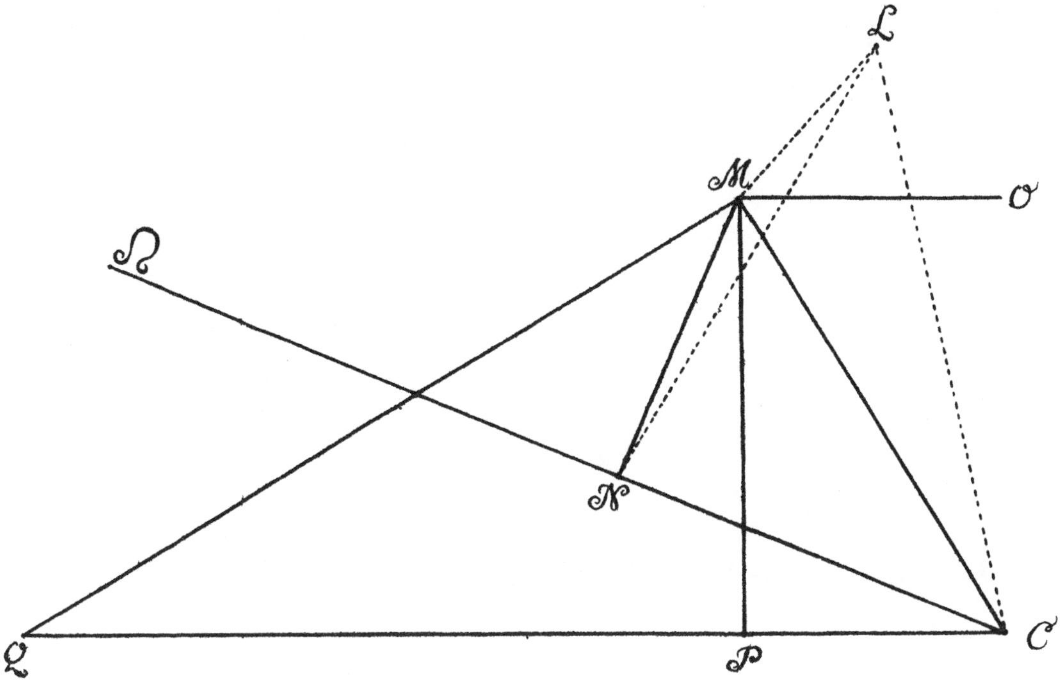

Fig. 1.

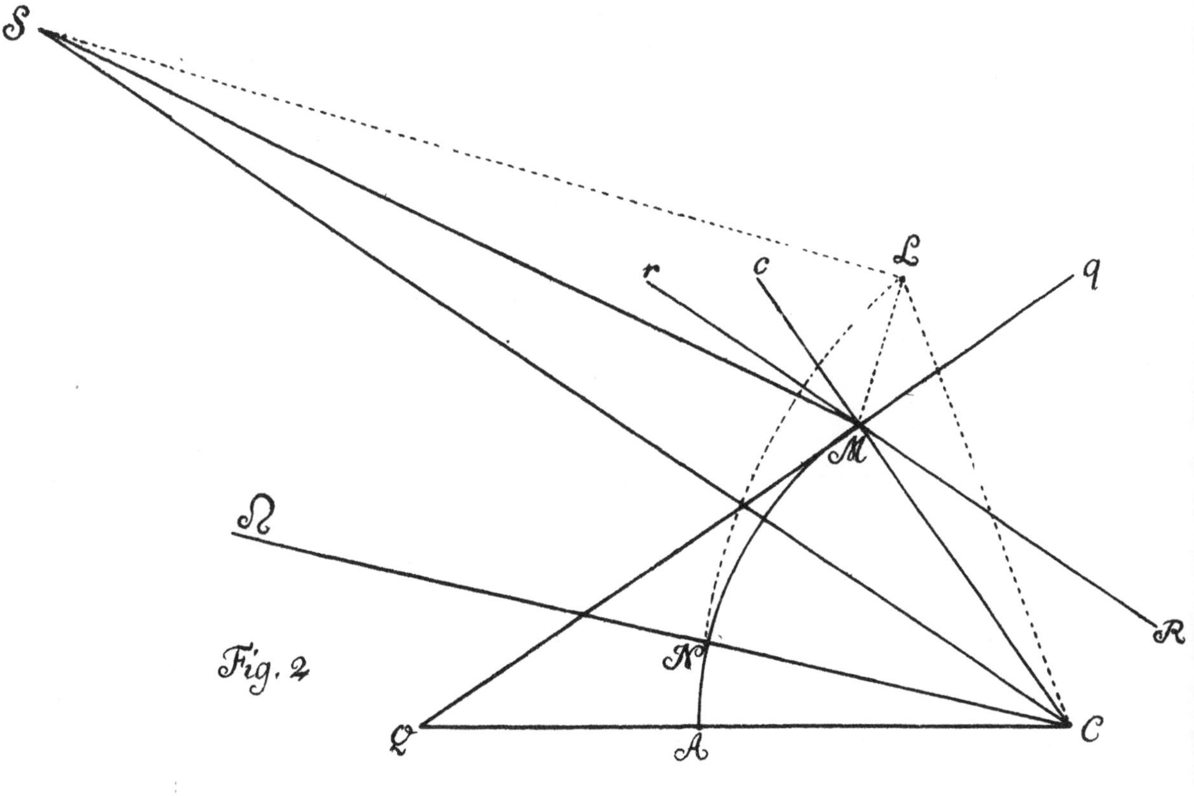

Fig. 2

ab arbitrio noſtro pendet, dum pro r vel ſolum primum terminum k coſ v, vel quotquot lubuerit, aſſumere potuiſſemus. Hinc autem id commodi conſequemur, vt iſtos coefficientes ad ſcopum quam conuenientiſſime definire valeamus: ſcilicet eos ita definiri conueniet, vt primo nullius reliquorum coefficientium determinatio lubrica et incerta euadat, vti in vtraque methodo expoſita vſu venit: deinde vero vt nulli coefficientes fiant nimis magni praeter neceſſitatem, ita vt eorum effectus per alios terminos iterum deſtrui neceſſe ſit. Fateri quidem cogor calculum hoc modo inſtituendum admodum futurum eſſe prolixum, verum fortaſſe in ipſa operatione non contemnenda ſe offerent compendia; vnde confido hanc ſpeculationem, etiamſi mihi ipſi eam ſuſcipere non vacet, vſu non eſſe carituram.

BEROLINI, EX OFFICINA MICHAELIS.